轨道交通装备制造业职业技能鉴定指导丛书

刨　插　工

中国北车股份有限公司　编写

中国铁道出版社

2015年·北　京

图书在版编目(CIP)数据

刨插工/中国北车股份有限公司编写．—北京：中国铁道出版社，2015.5

（轨道交通装备制造业职业技能鉴定指导丛书）

ISBN 978-7-113-20307-8

Ⅰ.①刨…　Ⅱ.①中…　Ⅲ.①刨削－职业技能－鉴定－自学参考资料②插削－职业技能－鉴定－自学参考资料　Ⅳ.①TG55

中国版本图书馆CIP数据核字(2015)第082300号

书　　名： 轨道交通装备制造业职业技能鉴定指导丛书
刨　插　工

作　　者： 中国北车股份有限公司

策　　划： 江新锡　钱士明　徐　艳

责任编辑： 曹艳芳　　**编辑部电话：** 010-51873193

封面设计： 郑春鹏

责任校对： 焦桂荣

责任印制： 郭向伟

出版发行： 中国铁道出版社(100054，北京市西城区右安门西街8号)

网　　址： http://www.tdpress.com

印　　刷： 三河市宏盛印务有限公司

版　　次： 2015年5月第1版　2015年5月第1次印刷

开　　本： 787 mm×1 092 mm　1/16　**印张：** 13.75　**字数：** 328千

书　　号： ISBN 978-7-113-20307-8

定　　价： 43.00元

中国北车职业技能鉴定教材修订、开发编审委员会

序

在党中央、国务院的正确决策和大力支持下，中国高铁事业迅猛发展。中国已成为全球高铁技术最全、集成能力最强、运营里程最长、运行速度最高的国家。高铁已成为中国外交的新名片，成为中国高端装备“走出国门”的排头兵。

中国北车作为高铁事业的积极参与者和主要推动者，在大力推动产品、技术创新的同时，始终站在人才队伍建设的重要战略高度，把高技能人才作为创新资源的重要组成部分，不断加大培养力度。广大技术工人立足本职岗位，用自己的聪明才智，为中国高铁事业的创新、发展做出了重要贡献，被李克强同志亲切地赞誉为“中国第一代高铁工人”。如今在这支近5万人的队伍中，持证率已超过96％，高技能人才占比已超过60％，3人荣获“中华技能大奖”，24人荣获国务院“政府特殊津贴”，44人荣获“全国技术能手”称号。

高技能人才队伍的发展，得益于国家的政策环境，得益于企业的发展，也得益于扎实的基础工作。自2002年起，中国北车作为国家首批职业技能鉴定试点企业，积极开展工作，编制鉴定教材，在构建企业技能人才评价体系、推动企业高技能人才队伍建设方面取得明显成效。为适应国家职业技能鉴定工作的不断深入，以及中国高端装备制造技术的快速发展，我们又组织修订、开发了覆盖所有职业(工种)的新教材。

在这次教材修订、开发中，编者们基于对多年鉴定工作规律的认识，提出了“核心技能要素”等概念，创造性地开发了《职业技能鉴定技能操作考核框架》。该《框架》作为技能人才评价的新标尺，填补了以往鉴定实操考试中缺乏命题水平评估标准的空白，很好地统一了不同鉴定机构的鉴定标准，大大提高了职业技能鉴定的公信力，具有广泛的适用性。

相信《轨道交通装备制造业职业技能鉴定指导丛书》的出版发行，对于促进我国职业技能鉴定工作的发展，对于推动高技能人才队伍的建设，对于振兴中国高端装备制造业，必将发挥积极的作用。

中国北车股份有限公司总裁：

2015.2.7

前 言

鉴定教材是职业技能鉴定工作的重要基础。2002 年，经原劳动保障部批准，中国北车成为国家职业技能鉴定首批试点中央企业，开始全面开展职业技能鉴定工作。2003 年，根据《国家职业标准》要求，并结合自身实际，组织开发了《职业技能鉴定指导丛书》，共涉及车工等 52 个职业(工种)的初、中、高 3 个等级。多年来，这些教材为不断提升技能人才素质、适应企业转型升级、实施"三步走"发展战略的需要发挥了重要作用。

随着企业的快速发展和国家职业技能鉴定工作的不断深入，特别是以高速动车组为代表的世界一流产品制造技术的快步发展，现有的职业技能鉴定教材在内容、标准等诸多方面，已明显不适应企业构建新型技能人才评价体系的要求。为此，公司决定修订、开发《轨道交通装备制造业职业技能鉴定指导丛书》(以下简称《丛书》)。

本《丛书》的修订、开发，始终围绕促进实现中国北车"三步走"发展战略、打造世界一流企业的目标，努力遵循"执行国家标准与体现企业实际需要相结合、继承和发展相结合、坚持质量第一、坚持岗位个性服从于职业共性"四项工作原则，以提高中国北车技术工人队伍整体素质为目的，以主要和关键技术职业为重点，依据《国家职业标准》对知识、技能的各项要求，力求通过自主开发、借鉴吸收、创新发展，进一步推动企业职业技能鉴定教材建设，确保职业技能鉴定工作更好地满足企业发展对高技能人才队伍建设工作的迫切需要。

本《丛书》修订、开发中，认真总结和梳理了过去 12 年企业鉴定工作的经验以及对鉴定工作规律的认识，本着"紧密结合企业工作实际，完整贯彻落实《国家职业标准》，切实提高职业技能鉴定工作质量"的基本理念，在技能操作考核方面提出了"核心技能要素"和"完整落实《国家职业标准》"两个概念，并探索、开发出了中国北车《职业技能鉴定技能操作考核框架》；对于暂无《国家职业标准》、又无相关行业职业标准的 40 个职业，按照国家有关《技术规程》开发了《中国北车职业标准》。经 2014 年技师、高级技师技能鉴定实作考试中 27 个职业的试用表明：该《框架》既完整反映了《国家职业标准》对理论和技能两方面的要求，又适应了企业生产和技术工人队伍建设的需要，突破了以往技能鉴定实作考核中试卷的难度与完整性评估的"瓶颈"，统一了不同产品、不同技术含量企业的鉴定标准，提高了鉴定考核的技术含量，保证了职业技能鉴定的公平性，提高了职业技能鉴定工作质量和管理水平，将成为职业技能鉴定工作、进而成为生产操作者技能素质评价的新标尺。

本《丛书》共涉及98个职业(工种),覆盖了中国北车开展职业技能鉴定的所有职业(工种)。《丛书》中每一职业(工种)又分为初、中、高3个技能等级,并按职业技能鉴定理论、技能考试的内容和形式编写。其中:理论知识部分包括知识要求练习题与答案;技能操作部分包括《技能考核框架》和《样题与分析》。本《丛书》按职业(工种)分册,并计划第一批出版74个职业(工种)。

本《丛书》在修订、开发中,仍侧重于相关理论知识和技能要求的应知应会,若要更全面、系统地掌握《国家职业标准》规定的理论与技能要求,还可参考其他相关教材。

本《丛书》在修订、开发中得到了所属企业各级领导、技术专家、技能专家和培训、鉴定工作人员的大力支持;人力资源和社会保障部职业能力建设司和职业技能鉴定中心、中国铁道出版社等有关部门也给予了热情关怀和帮助,我们在此一并表示衷心感谢。

本《丛书》之《刨插工》由北京二七轨道交通装备有限责任公司《刨插工》项目组编写。主编王菲,副主编李晓春;主审杜允,副主审冯华顺;参编人员王鑫。

由于时间及水平所限,本《丛书》难免有错、漏之处,敬请读者批评指正。

中国北车职业技能鉴定教材修订、开发编审委员会

二〇一四年十二月二十二日

目　录

刨插工(职业道德)习题

一、填 空 题

1. 产品标识可以用文字、符号、数字、(　　)以及其他说明物等表示。

2.《产品质量法》所称的产品是指经过加工、制作,(　　)的产品。

3. 专利法所称的发明创造是指发明、实用新型和(　　)。

4. 中国北车的核心价值观是:诚信为本、创新为魂、(　　)、勇于进取。

5. 发生触电事故后应立即(　　)或用绝缘物使触电者脱离电源,就地人工呼吸,并立即报告医院。

6. 安全与生产的关系是(　　),安全促进生产。

7.《安全生产法》是我国生产经营单位及从业人员实现安全生产所必须遵循的(　　)。

8. 5S管理起源于日本,是指在生产现场中对人员、机器、材料、方法等生产要素进行有效的管理,5S即(　　)和素养五个项目。

9. 中国北车的团队建设目标是(　　)。

10. 我国的安全生产方针安全第一、(　　)、综合治理。

11. 国家鼓励企业产品质量达到并且超过(　　)、国家标准和国际标准。

12. 职业道德是一个人从业应有的行为规范,也是事业有成的(　　)。

13. 职业道德与职业活动的目的是(　　)。

14. 职业内部有了职业道德规范,人的行为就有了遵循,有了依据,有了(　　)。

15."为人民服务;团结协作,相互服务;主人翁的劳动态度"是社会主义职业道德三条(　　)。

二、单项选择题

1. 仪表端庄实质上是一个人的思想情操、道德品质、文化修养和(　　)的综合反映。

(A)衣帽整齐　　(B)衣着洁净　　(C)人格气质　　(D)衣着时尚

2. 职业道德是安全文化的深层次内容,对安全生产具有重要的(　　)作用。

(A)思想保证　　(B)组织保证　　(C)监督保证　　(D)制度保证

3. 职业道德是指人们在履行本职工作中(　　)。

(A)应遵守的行为规范和准则　　(B)所确立的奋斗目标

(C)所确立的价值观　　(D)所遵守的规章制度

4. 在发展生产中,协作不仅提高个人生产力,而且创造了新的(　　)。

(A)生产关系　　(B)生产秩序　　(C)生产力　　(D)生产模式

5. 先进的(　　)要求职工具有较高的文化和技术素质,掌握较高的职业技能。

(A)管理思路　　(B)技术装备　　(C)经营理念　　(D)机构体系

6. 职业道德是一种(　　)的约束机制。

(A)强制性　(B)非强制性　(C)随意性　(D)自发性

7. 用人单位应当在解除或者终止劳动合同后为劳动者办理档案和社会保险关系转移手续,具体时间为解除或终止劳动合同后的(　　)。

(A)7 日内　(B)10 日内　(C)15 日内　(D)30 日内

8. 以下有关专利权期限的说法正确的是(　　)。

(A)专利权的期限自办理登记日起计算

(B)专利权的期限自授权公告日起计算

(C)专利权的期限自优先权日起计算

(D)专利权的期限自申请日起计算

9. 下列没有违反诚实守信要求的是(　　)。

(A)保守企业秘密　(B)派人打进竞争对手内部,增强竞争优势

(C)根据服务对象来决定是否遵守承诺　(D)所有利于企业利益的行为

10. 工作现场有一工具半年才用上一次,该如何处理?(　　)

(A)放置于工作台面　(B)工作现场　(C)仓库储存　(D)变卖

11. 指使人们注意可能发生的危险的标志是(　　),几何图形是正三角形。颜色为黑色,图形是黑色,背景是黄色。

(A)禁止标志　(B)警告标志　(C)指令标志　(D)提示标志

12. 现实生活中,一些人不断地从一家公司"跳槽"到另一家公司。虽然这种现象在一定意义上有利于人才的流动,但它同时也说明这些从业人员缺乏(　　)。

(A)工作技能　(B)强烈的职业责任感

(C)光明磊落的态度　(D)坚持真理的品质

13. 以下关于"节俭"的说法,你认为正确的是(　　)。

(A)节俭是美德,但不利于拉动经济增长

(B)节俭是物质匮乏时代的需要,不适应现代社会

(C)生产的发展主要靠节俭来实现

(D)节俭不仅具有道德价值,也具有经济价值

三、多项选择题

1. 文明生产的具体要求包括(　　)。

(A)语言文雅、行为端正、精神振奋、技术熟练

(B)相互学习、取长补短、互相支持、共同提高

(C)岗位明确、纪律严明、操作严格、现场安全

(D)优质、低耗、高效

2. 以下社会保险中,职工个人需要缴纳保险费的是(　　)。

(A)养老保险　(B)工伤保险　(C)医疗保险　(D)生育保险

3. 爱岗敬业的具体要求是(　　)。

(A)树立职业理想　(B)强化职业责任　(C)提高职业技能　(D)抓住择业机遇

4. 关于勤劳节俭的正确说法是(　　)。

(A)消费可以拉动需求,促进经济发展,因此提倡节俭是不合时宜的
(B)勤劳节俭是物质匮乏时代的产物,不符合现代企业精神
(C)勤劳可以提高效率,节俭可以降低成本
(D)勤劳节俭有利于可持续发展

5. 市场经济是(　　)。
(A)高度发达的商品经济　(B)信用经济
(C)计划经济的重要组成部分　(D)法制经济

6.《产品质量法》规定合格产品应具备的条件包括(　　)。
(A)不存在危及人身、财产安全的不合理危险
(B)具备产品应当具备的使用性能
(C)符合产品或其包装上注明采用的标准
(D)有保障人体健康、人身财产安全的国家标准、行业标准的,应该符合该标准

7. 下列说法中,正确的有(　　)。
(A)岗位责任规定岗位的工作范围和工作性质
(B)操作规则是职业活动具体而详细的次序和动作要求
(C)规章制度是职业活动中最基本的要求
(D)职业规范是员工在工作中必须遵守和履行的职业行为要求

8. 企业文化的功能有(　　)。
(A)激励功能　(B)自律功能　(C)导向功能　(D)整合功能

9. 维护企业信誉必须做到(　　)。
(A)树立产品质量意识　(B)重视服务质量,树立服务意识
(C)妥善处理顾客对企业的投诉　(D)保守企业一切秘密

10. 职工个体形象和企业整体形象的关系是(　　)。
(A)企业的整体形象是由职工的个体形象组成的
(B)个体形象是整体形象的一部分
(C)职工个体形象与企业整体形象没有关系
(D)没有个体形象就没有整体形象

11. 下列有关签订集体劳动合同的表述,正确的有(　　)。
(A)依法签订的集体合同对企业和企业全体职工具有约束力
(B)集体合同的草案应提交职工代表大会或全体职工讨论通过
(C)集体合同签订后应报送劳动行政部门审核备案
(D)劳动行政部门自收到集体合同文本之日起 15 日内未提出异议的,集体合同即行生效

四、判 断 题

1.《安全生产法》是我国生产经营单位及从业人员实现安全生产所必须遵循的行为准则。(　　)

2. 服从分配、听从指挥、遵守纪律、爱岗敬业、坚持原则是职业道德的体现。(　　)

3. 职业道德是一个人从业应有的行为规范,也是事业有成就的基本保证。(　　)

4.“质量第一,用户至上”是第三产业职业道德的基本要求。(　　)

5. 保证产品质量，提高经济效益，就必须严格执行操作规范。（ ）

6. 职业道德与职业习惯的目的是一致的。（ ）

7. 劳动合同被确认部分无效的，这个合同可以不予执行。（ ）

8. 劳动者在劳动过程中必须严格遵守操作规程，对违章指挥、强令冒险作业有权拒绝执行。（ ）

9. 劳动者在劳动过程中必须严格遵守操作规程，对违章指挥、强令冒险作业有权拒绝执行。（ ）

10. 在实际工作中，要求从业者必须具有优良的道德素质。（ ）

11. 职业道德与办企业的目的是完全一致的，而且是其先决条件。（ ）

12. 人们长期从事某些职业而形成的道德心理和道德行为是有差异的。（ ）

13. 职业纪律本身就是职业道德的一部分，只不过要求高度不同而已。（ ）

14. 职业纪律包括劳动纪律、保密纪律、财经纪律、组织纪律等。（ ）

15.《产品质量法》中所称的产品质量是指产品满足需要的适用性、安全性、可靠性、维修性、经济性和环境所具有的特征、特性的总和。（ ）

16. 生产、安全和效益上去了，职业道德自然就搞好了。（ ）

17. 职工的职业道德状况是职工形象的重要组成部分。（ ）

刨插工(职业道德)答案

一、填 空 题

1. 图案　　2. 用于销售　　3. 外观设计　　4. 崇尚行动
5. 切断电源　　6. 生产必须安全　　7. 行为准则
8. 整理、整顿、清扫、清洁　　9. 实力、活力、凝聚力
10. 预防为主　　11. 行业标准　　12. 基本保证　　13. 一致的
14. 目标　　15. 基本原则

二、单项选择题

1. C　2. A　3. A　4. C　5. B　6. B　7. C　8. D　9. A
10. C　11. B　12. B　13. D

三、多项选择题

1. ABCD　2. AC　3. ABC　4. CD　5. ABD　6. ABCD　7. ABCD
8. ABCD　9. ABC　10. ABD　11. ABCD

四、判 断 题

1.√　2.√　3.√　4.×　5.×　6.×　7.×　8.×　9.√
10.×　11.√　12.√　13.√　14.×　15.√　16.√　17.√

刨插工(初级工)习题

一、填 空 题

1. $\phi35$(H7/m6)中,分子是(　　)的公差带代号。
2. 石墨的塑性和(　　)几乎为零。
3.(　　)反映了材料抵抗局部塑性变形的能力。
4.(　)是决定渐开线形状的唯一参数。
5. 形成渐开线齿形的(或形成曲线的)圆的直径称为(　　)。
6. 齿轮按其齿廓曲线分为(　　)、渐开线齿形齿轮和圆弧齿形齿轮。
7. 旧国标将粗糙度分为 14 级,而新国标采用(　　)的方法。
8. 圆柱度公差属于(　　)公差。
9. 平行度的符号是(　　)。
10. 高度变位齿轮传动时,大轮和小轮中,(　　)轮较易磨损。
11. 影响齿轮传动平稳性的最主要因素有齿形误差和(　　)。
12. 滚齿机的主要运动有(　　)、切削运动、差动运动、分齿运动、轴向进给运动、切向进给运动等。
13. 滚齿机对工件产生齿形误差的因素有刀杆的圆跳动和(　　)、工作台的圆跳动、分度蜗杆的全跳动等。
14. 对夹紧机构的要求是夹得正、夹得牢、夹得快和(　　)。
15. 常用的机械加工方法分为(　　)和热加工。
16. 铣刀按其材料分为(　　)和高速钢铣刀。
17. 铣刀按其形状分为(　　)和尖齿刀具。
18. 切削液的主要作用有(　　)、减少摩擦、清洗和降温。
19. 常用的切削液有水溶液、乳化液和(　　)。
20. 常用的液压泵有(　　)、齿轮泵和柱塞泵三种。
21. 螺旋测量仪利用螺旋的(　　)原理进行测量和读数。
22. 钳工常用的錾子主要有阔錾、狭錾、油槽錾和(　　)四种。
23. 划线常用的工具有基准工具、划线工具、(　　)和辅助工具。
24. 平面划线常见基准有三种类型:(1)以两个相互垂直的平面或线为基准;(2)以(　　)为基准;(3)以一个平面和一条中心线为基准。
25. 刮削时,刮研显示剂的作用是(　　)。
26. 电流频率的单位是(　　)。
27. 线性电阻 R 两端的电压 U 与通过它的电流 I 的关系是(　　)。
28. 正弦电量的三要素是指有效值、频率和(　　)。

29. 电路中,电子的运动方向与电流方向(　　)。

30. 电气传动就是以(　　)为动力来驱动生产机械和其他用电设备。

31. 在单电源回路中,电源内部电流的流向是(　　)。

32. 万用表可用于测量电流、电压和(　　)。

33. 三极管具有的三个极是(　　)、发射极和集电极。

34. 数字电路中,1 和 0 相与的值为(　　)。

35. 中华人民共和国安全生产法是(　　)年 6 月 29 日颁布的。

36. 环境保护法的目的是为了协调(　　)的关系,保护人民健康,保障经济社会的持续发展。

37. 环境体系中,ISO 的意思是(　　)。

38. 在加工中,当机械或电气有异响、高温(温度达到 50 ℃～60 ℃)、冷却或润滑突然中断时,必须停车并(　　)。

39. 操作者应熟悉岗位的质量责任制、作业技术、工艺要求、(　　)、检测方法,执行生产现场管理的规定。

40. 对产品的性能、精度、寿命、可靠性和安全性有严重影响的关键部位或重要影响的因素所在的工序叫(　　)。

41. 操作工人应学习了解(　　)的基本知识,掌握本岗位常用的统计方法和图表,自觉地贯彻、执行质量责任制和质量管理点的管理制度。

42. 在加工过程中,设置建立质量管理点,加强(　　)管理,是企业建立生产现场质量保证体系的基础环节。

43. 中华人民共和国劳动法是 1994 年 7 月第八届全国人民代表大会常务委员会(　　)会议通过的。

44. 订立和变更劳动合同,应当遵循平等自愿,协商一致的原则,不得违反(　　)、行政法规的规定。

45. 劳动合同是劳动者与用人单位确立劳动关系,明确双方(　　)和义务的协议。

46. 劳动合同当事人可以在劳动合同中约定保守用人单位商业(　　)的有关事项。

47. 机件的图形一般用正投影法绘制,并采用(　　)投影法。

48. 局部视图是指将机件的(　　)向基本投影面投影所得的视图。

49. 线性尺寸的数字一般应标在尺寸线的(　　)。

50. 用以确定公差带上偏差或下偏差位置的数字称为(　　)。

51. 配合可分为间隙配合、(　　)和过盈配合。

52. 变位齿轮分度圆上齿厚和齿槽宽度(　　)。

53. 变位齿轮分为正变位齿轮、负变位齿轮和(　　)。

54. 平面度的符号为(　　)。

55. 圆度的符号为(　　)。

56. 测量误差是指测得值与(　　)之间的差值。

57. 尺寸公差与形状公差的关系有独立原则和(　　)两种。

58. 齿根高的符号为(　　)。

59. 齿距累积误差的代号为(　　)。

60. 直锥齿轮传动中，轴交角的符号为(　　)。

61. 在蜗杆中，γ 是指(　　)。

62. 零锥度锥齿轮是指其(　　)为 0°。

63. 正变位齿轮可以(　　)轮齿强度。

64. 工艺规程的拟订必须根据(　　)与经济条件，用逐次修定的方法进行。

65. 将原材料转变为成品的(　　)称为生产过程。

66. 指导工人操作和用于生产、(　　)等的各种技术文件称为工艺文件。

67. 切齿时，工件上作为支承用的端面对基准孔应保持垂直，否则会引起(　　)误差和齿向误差。

68. 切削热是切削过程中(　　)和变形所消耗的功转化而来的。

69. 在加工表面和(　　)不变的情况下，所连续完成的那一部分工序称为工步。

70. 在切削加工工序中，应遵循的原则是：先粗后精、先主后次和(　　)。

71. 对盘类齿轮来说，其(　　)和端面是齿形加工的基准。

72. 半精加工和精加工时，确定切削用量主要考虑(　　)的要求。

73. 金属的切除率是衡量切削效率的一种指标，它与(　　)、进给量和切削速度有关。

74. 精加工齿轮时，一般采用(　　)的切削速度和小的走刀量。

75. 粗加工应采用(　　)的切削速度。

76. 同种类型的机床，由于型号不一样，机床的刚性和(　　)不一样，因此加工同种齿轮的切削用量不同。

77. 滚齿机常用夹具分为通用夹具、可调夹具和(　　)。

78. 以内孔定心、端面定位的齿轮，加工时大都采用底座与(　　)组合而成。

79. 滚齿时，齿轮的加工精度与夹具的制造和(　　)精度有关。

80. 滚齿夹具按齿坯形状来分，加工轴类齿轮时，一般采用(　　)定位。

81. 滚齿夹具一般采用组合结构，由(　　)组成。

82. 在工序图上，用来确定本工序所加工表面加工后的尺寸、形状、位置的基准称(　　)。

83. 工艺中"⍖"是(　　)的符号。

84. 车削中常用的刀具材料有工具钢、硬质合金钢、陶瓷和(　　)。

85. 刀具的夹持部分叫刀具的(　　)。

86. 制齿刀具按其(　　)不同可分为滚齿刀、插齿刀、刨齿刀和剃齿刀等。

87. 齿轮滚刀由两个主要部分组成，即夹持部分和(　　)。

88. 齿轮滚刀按用途不同，分为粗加工滚刀、精加工滚刀和(　　)等。

89. 齿轮滚刀是按(　　)原理加工齿轮的。

90. 滚齿时，为切出对称的渐开线齿形，必须使滚刀的一个齿或(　　)正确对准齿坯的中心，称为对中。

91. 插齿刀按加工对象的不同，可分为加工直齿用的直齿插齿刀和(　　)。

92. 插齿刀的形状像一个齿轮，具有切削刃和切削时必需的(　　)。

93. 安装插齿刀要保证插齿刀中心线与机床(　　)重合。

94. 游标量具按其用途分为(　　)、深度卡尺和高度卡尺。

95. 常用卡钳可分为普通内卡钳、普通外卡钳和(　　)、两用卡钳。

96. 量块的作用主要是用作长度标准,并通过它把长度基准尺寸传递到(　　)上去,以保证长度量值的统一。

97. 制齿中,常用的量具有(　　)和齿厚卡尺等。

98. 常用的公法线千分尺能精确到(　　)mm。

99. 常用制齿机床有(　　)等(请至少答出三种)。

100. 滚齿机的分齿运动是由滚刀的旋转差动机构和(　　)传递到工件。

101. 磨齿机按加工对象可分为渐开线圆柱外齿轮磨齿机、渐开线圆柱内齿轮磨齿机、摆线外齿轮磨齿机和(　　)。

102. 在机床上安装刨齿刀时,主要调整刨齿刀的(　　)。

103. 机床操作者应做到"三好""四会",其中"三好"是指管好、用好和(　　)。

104. 机床操作者应做到的"四会"是指会使用、会保养、会检查、(　　)。

105. 对机床进行二级保养的主要内容是清洗、检验修复和(　　)。

106. 油芯润滑是利用(　　)原理,将油从油杯中吸起,借助其自重滴下,流到摩擦表面。

107. 生产中常用的切削液分三类,即水溶液、乳化液和(　　)。

108. 影响机床使用性能及寿命的主要因素是磨损、腐蚀、(　　)和事故。

109. 机床变形主要由地基不好、安装不正确以及(　　)等因素引起。

110. 滚齿机立柱齿轮咬死的可能原因是螺旋锥齿轮旋向装错或(　　)。

111. 啮合中心距等于标准中心距的变位齿轮传动,称为(　　)变位齿轮传动。

112. 齿轮的失效形式分轮齿折断和(　　)两类。

113. 在滚齿机上加工齿轮,为了确保工件的精度可以对滚刀架结构采取调整(　　)、调整主轴轴承间隙和主轴轴向间隙。

114. 若滚刀安装不正确,将影响被切齿轮的齿厚和(　　)。

115. 用滚齿机加工齿轮时,一般在机床刚度、(　　)和滚刀允许的情况下,尽量采用大走刀量。

116. 滚切大质数齿轮时,分齿、进给、差动三者(　　)断开。

117. 采用指形铣刀加工齿轮时,应选用(　　)的切削用量。

118. 斜齿轮各圆柱面的螺旋角是不等的,平时所说的螺旋角是指(　　)的螺旋角。

119. 滚切斜齿圆柱齿轮时,滚齿机必须具备的运动有滚切运动、切削运动、轴向进给运动和(　　)。

120. 斜齿圆柱齿轮传动时的缺点是传动中有(　　)和轴向推力随螺旋角的增大而增大。

121. 表面粗糙度受设备和刀具影响较大,其好坏对噪声大小和(　　)有很大的影响。

122. 滚切斜齿圆柱齿轮时,差动挂轮比的误差影响齿轮的(　　)。

123. 滚刀安装误差是由刀杆与(　　)两部分的安装误差组成的。

124. 插齿过程中,插齿刀的运动形式既有范成运动、旋转运动,又有做主运动的(　　)运动,因此刀具主轴必须具备这两个运动。

125. 齿轮加工误差主要来源于(　　)、机床、夹具、刀具等整个工艺系统以及加工中的调整所存在或产生的误差。

126. 加工斜齿圆柱齿轮时,滚齿机的工作台的运动由工件的分齿运动和(　　)合成。

127. 斜齿圆柱齿轮设计时常用(　　)向模数。

128. 直锥齿轮实际接触区的大小与齿向误差、齿形误差和(　　)有关。

129. 刨齿加工原理中的假想齿轮刀具有两种,即假想平面刀具和(　　)刀具。

130. 在刨齿机上安装工件时,必须使工件节锥顶点与(　　)重合。

131. Y236 型刨齿机刨齿刀刀架安装在摇台前端面,利用丝杆能使上下刀架以(　　)为轴线,调整成不同的角度,并可在摇台的刻度上,以游标读取角度值。

132. Y236 型刨齿机在加工齿轮时,主要是调整工件在机床上的安装位置和刨齿刀的(　　)。

133. 刨齿机上,粗切时可以沿齿高方向上切深 0.05 mm 的增量,其目的是为了提高(　　)及精切刀寿命。

134. 直锥齿轮齿面接触正确与否是通过齿向(　　)的形状、大小及位置来衡量的。

135. 蜗轮蜗杆传动的主要优点是结构紧凑、工作平稳、无噪声、冲击振动小以及能获得很高的(　　)。

136. 按蜗杆形状不同,可分为(　　)、环面蜗杆和锥蜗杆三类。

137. 蜗杆传动中的失效形式主要有(　　)、胶合、磨损和轮齿折断等。

138. 滚齿机上加工蜗轮的方法有滚切法和(　　)两种。

139. 切向进给法加工蜗轮的优点是,不会产生(　　)。

140. 选择蜗轮滚刀时,其基本蜗杆类型应与蜗杆相同,其模数、齿形角、(　　)、头数、导程角和螺旋方向等主要参数也应相同。

141. 在要求持久性高的动力传动中,蜗杆材料可采用渗碳淬火钢,但制造时必须(　　)。

142. 切削率的三要素是(　　)、进给速度、切削速度。

143. 常用量具分为(　　)量具和角度量具。

144. 游标卡尺就是利用游标一个(　　)与尺身一个或几个刻度间距相差一个微量,从而进行细分的一种机械式读数装置。

145. 百分表是借助于(　　)或杠杆齿轮传动机构将测杆的线位移变为指针回转运动的指示量仪。

146. 内外径千分尺的测量精度(　　)。

147. 当测量 ϕ60 mm 的轴时,应选用的千分尺规格为(　　)。

148. 万能角度尺是由基尺、主尺、游标、直角尺和(　　)等组成。

149. 水平仪的主要作用是检验零件表面的(　　)和导轨直线度误差。

150. 正弦规是测量(　　)和角度常用的量具。

151. 滚齿加工时,其刀齿在旋转中依次对被切齿轮切出无数刀刃包络线,当滚刀的刀齿数越多,工件的误差(　　)。

152. 在插齿机上插削直齿圆柱齿轮时,进给凸轮的形状误差将会造成工件的(　　)误差、基节偏差和齿形误差。

153. 刨齿时,若精加工留的余量太小,则可能出现(　　)。

154. 与直齿锥齿轮相比,曲线锥齿轮的重叠系数(　　)。

155. 职业道德是一个人从业应有的行为规范,也是事业有成的(　　)。

156. 职业道德与职业活动的目的是(　　)。

157. 职业内部有了职业道德规范,人的行为就有了遵循,有了依据,有了(　　)。

158. "为人民服务;团结协作,相互服务;主人翁的劳动态度"是社会主义职业道德三条(　　)。

159. 每个从业人员都有一个职业道德修养的(　　)。

160. 从业人员,在掌握职业道德规范的具体内涵之后,就要身体为力行,付诸实施,把自己掌握的职业道德规范用于(　　)。

161. 铁路的企业宗旨是(　　),这已是家喻户晓。

162. 铁路职业道德规范首要一条就要体现企业宗旨,并作为铁路各级各类职业道德规范的(　　)。

163. 职业行为是人们在从业活动中的各种表现、(　　)。

164. 从职业道德上讲,职业道德信念,职业道德情感,职业道德意志的最终体现是(　　)。

二、单项选择题

1. 国标中常用的视图有三个,即(　　)和左视图。

(A)主视图、俯视图　　(B)主视图、右视图

(C)俯视图、剖视图　　(D)主视图、剖视图

2. 内部比较复杂的零件一般使用(　　)视图。

(A)左　　(B)主　　(C)俯　　(D)剖

3. 一般来说,优先选择的配合基准制是(　　)。

(A)基轴制　　(B)基孔制　　(C)基准线　　(D)中心线

4. 齿轮常用的非金属材料为(　　)。

(A)石墨　　(B)松木　　(C)尼龙　　(D)塑料

5. 金属在冲击载荷作用下抵抗变形的能力叫(　　)。

(A)硬度　　(B)塑性　　(C)韧性　　(D)强度

6. 若齿条中线与相啮合的齿轮分度圆相割,这个齿轮是(　　)。

(A)标准齿轮　　(B)正变位齿轮　　(C)负变位齿轮　　(D)高度变位齿轮

7. 圆弧齿轮滚刀的(　　)为圆弧。

(A)法面　　(B)切面　　(C)法面和切面　　(D)其他

8. (　　)可分为定向公差、定位公差和跳动公差三大类。

(A)形状公差　　(B)平行度公差　　(C)位置公差　　(D)同轴度公差

9. 高度变位齿轮的变位系数之和(　　)。

(A)大于0　　(B)等于0　　(C)小于0　　(D)任意

10. 平行轴齿轮传动中,两齿轮的转动方向是(　　)。

(A)相同的　　(B)相反的　　(C)顺时针　　(D)逆时针

11. 齿轮磨床按磨齿原理可分为(　　)。

(A)锥面砂轮磨和蜗杆砂轮磨　　(B)立式和卧式

(C)展成磨和成形磨　　(D)数控和非数控

12. Y3150E型滚齿机的运动合成机构采用(　　)。

(A)三角带传动机构　　(B)锥齿轮传动机构

(C)离合器机构　　(D)斜齿轮传动机构

13. 滚齿机加工齿轮的方法属于(　　)。

(A)冷加工　　(B)热加工

(C)既是冷加工也是热加工　　(D)既不是冷加工也不是热加工

14. 液压系统的压力大小取决于(　　)。

(A)泵　　(B)油管　　(C)负载　　(D)进口压力

15. 常用游标卡尺是一种利用机械式游标读数装置制成的测量长度的(　　)测量量具。

(A)绝对式　　(B)相对式

(C)既可以是绝对式,也可以是相对式　　(D)既不是绝对式,也不是相对式

16. 锯条的粗细是按每(　　) mm 内所含的齿数来算的。

(A)15　　(B)20　　(C)25　　(D)30

17. 钳工常用的工具中,划线平台属于(　　)。

(A)基准工具　　(B)测量工具　　(C)划线工具　　(D)辅助工具

18. 电动机的符号为(　　)。

(A)Ⓖ　　(B)(TG)　　(C)Ⓜ　　(D)Ⓚ

19. 安全电压是指低于(　　)V 的电压。

(A)24　　(B)36　　(C)48　　(D)220

20. 电动机是把(　　)能转化为(　　)能的装置。

(A)机械,电　　(B)电,机械　　(C)动,势　　(D)压力,机械

21. 环流表利用(　　)定律进行电流测量。

(A)欧姆　　(B)安培　　(C)克希霍夫　　(D)载维宁

22. 放大电路必须保证晶体管的发射极处于(　　)。

(A)正向偏置　　(B)反向偏置

(C)正向偏置或反向偏置均可　　(D)先正向偏置后反向偏置

23. 数字电路的时序电路中,常用触发器具有(　　)功能。

(A)计算　　(B)记忆　　(C)计算和记忆　　(D)代数运算

24. 第一环境问题是指由(　　)引起的环境问题。

(A)人类活动　　(B)社会活动

(C)自然力　　(D)人类活动和社会活动共同

25. 凡是从事多种作业或在多种劳动环境中作业的人员,应按其(　　)的工种和劳动环境配备劳动防护用品。

(A)某种作业　　(B)所有作业　　(C)主要作业　　(D)相关作业

26. 对发现的不良品项目和质量问题应(　　)。

(A)及时处理　　(B)想办法解决　　(C)及时反馈报告　　(D)等待负责人员解决

27. 对产品的性能、精度、寿命、可靠性和安全性有严重影响的关键部位或重要的影响因素所在的工序叫(　　)。

(A)关键工序　　(B)特殊工序　　(C)重要工序　　(D)控制工序

28. 国家提倡劳动者参加社会主义劳动,开展劳动竞赛和(　　)建议活动。

(A)革新　　(B)合理化　　(C)技术革命　　(D)创新

29. 劳动者可以在元旦、春节、国际劳动节、(　　),法律、法规规定的其他休假节日休假。

(A)春节　　(B)春天　　(C)八一　　(D)国庆节

30. 视图中,中心线用(　　)线型。

(A)实线　(B)虚线　(C)点划线　(D)双点划线

31. 图样中,当尺寸的单位为毫米时,(　　)计量单位。

(A)标注　(B)不必标注　(C)不可标注　(D)以上答案都不对

32. 在采用基孔制的孔轴配合中,下偏差的符号是(　　)。

(A)ES　(B)EI　(C)Th　(D)Ti

33. 孔的最大极限尺寸减轴的最小极限尺寸的代数差为负时称为(　　)。

(A)最大过盈　(B)最小过盈　(C)最大间隙　(D)最小间隙

34. 高度变位齿轮的中心线与标准齿轮(　　)。

(A)大于　(B)相等　(C)小于　(D)不确定

35. 垂直度的符号是(　　)。

(A)//　(B)—　(C)◎　(D)⊥

36. 跳动的符号为(　　)。

(A)◎　(B)↙　(C)↗　(D)//

37. 用包容原则时,尺寸公差后要加注的符号为(　　)。

(A)Ⓜ　(B)Ⓔ　(C)Ⓐ　(D)Ⓒ

38. 端面重合度的符号为(　　)。

(A)ε_β　(B)ε_α　(C)ε_γ　(D)ε_ω

39. 跨 k 齿测量的公法线长度代号为(　　)。

(A)p_k　(B)W_k　(C)f_k　(D)F_k

40. 背锥顶点沿背锥母线至分锥的距离称直锥齿轮的(　　)。

(A)背锥距　(B)锥顶距　(C)内锥距　(D)中点锥距

41. 蜗杆轴向齿距的代号为(　　)。

(A)p_x　(B)p_z　(C)p_y　(D)p_f

42. 螺旋锥齿轮的齿根角符号为(　　)。

(A)θ_x　(B)θ_y　(C)θ_f　(D)θ_z

43. 正变位齿轮的齿顶圆直径和根圆直径与标准齿轮相比(　　)。

(A)增大　(B)相同　(C)减小　(D)相同或减小

44. 蜗杆分度圆直径与蜗杆轴向模数的比值称为(　　)。

(A)蜗杆分度圆系数　(B)蜗杆系数　(C)蜗杆直径系数　(D)导程系数

45. 蜗杆的轴向齿距 p_x与模数 m 的关系为(　　)。

(A)$p_x=\pi m$　(B)$p_x=\pi m/Z$　(C)$p_x=\pi^2 m$　(D)$p_x=\pi^2 m/2$

46. 零件的加工工艺流程就是一系列不同(　　)的组合。

(A)工步　(B)工位　(C)工序　(D)工艺

47. 齿轮经渗碳淬火后,表现为公法线长度(　　)。

(A)增大　(B)减小　(C)不变　(D)不变或减小

48. 齿轮加工中,若以内圆作为加工、测量和装配基准,则内圆精度要求较高,一般 6～7 级的精度齿轮,内圆精度要求(　　)级。

(A)IT4　(B)IT5　(C)IT6　(D)IT7

49. 淬火的主要目的是提高钢的(　　)和耐磨性。

(A)强度　　(B)韧性　　(C)硬度　　(D)塑性

50. 一个或一组工人在一个工作地点，连续完成一个或几个零件的工艺过程中的某一部分称为(　　)。

(A)工序　　(B)工步　　(C)工艺　　(D)工时

51. 一般较重要的齿轮毛坯都要进行(　　)。

(A)铸造　　(B)锻造　　(C)模铸　　(D)渗碳

52. 其他条件相同时，模数小、精度高、工件材料硬的齿轮在加工时应采用(　　)的切削速度。

(A)小　　(B)较高　　(C)高　　(D)越高越好

53. 其他条件相同时，齿轮的精加工应采用(　　)的走刀量。

(A)较大　　(B)小　　(C)大　　(D)越大越好

54. 一般来说，渗碳浓度越高，齿轮的变形(　　)。

(A)越大　　(B)越小　　(C)相同　　(D)与浓度无关

55. 对(　　)级以下的齿轮，淬火后一般不进行磨削加工。

(A)8　　(B)7　　(C)6　　(D)5

56. (　　)夹紧时能自动定心。

(A)四爪卡盘　　(B)三爪卡盘

(C)三爪卡盘和四爪卡盘　　(D)没有一种卡盘

57. 夹具与定位分开的胎具可减小被加工齿轮的(　　)误差。

(A)齿圈径向跳动　　(B)齿向　　(C)齿形　　(D)基节

58. 盘类齿轮定位基准与(　　)和与轴连接的装配基准相一致。

(A)工艺基准　　(B)安装基准　　(C)设计基准　　(D)制造基准

59. 工艺中工序图中的定位符号是(　　)。

(A)◇　　(B)▽　　(C)--\↓/--　　(D)—\/—

60. 设计时确定的基准称为(　　)。

(A)设计基准　　(B)工艺基准　　(C)装配基准　　(D)制造基准

61. 一般刀具的常温硬度应在(　　)以上。

(A)HRC50～55　　(B)HRC52～58　　(C)HRC55～60　　(D)HRC62～65

62. 用来进行切削工作的前刀面的边缘叫(　　)。

(A)前刀面　　(B)刃尖　　(C)主切削刃　　(D)副切削刃

63. 一般来说，齿轮滚刀的标准压力角为20°和(　　)。

(A)15°　　(B)14.5°　　(C)14°　　(D)13.5°

64. 齿轮滚刀可分为公制滚刀和(　　)制滚刀。

(A)DK　　(B)DI　　(C)DP　　(D)DF

65. 一般在使用正确和滚齿机合乎精度要求时，A级滚刀可加工(　　)级精度的齿轮。

(A)7　　(B)8　　(C)9　　(D)10

66. 用于精加工的滚刀，从加工精度及齿面粗糙度考虑，一般宜采用(　　)和零度前角的单头滚刀。

(A)小直径　(B)小压力角　(C)大直径　(D)大压力角

67. 采用多头滚刀滚齿时,应使滚刀的头数与被加工齿轮的齿数(　　)公约数。

(A)有　(B)无　(C)可有可无　(D)不确定

68. 加工直齿轮用的插齿刀(　　)加工斜齿。

(A)能　(B)不能　(C)视不同情况定　(D)不确定

69. 插齿刀是在机床上利用(　　)加工齿轮的刀具,它不可以加工人字齿。

(A)展成法　(B)成形法　(C)仿形法　(D)均可

70. 插齿刀和变位系数的选择要使工件在加工过程中不发生(　　)现象。

(A)根切　(B)顶切　(C)根切和顶切　(D)其他

71. 用插齿刀加工齿轮的缺点是它的(　　)误差会到被加工齿轮上。

(A)齿向　(B)齿形　(C)齿距累积　(D)跳动

72. 粗加工蜗杆、蜗轮副的刀具的齿形和(　　)应与精加工完全相同。

(A)导程　(B)螺距　(C)行程　(D)导程和行程

73. 当(　　)时,常用飞刀来代替蜗轮在万能铣床上加工蜗轮。

(A)批量生产　(B)大批量生产

(C)单件或小批量生产　(D)其他

74. 内径百分表是利用(　　)法测量孔径的常用量仪。

(A)绝对测量　(B)相对测量　(C)两者都是　(D)两者都不是

75. 常用千分尺和百分表的精度等级(　　)。

(A)相同　(B)不同　(C)视具体情况　(D)以上答案都不对

76. 滚齿机滚切斜齿圆柱齿轮时,导线的形状是(　　)。

(A)直线　(B)斜线　(C)螺旋线　(D)任意曲线

77. 若要使一对斜齿圆柱齿轮啮合,且两轴线平行,则除了它们的模数和压力角相等外,两齿轮分度圆上的螺旋角必须(　　)。

(A)大小相等,方向相同　(B)大小相等,方向相反

(C)大小不等,方向相同　(D)大小不等,方向相反

78. 斜齿圆柱齿轮啮合时的接触线是倾斜的,因此若发生轮齿折断时常常是(　　)。

(A)全齿折断　(B)轮齿局部折断　(C)齿面胶合　(D)点蚀

79. 滚切斜齿圆柱齿轮时,分度挂轮选择错误将影响齿轮的(　　)。

(A)齿向　(B)齿形　(C)齿数　(D)齿面

80. 插斜齿圆柱齿轮时,插齿刀架部件内部的导轨应为(　　)。

(A)直导轨　(B)斜导轨　(C)螺旋斜导轨　(D)静压导轨

81. 齿坯的加工精度是影响被加工齿轮的齿圈径向跳动和(　　)误差的重要因素。

(A)齿形　(B)齿向　(C)齿数　(D)压力角

82. 常用公法线千分尺能精确到(　　)mm。

(A)0.001　(B)0.01　(C)0.1　(D)0.2

83. 常用齿厚卡尺的精确度为(　　)mm。

(A)0.1　(B)0.01　(C)0.001　(D)0.002

84. 插齿机和滚齿机的加工原理(　　)。

(A)相同　(B)不相同

(C)有的相同,有的不相同　(D)全部不同

85. 滚齿机是用(　)加工直齿轮和斜齿轮的。

(A)成形法　(B)展成法

(C)成形法或展成法　(D)成形法和展成法

86. 同一滚齿机上加工不同类型的斜齿轮时,滚刀的旋向与被加工齿轮的旋向(　)。

(A)依调整而定　(B)全部相反　(C)全部相同　(D)均为顺时针

87. Y3150E型滚齿机差动交换挂轮计算公式 $i_3=\pm(9\sin\beta)/(Z_0m_n)$ 中,“－”的意思是(　)。

(A)不加惰轮　(B)加一个惰轮　(C)减一个惰轮　(D)减两个惰轮

88. 插齿刀的模数和(　)必须与被加工齿轮相等。

(A)齿厚　(B)分度圆　(C)基节　(D)压力角

89. 插齿刀的轴向下运动时为(　)行程。

(A)空　(B)工作　(C)依调整而定　(D)快速进给

90. Y236型刨齿机是按平顶齿轮原理设计的,因此加工锥齿轮时应使工件分齿箱的安装角等于工件的(　)。

(A)顶锥角　(B)齿顶角　(C)齿根角　(D)根锥角

91. 数控车床在车削未加工过的工件时,必须进行对刀,所谓对刀是指让工件的回转中心线与程序零平面的交点各系统的(　)坐标零点重合。

(A)机械　(B)绝对　(C)相对　(D)机械与绝对

92. 两班制造连续使用三个月,进行一次保养,保养时间为4～8 h,由操作者进行,维修人员负责协助,这种方法是对机床进行的(　)。

(A)一级保养　(B)二级保养　(C)小修　(D)定保

93. 机床的润滑方法分为(　)两大类。

(A)分散润滑和集中润滑　(B)分散润滑和飞溅润滑

(C)集中润滑和飞溅润滑　(D)其他

94. 精加工齿轮时,齿面粗糙度要求较高,一般应选用(　)作用好的切削液。

(A)润滑和冷却　(B)冷却和防锈　(C)润滑和防锈　(D)冷却

95. 齿轮机床的几何精度,(　)反映了机床的制造和装配精度。

(A)对新机床来说　(B)对旧机床来说　(C)不是　(D)对所有机床而言

96. 在一般情况下,滚齿机的安装水平度应调整在(　)内。

(A)0.01 mm/1 000 mm　(B)0.02 mm/1 000 mm

(C)0.03 mm/1 000 mm　(D)0.04 mm/1 000 mm

97. 检验滚齿机工作台的端面圆跳动时,应将千分表固定在机床上,使测头触及工作台面的(　)。

(A)1/4半径处　(B)1/2半径处　(C)2/3半径处　(D)最大半径处

98. 对于插齿机分度运动链传动精度的检验,这一项目精度能够综合反映机床分度运动的(　)。

(A)工作精度　(B)传递效率　(C)传动精度　(D)其他

99. 检验齿轮机床工作精度的试件,其模数应该是机床最大模数的(　　)左右。

(A)1/2　(B)2/3　(C)3/4　(D)4/5

100. 负变位齿轮传动的啮合角(　　)分度圆上压力角。

(A)不小于　(B)等于　(C)大于　(D)小于

101. 在加工齿轮时,若刀具位置移远被切齿轮的中心所加工出的齿轮叫(　　)变位齿轮。

(A)正　(B)负　(C)零　(D)高度

102. 一般来说,(　　)传动的齿轮,主要失效形式是接触磨损、疲劳折断和胶合。

(A)开式　(B)闭式　(C)开式或闭式　(D)开式和闭式

103. 在滚齿时,加工单面啮合齿轮的滚刀在安装时(　　)对中。

(A)必须　(B)不用　(C)不能　(D)不准

104. 在滚切少齿数、易根切的齿轮时,若滚刀径向跳动大,则滚刀(　　)对中。

(A)不需　(B)必须　(C)不准　(D)不必

105. 在插齿刀的往复行程数增加时,应选用(　　)的进给量。

(A)较大　(B)较小　(C)特别大　(D)特别小

106. 重要的低碳钢齿轮,在受冲击载荷较大时,宜采用(　　)热处理工艺。

(A)渗氮　(B)整体淬火　(C)渗碳淬火　(D)调质

107. 单件生产、批量小或对传动尺寸没有严格限制的中碳钢齿轮常采用(　　)热处理工艺。

(A)正火或调质　(B)正火或淬火　(C)调质或淬火　(D)回火

108. Y3150E 型滚齿机的滚刀主轴为(　　)锥度。

(A)公制 7 号　(B)公制 8 号　(C)莫氏 4 号　(D)莫氏 5 号

109. 采用指形铣刀加工齿形时,应选用(　　)的切削用量。

(A)较小　(B)较大　(C)特别大　(D)特别小

110. 采用成形法加工齿轮,(　　)决定了工件的精度。

(A)机床传动精度　(B)夹具的安装精度　(C)齿坯的精度　(D)刀具的精度

111. 刨齿刀切削刃的工作高度应(　　)工件大端的全齿高。

(A)小于　(B)大于　(C)等于　(D)不大于

112. 斜齿轮的计算是以其(　　)的参数为标准。

(A)法面　(B)端面　(C)切面　(D)法面或切面

113. 加工斜齿圆柱齿轮时,垂直进给运动与差动运动的关系(　　)。

(A)可以脱开　(B)必须脱开　(C)不许脱开　(D)不必脱开

114. 滚切齿轮时,若其他条件相同时,根据模数决定走刀次数,模数越小,走刀次数(　　)。

(A)越少　(B)越大　(C)不变　(D)与模数无关

115. 在同样的切削用量下,工件材料的硬度高,应选择(　　)的砂轮。

(A)较硬　(B)特别硬　(C)较软　(D)特别软

116. 斜齿圆柱齿轮端面模数 m_t 与法向模数 m_n 的关系为(　　)。

(A)$m_t = m_n \sin\beta$　(B)$m_n = m_t \sin\beta$　(C)$m_t = m_n \cos\beta$　(D)$m_n = m_t \cos\beta$

117. 直锥齿轮的几何尺寸的计算是以(　　)为基准的。

(A)大端　(B)小端　(C)齿宽中点　(D)大端或小端

118. Y236刨齿机是按(　　)原理加工的，因此，加工直锥齿轮时，应使工件分齿箱安装角等于工件根锥角。

(A)平面齿轮　(B)斜齿轮　(C)平顶齿轮　(D)圆柱齿轮

119. 锥齿轮的顶锥角是齿顶圆锥母线与轴心线的夹角。为防止小齿轮的齿顶与大齿轮齿根相碰，常做成(　　)锥齿轮。

(A)不等径向间隙　(B)等径向间隙

(C)无径向间隙　(D)间隙由大端向小端逐渐减小

120. 直锥齿轮一般用来传递(　　)之间的旋转运动。

(A)平行轴　(B)垂直轴　(C)相交轴　(D)阶梯轴

121. Y236型刨齿机床鞍行程采用(　　)调整。

(A)单轮网格　(B)丝杆螺距　(C)刻度　(D)自动检测

122. 调质的目的是使钢件获得很高的(　　)和足够的强度。

(A)硬度　(B)塑性　(C)韧性　(D)强度

123. 中温回火是指回火温度在(　　)℃。

(A)300～450　(B)400～500　(C)500～600　(D)550～700

124. 刨齿时的进给量是指加工(　　)。

(A)一圈齿的时间　(B)一个齿的时间　(C)一半齿的时间　(D)2/3齿的时间

125. 刨齿机上加工直锥齿轮时，其切削用量与机床的(　　)有关。

(A)功率　(B)刚性　(C)功率和刚性　(D)功率或刚性

126. 直锥齿轮沿齿长方向的接触可能出现只有大端接触或只有小端接触，其原因可能是(　　)。

(A)刨齿刀选择不正确　(B)刨齿刀安装位置不正确

(C)毛坯形状不正确　(D)刨齿机功率不够

127. 刨齿刀切削刃的工作高度应(　　)工件大端的全齿高。

(A)大于　(B)等于　(C)小于　(D)不大于

128. 蜗杆传动多用于(　　)。

(A)加速　(B)减速　(C)匀加速　(D)匀减速

129. 阿基米德蜗杆属于(　　)。

(A)圆柱蜗杆　(B)环面蜗杆　(C)锥蜗杆　(D)螺旋蜗杆

130. 蜗杆传动中，一般来说失效总是发生在(　　)。

(A)蜗杆　(B)蜗轮　(C)蜗杆轴　(D)蜗轮轴

131. 通常蜗轮应选用(　　)好的软材料制造。

(A)冷却性　(B)硬度　(C)减摩性　(D)以上答案都不对

132. 直径较大的蜗轮常用(　　)制造。

(A)铸锡青铜　(B)铸铝青铜　(C)铸铁　(D)中碳钢

133. 加工蜗轮时，刀具与蜗轮的相对位置应与蜗杆、蜗轮的(　　)完全一致。

(A)装配时的相对位置　(B)绝对位置

(C)装配时的绝对位置　(D)绝对位置或相对位置

134. 蜗轮螺旋角大于(　　)时宜采用进给法做最后加工工序。

(A)6°～8°　(B)9°～10°　(C)10°～12°　(D)12°～14°

135. 中模数飞刀刀尖的蜗轮滚刀用于加工(　　)mm 模数的蜗轮。

(A)6～12　(B)12～15　(C)10～30　(D)15～30

136. 用氮化钢渗氮处理的蜗杆需要(　　)。

(A)磨削　(B)抛光　(C)淬火　(D)回火

137. 模数小、精度高、工件材料硬的蜗杆，在其他条件不变时，加工时应采用(　　)的切削速度。

(A)小　(B)较高　(C)高　(D)尽量小

138. 相同条件下，径向进给法加工蜗轮比切向进给法加工的精度(　　)。

(A)相同　(B)低　(C)高　(D)高得多

139. 一般来说，在蜗杆蜗轮变位中，尺寸改变的是(　　)。

(A)蜗杆　(B)蜗轮

(C)蜗杆和蜗轮都改变　(D)蜗杆和蜗轮中的任意一个

140. 常用千分尺最小能精确到(　　)mm。

(A)0.1　(B)0.01　(C)0.001　(D)0.000 1

141. 常用游标卡尺最小能精确到(　　)mm。

(A)0.1　(B)0.01　(C)0.001　(D)0.000 1

142.(　　)不可能引起游标卡尺的测量误差。

(A)工件的尺寸误差　(B)尺身平行度误差

(C)尺身直线度误差　(D)游标框架与尺身之间的间隙

143. 常用百分表的分度值为(　　)mm。

(A)0.1　(B)0.01　(C)0.001　(D)0.000 1

144. 常用外径千分尺可估读到(　　)mm。

(A)0.1　(B)0.01　(C)0.001　(D)0.000 1

145. 外径千分尺的读数为螺纹轴套上的毫米整数与(　　)mm 的读数加上微分筒的小数部分。

(A)0.1　(B)0.2　(C)0.5　(D)0.05

146. 常用万能角度尺的测量范围为(　　)。

(A)0～90°　(B)0～180°　(C)0～270°　(D)0～360°

147. 用底面长度为 200 mm、刻度值 0.02 mm/1 000 mm 的水平仪测量工作台水平面，如果气泡偏移 2 格，说明工作台台面与理想水平位置在 1 000 mm 长度上的高度差 $h=$(　　)mm。

(A)0.02　(B)0.04　(C)0.08　(D)0.1

148. 正弦规测量角度的范围为(　　)。

(A)0～70°　(B)0～80°　(C)0～90°　(D)0～180°

149. 滚齿机上滚切齿轮时，产生齿厚偏差的原因主要是(　　)的误差。

(A)滚刀　(B)工件　(C)机床　(D)操作

150. 插齿刀的齿形误差可转化成被加工齿轮的(　　)误差。

(A)公法线长度变动　(B)齿距　(C)齿形　(D)齿向

151. 当刨齿出现齿形不对称时,应检查的刨齿机的部位是(　　)。
(A)刀架楔铁　(B)心轴刚性　(C)机床传动间隙　(D)齿角
152. 齿圈径向跳动将影响齿轮啮合时的(　　)。
(A)齿轮副传动困难　(B)噪声
(C)瞬时传动比变化　(D)其他
153. 齿向误差使齿轮传动时沿(　　)方向的接触精度下降。
(A)齿宽　(B)齿厚　(C)齿厚和齿宽　(D)其他
154.(　　)的选择对加工后零件的位置度和尺寸精度、安装角度的可靠性极为重要。
(A)设计基准　(B)制造基准　(C)定位基准　(D)工艺基准
155. 圆柱齿轮的制造误差包括各个方面的误差,其中影响传动精度最大的是(　　)。
(A)齿形误差　(B)齿距误差　(C)齿距积累误差　(D)基节误差
156. 职业道德是和人们的(　　)紧密联系在一起的。
(A)职业生活　(B)职业习惯　(C)文化素质　(D)行为规范
157. 职业道德是一个人从业应有的(　　),也是事业有成的基本保证。
(A)职业习惯　(B)行为规范　(C)工作态度　(D)文化素质
158.(　　)是社会主义职业道德的核心。
(A)为人民服务　(B)提高劳动生产率
(C)保证产品质量　(D)提高经济效益
159.(　　)是铁路企业的宗旨。
(A)多拉快跑　(B)人民铁路为人民
(C)安全第一　(D)提速运营
160. 在现代社会条件下,要求职业劳动者具有优良的(　　)素质。
(A)技能　(B)道德　(C)文化　(D)综合
161. 爱岗(　　)是对人们工作态度的一种普遍的要求。
(A)爱厂　(B)如家　(C)敬业　(D)爱民
162.(　　)是企业的生命。
(A)产品　(B)信誉　(C)质量　(D)效益
163. 质量第一,用户至上,是(　　)职业道德的基本要求。
(A)第一产业　(B)第二产业　(C)第三产业　(D)服务行业
164. 为保证产品质量,就必须严格执行(　　)。
(A)规章制度　(B)工艺文件　(C)生产计划　(D)操作规程
165.(　　)是保障正常生产秩序的条件。
(A)劳动纪律　(B)工艺文件　(C)生产计划　(D)操作规程

三、多项选择题

1. 溢流阀在液压系统中的功能有(　　)。
(A)起溢流作用　(B)起安全阀作用　(C)起卸荷作用　(D)起背压作用
2. 常用热处理方法有(　　)。
(A)退火　(B)淬火　(C)调质　(D)渗碳

3. 属于高速钢的有(　　)。
(A)普通高速钢　(B)高性能高速钢　(C)低性能高速钢　(D)工具钢
4. 常见的机构有(　　)。
(A)平面连杆机构　(B)凸轮机构　(C)间歇运动机构　(D)星轮机构
5. 机械传动按传动力可分为(　　)。
(A)摩擦传动　(B)带传动　(C)啮合传动　(D)链传动
6. 皮带传动的特点有(　　)。
(A)无噪声　(B)效率高　(C)成本低　(D)寿命短
7. 影响工艺规程的主要因素有(　　)。
(A)生产条件　(B)技术要求　(C)制造方法　(D)毛坯种类
8. 机械制造中所使用的基准可分为(　　)。
(A)设计基准　(B)定位基准　(C)测量基准　(D)制造基准
9. 形状公差有(　　)。
(A)直线度　(B)平面度　(C)垂直度　(D)对称度
10. 属于安全电压的有(　　)V。
(A)42　(B)36　(C)24　(D)12
11. 影响工序余量的因素有(　　)。
(A)前工序的工序尺寸　(B)表面粗糙度
(C)变形层深度　(D)位置误差
12. 常用的铸铁材料有(　　)。
(A)灰口铸铁　(B)白口铸铁　(C)可锻铸铁　(D)球墨铸铁
13. 轴类零件的一般简要加工工艺包括(　　)、其他机械加工、热处理、磨削加工等。
(A)备料加工　(B)车削加工　(C)划线　(D)识图
14. 标定材料物理性能的指标有(　　)。
(A)比重　(B)熔点　(C)导电性
(D)热膨胀性　(E)抗疲劳性
15. 通用机床型号是由(　　)组成的。
(A)基本部分　(B)辅助部分　(C)主要部分　(D)其他部分
16. 划分粗精磨有利于合理安排磨削用量,提高生产效率和保证稳定的加工精度。在成批量生产中,可以合理选用(　　)。
(A)砂轮　(B)磨床　(C)机床　(D)内圆磨床
17. 按钢的含碳量,碳钢可分为(　　)。
(A)低碳钢——含碳量小于0.25%
(B)中碳钢——含碳量在0.25%~0.6%
(C)高碳钢——含碳量大于0.6%
(D)优质钢——含碳量大于0.8%
18. 切削液的作用有(　　)、润滑作用。
(A)冷却作用　(B)清洗作用　(C)防腐作用　(D)防锈作用
19. 造成工作台面运动时产生爬行的原因有(　　)、各种控制阀被堵塞或失灵、压力和流量不足或脉动。

(A)驱动刚性不足 (B)液压系统内存有空气

(C)液压系统内没有空气 (D)导轨摩擦阻力太大或摩擦阻力变化

20. 工艺基准按用途不同,可分为(　　)。

(A)加工基准 (B)装配基准 (C)测量基准 (D)定位基准

21. 液压传动系统一般由(　　)组成。

(A)动力元件 (B)执行元件 (C)控制元件 (D)辅助元件

22. 液压传动系统与机械、电气传动相比较具有的优点是(　　)。

(A)易于获得很大的力 (B)操纵力较小、操纵灵便

(C)易于控制 (D)传递运动平稳、均匀

23. 液压传动系统与机械、电气传动相比较存在的不足是(　　)。

(A)有泄漏 (B)传动效率低

(C)易发生振动、爬行 (D)故障分析与排除比较困难

24. 中间继电器由(　　)等元件组成。

(A)线圈 (B)磁铁 (C)转换开关 (D)触点

25. 接触器由(　　)等元件组成。

(A)线圈 (B)磁铁 (C)骨架 (D)触点

26. 制定工时定额的方法有(　　)。

(A)经验估工法 (B)类推比较法 (C)统计分析法 (D)技术测定法

27. 属于测时步骤的是(　　)。

(A)选择观察对象 (B)制定测时记录表

(C)记录观察时间 (D)下达定额工时

28. 产品加工过程中的作业总时间可分为(　　)。

(A)定额时间 (B)作业时间 (C)休息时间 (D)非定额时间

29. 非定额时间包括(　　)。

(A)准备时间 (B)非生产工作时间 (C)休息时间 (D)停工时间

30. 定额时间包括(　　)。

(A)准备与结束时间 (B)作业时间

(C)休息时间 (D)自然需要时间

31. 作业时间按其作用可分为(　　)。

(A)准备与结束时间 (B)基本时间

(C)辅助时间 (D)布置工作地时间

32. 为了使辅助时间与基本时间全部或部分地重合,可采用(　　)等方法。

(A)多刀加工 (B)使用专用夹具

(C)多工位夹具 (D)连续加工

33. 计量仪器按照工作原理和结构特征,可分为(　　)。

(A)机械式 (B)电动式 (C)光学式 (D)气动式

34. 专用夹具的特点是(　　)。

(A)结构紧凑 (B)使用方便

(C)加工精度容易控制　　(D)产品质量稳定

35. 在难加工材料中,属于高塑性的材料有(　　)。

(A)纯铁　　(B)纯镍　　(C)纯铝　　(D)纯铜

36. 冷硬铸铁的切削加工特点是(　　)。

(A)切削力大　　(B)刀—屑接触长度长

(C)刀具磨损剧烈　　(D)刀具易崩刃破裂

37. 不锈钢、高温合金的切削加工特点是(　　)。

(A)切削力大　　(B)切削温度高　　(C)刀具磨损快　　(D)刀具易崩刃破裂

38. 机床夹具在机械加工中的作用是(　　)。

(A)保证加工精度　　(B)减轻劳动强度

(C)扩大机床工艺范围　　(D)降低加工成本

39. 现代机床夹具的趋势是发展(　　)。

(A)专用夹具　　(B)通用可调夹具　　(C)成组夹具　　(D)数控机床夹具

40. 爱岗敬业的具体要求是(　　)。

(A)树立职业理想　　(B)强化职业责任

(C)提高职业技能　　(D)抓住择业机遇

41. 关于勤劳节俭的正确说法是(　　)。

(A)消费可以拉动需求,促进经济发展,因此提倡节俭是不合时宜的

(B)勤劳节俭是物质匮乏时代的产物,不符合现代企业精神

(C)勤劳可以提高效率,节俭可以降低成本

(D)勤劳节俭有利于可持续发展

42. 职工个体形象和企业整体形象的关系是(　　)。

(A)企业的整体形象是由职工的个体形象组成的

(B)个体形象是整体形象的一部分

(C)职工个体形象与企业整体形象没有关系

(D)没有个体形象就没有整体形象

43. 维护企业信誉必须做到(　　)。

(A)树立产品质量意识　　(B)重视服务质量,树立服务意识

(C)妥善处理顾客对企业的投诉　　(D)保守企业一切秘密

44. 企业文化的功能有(　　)。

(A)激励功能　　(B)自律功能　　(C)导向功能　　(D)整合功能

45. 下列说法中,你认为正确的有(　　)。

(A)岗位责任规定岗位的工作范围和工作性质

(B)操作规则是职业活动具体而详细的次序和动作要求

(C)规章制度是职业活动中最基本的要求

(D)职业规范是员工在工作中必须遵守和履行的职业行为要求

46. 文明生产的具体要求包括(　　)。

(A)语言文雅、行为端正、精神振奋、技术熟练

(B)相互学习、取长补短、互相支持、共同提高

(C)岗位明确、纪律严明、操作严格、现场安全
(D)优质、低耗、高效

47. 装配工艺规程的内容不包括(　　)。
(A)装配技术要求及检验方法　　(B)工人出勤情况
(C)设备损坏修理情况　　(D)物资供应情况

48. 铸铁中促进石墨化的元素有(　　)。
(A)碳　　(B)硅　　(C)磷　　(D)硫

49.盲孔且须经常拆卸的销连接不宜采用(　　)。
(A)圆柱销　　(B)圆锥销
(C)内螺纹圆柱销　　(D)内螺纹圆锥销

50. 直线 AB 与 H 面平行,与 W 面倾斜,与 V 面倾斜,则 AB 不是(　　)线。
(A)正平　　(B)侧平　　(C)水平　　(D)一般位置

51.画平面图形时,应首先画出(　　)。
(A)基准线　　(B)定位线　　(C)轮廓线　　(D)刨面线

52. 属于通用夹具的是(　　)。
(A)平口虎钳　　(B)分度头　　(C)回转工作台　　(D)心轴

53. 下列形位公差中属于形状公差符号是(　　)。
(A)▱　　(B)⌖　　(C)⊥　　(D)⌓

54. 平面度检测方法有(　　)。
(A)采用样板平尺检测　　(B)采用涂色对研法检测
(C)采用百分表检测　　(D)使用游标卡尺检测

55. 尺寸精度可用(　　)等来检测。
(A)游标卡尺　　(B)千分尺　　(C)卡规　　(D)直角尺

56. 阶台、直角沟槽的(　　)能用游标卡尺直接测出。
(A)宽度　　(B)平面度　　(C)深度　　(D)长度

57. 麻花钻一般用来钻削(　　)的孔。
(A)精度较低　　(B)表面结构要求低
(C)精度较高　　(D)表面结构要求高

58. 适用于平面定位的有(　　)。
(A)V 型支承　　(B)自位支承　　(C)可调支承　　(D)辅助支承

59. 电气故障失火时,可使用(　　)灭火。
(A)四氯化碳　　(B)水　　(C)二氧化碳　　(D)干粉

60. 发现有人触电时做法正确的是(　　)。
(A)不能赤手空拳去拉触电者
(B)应用木杆强迫触电者脱离电源
(C)应及时切断电源,并用绝缘体使触电者脱离电源
(D)无绝缘物体时,应立即将触电者拖离电源

61. 加工孔的通用刀具有(　　)。
(A)麻花钻　　(B)扩孔钻　　(C)铰刀　　(D)滚刀

62. 百分表的测量范围包括(　　)mm。

(A)0～3　(B)0～5　(C)0～10　(D)0～15

63. 影响材料切削性能的主要因素有(　　)。

(A)力学性能　(B)物理性能　(C)化学性能　(D)热处理状态

64. 对加工质量要求很高的零件,其工艺过程通常划分为(　　)。

(A)粗加工　(B)半精加工　(C)精加工　(D)光整加工

65. 机械加工中常用的毛坯有(　　)和组合毛坯五种。

(A)铸件　(B)锻件　(C)型材　(D)焊接件

66. 测量条件主要指测量环境的(　　)。

(A)温度　(B)湿度　(C)灰尘　(D)振动

67.《产品质量法》规定合格产品应具备的条件包括(　　)。

(A)不存在危及人身、财产安全的不合理危险

(B)具备产品应当具备的使用性能

(C)符合产品或其包装上注明采用的标准

(D)有保障人体健康、人身财产安全的国家标准、行业标准的,应该符合该标准

68. 以下社会保险中,职工个人需要缴纳保险费的是(　　)。

(A)养老保险　(B)工伤保险　(C)医疗保险　(D)生育保险

69. 下列有关签订集体劳动合同的表述,正确的有(　　)。

(A)依法签订的集体合同对企业和企业全体职工具有约束力

(B)集体合同的草案应提交职工代表大会或全体职工讨论通过

(C)集体合同签订后应报送劳动行政部门审核备案

(D)劳动行政部门自收到集体合同文本之日起 15 日内未提出异议的,集体合同即行生效

70. 市场经济是(　　)。

(A)高度发达的商品经济　(B)信用经济

(C)是计划经济的重要组成部分　(D)法制经济

71. 碳素钢按质量分类,有(　　)。

(A)碳素工具钢　(B)普通碳素钢

(C)优质碳素钢　(D)高级优质碳素钢

72. 铸铁一般分为(　　)。

(A)白口铸铁　(B)灰铸铁　(C)可锻铸铁　(D)球墨铸铁

73. 影响金属材料可切削加工性的因素有工件材料的(　　)、导热系数等力学性能和物理性能。

(A)硬度　(B)强度　(C)塑性　(D)韧性

74. 以下材料中(　　)是合金结构钢。

(A)40Cr　(B)12CrMo　(C)25Mn　(D)2A50

75. 金属热处理工艺大体可分为(　　)三大类。

(A)调质处理　(B)整体热处理　(C)表面热处理　(D)化学热处理

76. 零件的机械加工精度主要包括尺寸精度(　　)。

(A)机床精度　(B)刀具精度　(C)几何形状精度　(D)相对位置精度

77. 常用劳动防护用品有(　　)等。
(A)安全头盔　(B)防护手套　(C)防护鞋　(D)眼防护具
78. 常见的环境污染有(　　)等。
(A)污水　(B)空气　(C)垃圾　(D)噪声
79. 关于量具的保养说法正确的是(　　)。
(A)要用油石、砂布擦磨量具表面　(B)存放地点应保持清洁、干燥
(C)可以用手摸量具的测量面　(D)不准把卡尺的量爪尖端当作划针使用
80. 下列选项是龙门刨床的特点的是(　　)。
(A)形体大　(B)结构复杂　(C)价格较贵　(D)加工精度高
81. 刨刀按刀杆结构分类,有(　　)。
(A)直头刀　(B)弯头刀　(C)平头刀　(D)反向刀
82. 刨刀按加工形式分,有(　　)。
(A)平面刨刀　(B)偏刀　(C)切刀　(D)内孔刀
83. 刨刀按走刀方向分,有(　　)。
(A)右刨刀　(B)左刨刀　(C)前刨刀　(D)逆向刨刀
84. 刨刀按刀具结构形式分,有(　　)。
(A)整体式刨刀　(B)焊接式刨刀　(C)机械紧固式刨刀　(D)宽刃刀
85. 刃倾角的主要作用有(　　)。
(A)控制切屑流出方向　(B)影响切削刃强度
(C)增大刀具工作时的前角　(D)使刃口锋利
86. 误差检验的方法有(　　)。
(A)表面粗糙度检验　(B)平直度检验
(C)尺寸的检验　(D)平行度检验
87. 纯铝相比铝合金,特点有(　　)。
(A)密度小　(B)熔点低　(C)导电性能好　(D)抗蚀能力好
88. 热处理的目的是(　　)。
(A)改善切削加工的性能　(B)改变化学性能
(C)改变力学性能　(D)平延长刀具使用寿命
89. 退火分为(　　)。
(A)完全退火　(B)等温退火　(C)球化退火　(D)去应力退火
90. 回火的种类有(　　)。
(A)低温回火　(B)中温回火　(C)高温回火　(D)恒温回火
91. 刨床常用的装卡工具有(　　)。
(A)压板　(B)挡块　(C)平行垫铁　(D)支撑片
92. 在用斜装工件水平走刀法加工斜面时,按斜装工件的不同方法,可分为(　　)。
(A)按划线校正斜装工件法　(B)用斜垫铁斜装工件法
(C)转动工作台斜装工件法　(D)用刀架板斜装工件法
93. 在龙门刨床上加工箱体零件,检查工件的定位基准是否可靠的方法有(　　)。
(A)垫纸检查　(B)塞尺检查　(C)经验检查　(D)复录检查

四、判 断 题

1. 在螺纹代号标注中,右旋螺纹的方向可省略加注。( )

2. 在图样上,框图不应倾斜放置。( )

3. 视图是指机件向投影面投影时所得的图形。( )

4. 制造不需要热处理的普通结构零件可选用乙类钢。( )

5. 非金属材料制造的齿轮可减小因制造和安装不精确引起的不利影响,且传动时的噪声小。( )

6. 公差也有正负之分。( )

7. 发蓝处理的目的是提高零件的硬度。( )

8. 常用形状公差有直线度、平面度、圆柱度和平行度等。( )

9. 同轴度属于形状公差。( )

10. 高度变位齿轮可用于凑中心距。( )

11. 测量的要素是指测量对象、标准器具、测量方法和测量结果。( )

12. 机械是以机械运动为主要特征的一种技术系统,其总功能是通过有约束的机械运动实现能量、物料、信息的预期交换。( )

13. 采用高度变位齿轮的中心距与原标准齿轮传动的中心距不相等。( )

14. 机床的夹具按机床种类分为铣床夹具、镗床夹具、车床夹具、钻床夹具等。( )

15. 滚齿机的加工方法属于热加工。( )

16. 一般滚刀的容屑槽有垂直于螺纹方向的螺旋槽和直槽两种。( )

17. 溢流阀的进口接油泵,出口接油箱。( )

18. 常用的水平仪有条式和框式两种。( )

19. 划线工具中,三角头和螺旋千斤顶均属于辅助工具。( )

20. 立体划线的方法主要有直接翻转零件划线法和用三角铁划线法两种。( )

21. 平面刮削一般分为粗刮、细刮和精刮三个步骤。( )

22. 永磁材料是指磁滞回线较宽,矫顽力较大,但剩磁小的材料。( )

23. 电阻主要用于分流和限压。( )

24. 当人体内通过 0.01 A 以上的直流电时会有生命危险。( )

25. 定子和转子是电动机的主要组成部分。( )

26. 电路是由若干个电气设备或器件按照一定方式组合起来构成的电流通路。( )

27. 示波器可测量出电流的波形。( )

28. 半导体二极管具有单向导通性。( )

29. 布尔代数中,1 和 0 相或得 0。( )

30. 生产经营单位从业人员有权对本单位安全生产工作中存在的问题提出批评、检举、控告;无权拒绝违章指挥和拒绝强令冒险作业。( )

31. 机床电气接地必须良好,各种安全防护装置不许随意拆除,必须拆除、移位、改造时,应经有关部门鉴定审批。( )

32. 凡是从事多种作业或在多种劳动环境中作业的人员,应按其主要作业的工种和劳动环境配备劳动防护用品。( )

33. 劳动防护用品分为一般劳保用品和特种劳动防护用品。(　　)

34. 对发现的不良品项目和质量问题应及时反馈报告。(　　)

35. 对产品的性能、精度、寿命、可靠性和安全性有严重影响的关键部位或重要的影响因素所在的工序叫关键工序。(　　)

36. 质量特性一般分为关键特性、重要特性和一般特性。(　　)

37. 在因果分析法中选择不同的原因和结果进行分析工业企业生产过程中的质量问题时,普遍选用人、机、料、法、环五大原因。(　　)

38. 劳动者有权依法参加工会,无权组织工会。(　　)

39. 新建、改建、扩建工程的劳动安全卫生设施不必与主体工程同时设计、同时施工、同时投入生产和使用。(　　)

40. 劳动合同的期限分为有固定期限,无固定期限和以完成一定的工作为期限。(　　)

41. 当发生自然灾害、事故或者因其他原因威胁劳动者生命健康和财产安全需要紧急处理时,劳动者每日延长工作时间不能超过三个小时。(　　)

42. 旋转剖和阶梯剖又称复合剖。(　　)

43. 机件的每一尺寸一般只标注一次。(　　)

44. 圆柱度公差的符号是○。(　　)

45. 定位公差是被测量要素对基准在位置上允许的变动量。(　　)

46. 高度变位齿轮的变位系数之和为0。(　　)

47. 高度变位齿轮的模数、压力角、齿数与标准齿轮相同。(　　)

48. 直线度的符号为—。(　　)

49. 圆度的符号为○。(　　)

50. 测量方法分为直接测量、间接测量和组合测量。(　　)

51. 采用相关原则时,零件的检验要分开进行。(　　)

52. 齿圈径向跳动的符号为ΔF_r。(　　)

53. 在齿轮的三个公差组中,同一公差组内的各个公差与极限偏差应采用相同的精度等级。(　　)

54. 直锥齿轮分度圆锥顶点至背锥面的垂直距离称锥顶距。(　　)

55. 阿基米德蜗杆属于圆柱蜗杆。(　　)

56. 直齿锥齿轮常用收缩齿,但也有用等高齿,其中后者简化为对刀具的要求,因此计算较易,便于制造,但需要专用的机床。(　　)

57. 角度变位齿轮传动的啮合角是指分度圆上的压力角。(　　)

58. 选择定位基准时应尽量采用基准重合和基准统一的原则。(　　)

59. 零件的材料是决定热处理工序和选用设备及切削用量的依据之一。(　　)

60. 工艺过程是指改变生产对象的形状、尺寸的相对位置等,使之成为成品或半成品的过程。(　　)

61. 插齿切削行程多,所以加工后的齿面表面粗糙度比滚齿粗。(　　)

62. 内燃机车的齿轮大部分是中模数齿轮,且这些齿轮淬火后需要精加工内圆,故一般都采用分度圆找正。(　　)

63. 金属的硬度越低,切削加工性能越好。(　　)

64. 工件在回火时,回火温度越高,回火后的硬度越低。( )

65. 工步中包括一个或几个工序。( )

66. 一般来说,低碳钢齿轮加工时都需要进行渗碳淬火。( )

67. 毛坯锻造后应进行预先热处理,以改善材料的切削性能、消除内应力。( )

68. 一般来说,车削耐热钢及其合金时,不采用大于 1 mm/转的进给速度。( )

69. 一般来说,车削时,切削深度不超过车刀刀片的 1/2 长度。( )

70. 其他条件相同时,粗加工时应采用较大的切削速度。( )

71. 齿轮的材料热处理不一样,在同样的切削条件下,切削用量是同样的。( )

72. 滚齿时,42CrMo 材料经调质后,齿轮硬度高,因而加工时走刀量较小。( )

73. 选择工作台进给量的原则是在加工质量和合理提高刀具寿命的前提下,尽可能取较大的进给量,以提高生产效率。( )

74. 刚性好、功率大的机床加工同种齿轮的切削用量大。( )

75. 对于大型盘类齿轮和齿圈,为防止轮齿淬火变形,可采用夹具强制淬火。( )

76. 机床上使用夹具可以使装夹更方便,同时还可保证必要的加工精度和粗糙度。( )

77. 制齿夹具一般采用组合结构,由底座和心轴组成。( )

78. 工艺中,内胀心轴的定位符号是 ○⌐↑。( )

79. 位于主切削刃与副切削刃的交接处的相当小的一部分叫刀尖。( )

80. 齿轮滚刀的轴应是用作检验滚刀安装是否正确的基准。( )

81. 齿轮滚刀的长度是指滚刀切削部分的长度。( )

82. 滚刀在机床刀架心轴上安装是否正确,可用滚刀的两端台的圆跳动来检验,所以两轴台的中心与基本蜗杆中心线不必同轴。( )

83. 为使切削方便和减小振动,滚刀的螺旋方向和工件的旋转方向最好相反。( )

84. 插齿刀按外形可分为盘形、碗形和筒形三种。( )

85. 插齿刀制造时的分度圆压力角等于标准压力角。( )

86. 碗形插齿刀主要用于加工多联齿轮。( )

87. 插齿的行程长度应根据工件的模数来决定。( )

88. 加工每一个蜗轮都要用与实际蜗杆相适应的滚刀。( )

89. 百分表是利用绝对测量法测量的。( )

90. 齿厚卡尺与普通游标卡尺具有相同的原理。( )

91. 常用齿厚卡尺可精确到 0.01 mm。( )

92. 滚齿机是利用展成法或成形法加工原理加工齿轮的。( )

93. 利用滚齿机加工斜齿轮时,机床必须具有差动运动。( )

94. 滚切斜齿轮时,分度挂轮比的误差影响齿轮齿数,而差动挂轮比影响齿轮的齿向。( )

95. 成形磨齿机的机床也有展成运动。( )

96. 插齿机的主运动是指工件接近刀具作的径向移动。( )

97. Y236 型刨齿机工件安装用的心轴内部为莫氏六号锥度。( )

98. 刨齿机床鞍行程量应小于全齿高加上所必需的间隙。( )

99. 对操作者而言,使用设备时只需要用好即可,其余的事与他们无关。( )

100. 机床一级保养的主要内容是清洗、清理、检查和调整。（ ）

101. 飞溅润滑主要用于高速、重载和对温升有一定要求的场合。（ ）

102. 切削液的流动性越好，比热越低，则其冷却作用越好。（ ）

103. 为提高机床寿命，最有效的办法是经常性和定期对机床进行维护。（ ）

104. 实际工作中，有大部分的机床故障都是润滑不良引起的。（ ）

105. 正变位齿轮的齿顶圆直径和齿根圆直径增大，分度圆齿厚也增大，轮齿的强度增高。（ ）

106. 变位齿轮是一种非标准齿轮，是在用展成法加工齿轮时，改变刀具对齿坯的相对位置而切出的齿轮。（ ）

107. 高度变位齿轮的齿顶高和齿根高与标准齿轮比较有变化，但全齿高没有变化。（ ）

108. 加工正变位齿轮时，切削深度比标准齿轮全齿深大。（ ）

109. 齿面较软的齿轮，重载时，可能在摩擦力作用下发生齿面塑性流动。（ ）

110. 滚齿加工中，刀杆托架锥轴承径向间隙的大小对齿轮的加工精度影响不大。（ ）

111. 用成形滚刀加工齿轮时，刀具不需对中。（ ）

112. 在插削精度和粗糙度要求很高的齿轮时，应选用较小的圆周进给量。（ ）

113. 用插齿机加工齿轮时，一般在切第一个齿轮时，暂不切至全齿深，留有一定余量 Δh，以便检查。（ ）

114. 当齿轮材料为中碳合金钢时，常采用表面淬火工艺。（ ）

115. 多头滚刀能显著提高生产效率，但其加工齿形误差较大，粗糙度低。（ ）

116. 一般逆铣比顺铣的切削速度可提高 50%，滚齿生产率可提高 25%～30%。（ ）

117. 采用滚齿机运动合成机构分齿时，垂直进给量与差动挂轮的转速比有关。（ ）

118. 用指形铣刀加工齿轮时应选用较大的切削用量。（ ）

119. 一般来说，用于闭式传动的齿轮精度应高于开式传动的齿轮精度。（ ）

120. 斜齿轮的螺旋角是指展开螺旋线与垂直于齿轮轴线的平面间的夹角。（ ）

121. 在滚齿机上加工斜齿圆柱齿轮与加工直齿轮的方法基本相同，不同之处有刀架转动方向和角度，是否需要差动运动。（ ）

122. 采用斜齿圆柱齿轮传动有利于减小噪声。（ ）

123. 加工大质数直齿轮和大质数斜齿圆柱齿轮时，其差动挂轮比的计算方式完全一样。（ ）

124. 滚刀杆的端面跳动和径向跳动大小应根据加工齿轮精度来确定。（ ）

125. 滚刀安装后，应检查径向跳动，一般来说，加工 $\phi 200$ mm 以下 8 级精度齿轮时，径向跳动不应大于 0.03 mm。（ ）

126. 齿面粗糙度与其他误差，特别是齿形误差有密切联系。（ ）

127. 加工斜齿圆柱齿轮时，垂直进给运动与差动运动不许脱开。（ ）

128. 切削用量是编制工艺时预先定的，与各工序的切削用量无关。（ ）

129. 斜齿圆柱齿轮配中心距时，可以通过改变螺旋角来解决。（ ）

130. 直锥齿轮的刨齿加工属于仿形法加工。（ ）

131. 直锥齿轮母线长度 L，又称锥顶距，是锥齿轮上大端节圆锥直径的长度。（ ）

132. 直锥齿轮的缺点是工作时的振动和噪声较大。（ ）

133. 在刨齿机上加工齿轮，粗切时，为延长刀具寿命和获得较理想的加工精度，其切削精度要比精切时的切削深度浅 Δt。（ ）

134. Y236 型刨齿机床鞍行程量应小于被加工齿轮的全齿高加上所必须的间隙。( )

135. 为提高精切刀的寿命,在刨齿机上粗切时可以沿齿宽方向上切深 0.05 mm 的增量。( )

136. 蜗杆、蜗轮传动时,要求自锁的传动必须采用单头蜗杆。( )

137. 多头蜗杆主要用于传动比大和要求效率较高的场合。( )

138. 在蜗杆传动中,点蚀通常发生在蜗杆上。( )

139. 受短时冲击载荷的蜗杆最好用调质钢,而不用淬火钢。( )

140. 采用径向走刀法滚切蜗轮所用的滚刀和采用切向走刀法滚切蜗轮所用的滚刀相同。( )

141. 同等条件下,切向进给法加工蜗轮的精度比径向进给法高。( )

142. 蜗轮滚刀中的 AA 级滚刀用于加工 6 级精度的蜗轮。( )

143. 灰铸铁蜗轮用于 $v_s<2$ m/s 的工况,经表面硫化处理后有利于减轻磨损。( )

144. 为提高生产效率应尽量在同等条件下选择大的吃刀量。( )

145. 对于大模数、多头蜗杆副,在蜗杆导程角较大,且精度要求不高时,可以用齿轮滚刀来加工。( )

146. 游标卡尺的最小读数为 0.01 mm。( )

147. 内径百分表的测量范围是由更换或调整可换的固定测量头的长度而达到的。( )

148. 内径千分尺在使用时,大小不同的尺寸可能要用不同的测头。( )

149. 公法线千分尺是利用精密螺旋副运动原理进行测量的。( )

150. 万能角度尺的读数原理与普通游标尺的原理基本相同。( )

151. 使用水平仪读数时,直接读数法的精度高于平均值读数法。( )

152. 正弦规的测量精度可达 0.01″。( )

153. 滚切斜齿圆柱齿轮时,分度挂轮比的误差影响齿轮齿形。( )

154. 插齿刀存在几何偏心,加工时会使齿轮产生径向误差,而对公法线没有影响。( )

155. 刨刀前角大小不合理时将影响齿面粗糙度。( )

156. 职业道德与职业习惯的目的是一致的。( )

157. 职业纪律本身就是职业道德的一部分,只不过要求角度不同而一。( )

158. 人们长期从事某些职业而形成的道德心理和道德行为是有差异的。( )

159. 在实际工作中,要求从业者必须具有优良的道德素质。( )

160. 职业道德与办企业的目的是完全一致的,而且是具先决条件。( )

161. 服从分配、听从指挥、遵守纪律、爱岗敬业、坚持原则是职业道德的体现。( )

162. 质量第一,用户之上,是第三产业职业道德的基本要求。( )

163. 职业道德是一个人从业应有的行为规范,也是事业有成的基本保证。( )

164. 保证产品质量,提高经济效益,就必须严格执行操作规程。( )

165. 生产计划是保证正常生产秩序的先决条件。( )

五、简 答 题

1. 试说明配合符号在图样中应写成何种形式。
2. 试述什么是孔和轴配合时的间隙。
3. 说明 HT200 中,200 的意义。
4. 解释什么叫尺寸偏差。

5. 什么叫配合?
6. 什么叫调质?
7. 什么叫钢的淬硬性?
8. 什么叫金属的强度?
9. 什么叫渐开线?
10. 齿轮传动的类型有哪几种?
11. 试述按变位系数不同,可以将齿轮分为哪几种类型。
12. 试写出标准渐开线圆柱直齿轮的基本参数。
13. 表面粗糙度的大小对齿轮的主要影响有哪些?
14. 在滚齿机上加工齿轮时,引起齿面粗糙度不好的原因有哪些?
15. 什么叫形状公差?
16. 什么是绝对测量?
17. 测量的实质是什么?
18. 机床的传动误差主要有哪些?
19. 什么叫运动副?
20. 试写出常用机床的种类(不少于5种)。
21. 试写出5种常用的齿轮加工机床。
22. 什么叫专用夹具?
23. 在外圆磨床磨削时应采用何种切削液? 为什么?
24. 普通锉刀按其断面形状不同可以分为几种?
25. 进行平面划线和立体划线时,分别确定几个基准? 为什么?
26. 如何确定刮削余量?
27. 试述有源滤波器的分类。
28. 安全生产管理的方针是什么?
29. 建立质量责任制的要求是什么?
30. 一般设置质量管理点时应遵循的原则是什么?
31. 劳动者在什么情形下,依法享受社会保险待遇?
32. 劳动合同的订立,应具备哪些方面?
33. 何为半剖视图?
34. 什么叫基本视图?
35. 在滚齿机上,为减小齿距积累误差可采用哪些方法?
36. 试解释变位齿轮。
37. 解释何为计量器具。
38. 试解释公法线长度变动。
39. 解释基节偏差。
40. 解释角度修正。
41. 答出编制工艺规程的基本要求。
42. 写出一般中碳钢齿轮的加工工艺过程。
43. 试解释什么叫调质。

44. 切削加工工序中,应遵循的原则是什么?
45. 试述切削用量的选择一般原则。
46. 定位基准的原则是什么?
47. 解释什么叫基准。
48. 试说明刀具部分的应具备性能。
49. 试解释什么是滚刀对中。
50. 试述什么是力的三要素。
51. 试简述蜗杆砂轮磨齿机的工作原理。
52. 简述刨齿加工原理。
53. 斜齿圆柱齿轮传动与直齿圆柱齿轮传动相比有哪些优点?
54. 为什么插齿机要进行让刀运动?
55. 试解释什么叫退火。
56. 试解释什么叫正火。
57. 试解释什么叫氮化。
58. 试解释滚齿机工作台的径向、端面跳动超差并出现爬行现象的原因。
59. 试述插齿机的主要组成部分及其作用。
60. 变位齿轮在传动中有哪些特点?
61. 解释什么叫起筋。
62. 试解释什么叫直锥齿轮的中锥。
63. 什么叫直锥齿轮的前锥?
64. 刨齿机的刀架安装角对工件加工质量有什么影响?正确的刀架安装角是根据什么计算出来的?
65. 试解释什么叫氰化。
66. 什么叫金属的变形?
67. 防止电气设备漏电和意外触电危险的常用措施是什么?
68. 齿坯粗加工后正火或调质处理的目的是什么?
69. 一对斜齿圆柱齿轮正确啮合的条件是什么?
70. 齿轮齿圈径向跳动对啮合精度的影响有哪些?

六、综合题

1. 已知一正方形的边长是 100 mm,求正方形外接圆的直径是多少?
2. 已知一平行四边形的两边分别为 30 mm 和 10 mm,该两边所夹锐角为 30°,求该平行四边形的周长和面积。
3. 要加工一个 13 等分的工件,用分度头如何分度?
4. 要在插床上插削六方孔,求分度方法。
5. 有一摩擦轮传动,主动轮 $D_1=20$ mm,从动轮 $D_2=50$ mm,试计算传动比 i_{12}?若主动轮转速 $n_1=800$ r/min,求从动轮转速 n_2。
6. 一位钳工把一根直径 40 mm 的圆钢锉成正方形,问最大的边长是多少?
7. 角度的计量单位有哪些?怎样换算?

8. 有一圆钢，直径为 5/8 英寸，问等于多少毫米？

9. 解释螺纹标记：M10×1-6H-S 的含义。

10. 依照图 1 写出刨刀刀头各部分名称。

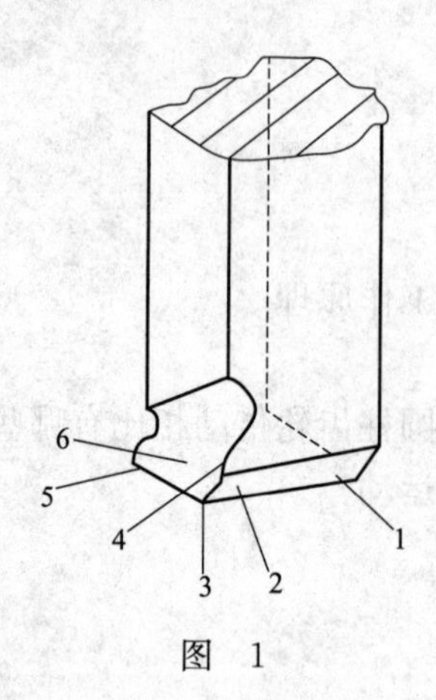

图 1

11. 如图 2 所示的传动系统，试计算主轴每转一转齿条所移动的距离，并判断其移动方向。

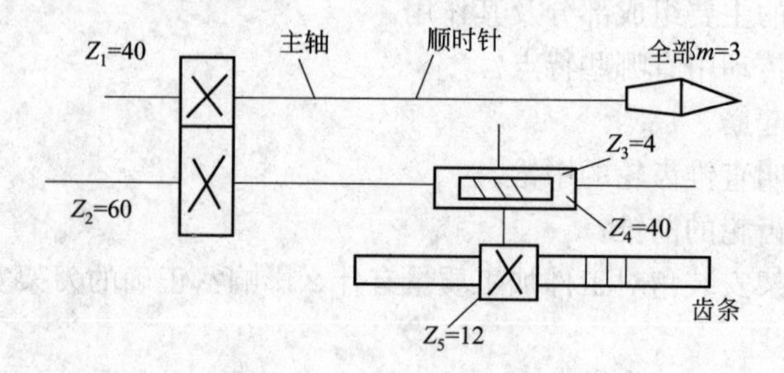

图 2

12. 如图 3 所示，解释下列形位公差的含义。

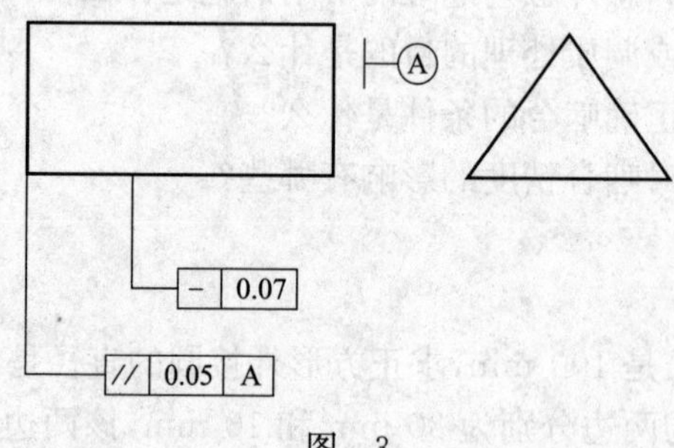

图 3

13. B665 型牛头刨床横梁水平走刀丝杆螺距 $t=6$ mm，$n_{头}=2$，棘轮的总齿轮 $Z=36$，问棘爪跳过一个齿时进给量应为多少？

14. 已知一普通螺纹工件外径 $d=16$ mm，螺距 $t=2$ mm，螺纹头数 $n=2$，求螺纹内径 d_1，中径 d_2 和导程 L。

15. 已知标准直齿圆柱齿轮的模数 $m=4$ mm，标准压力角 $\alpha=20°$，齿数 $Z=64$，齿顶高系数 $h_a=1$，齿根高系数 $h_f=1.25$，求分度圆直径 d，齿顶圆直径 d_a 和全齿高 h。

16. 有一燕尾槽按图 4 要求，槽底宽 M＝50 mm，燕尾角 α＝60°，现用 D＝6 mm 的圆柱棒检验工件，测量尺寸 L＝35 mm，问此燕尾型工件是否刨得正确？相差多少？(cot60°＝0.577 3，cot30°＝1.732)

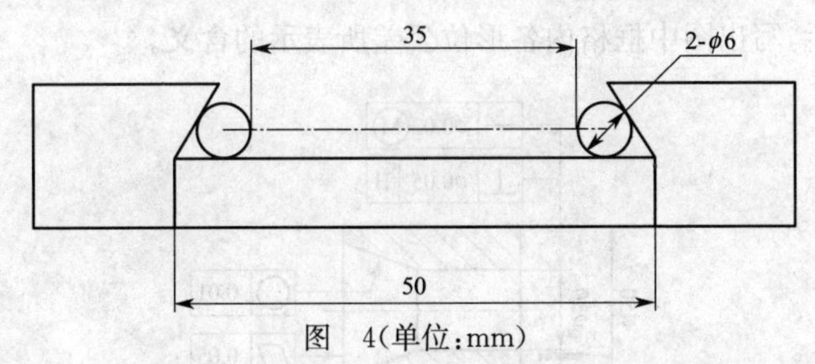

图 4(单位：mm)

17. 应用中心距 a＝100 mm 的正弦规，测量斜角 α＝2°的圆锥体，问应垫 h 为多高的块规。(sin1°＝0.017 5；sin2°＝0.035；sin4°＝0.07)？

18. 已知燕尾槽的燕尾角 α＝55°，槽底尺寸 M＝91 mm，槽深 C＝15 mm，求槽顶宽 N 是多少？(cot55°＝0.700 21)

19. 已知工件的大端尺寸 H＝17 mm，小端尺寸 h＝12 mm，工件长度 L＝250 mm，试计算它的斜度 S。

20. 已知一标准直齿圆柱齿轮的模数 m 为 3 mm，其齿数 Z＝40，试求齿轮分度圆直径、齿距和全齿高。

21. 有一金属钢试样，原标距长度为 L_0＝100 mm，直径 d_0＝10 mm，断裂后测得的标距长度 L_1＝116 mm，断裂处直径 d_1＝7.75 mm，试求伸长率和断面收缩率。

22. 有一燕尾槽，经测量后，游标卡尺测得尺寸 L＝71.45 mm，测量圆柱直径 D＝10 mm，燕尾块夹角 α＝50°，问燕尾宽度尺寸 M 是多少？(cot25°＝2.145)

23. 如要将某工件作 35 等分，分度头上的定数为 40，已知分度盘可供选用的孔数为 49 和 28，试求分度头手柄的转数？

24. 在牛头刨床上加工 45 号钢工件，工件长度为 100 mm，所调的行程长度为 120 mm，现选定切削速度为 16.5 m/min，求每分钟往复行程次数。

25. 有一根长度为 1 m，截面积为 10 mm^2 的钢棒，当温度上升 40℃时，钢棒伸长为 1.000 5 m，求此钢棒的线膨胀系数 α 为多少？

26. 正五边形的外接圆半径 R 为 15 mm，弦长系数 K 为 1.175 6，试计算五边形等分点的长度。

27. 在牛头刨床上刨削铸铁件，工件长度为 120 mm，现调整机床的行程长度为 140 mm，选用滑枕每分钟往复行程次数为 50，求刨削速度 v 是多少。

28. 一直齿条的模数 m＝3 mm，试计算齿条的齿距 p 为多少。

29. 求尺寸 50G7($^{+0.034}_{+0.009}$)的公差和极限尺寸。

30. 如图 5 所示，说明下面刨床型号的组成意义。

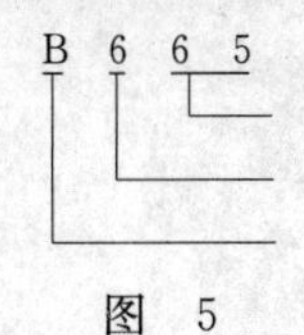

图 5

31. 在普通万能分度头上用角度分度法怎样计算？

32. 写出材料 T10A 钢的含义。

33. 说明 ϕ35H7/m6 代号的含义。

34. 如图 6 所示，写出图中框格内各形位公差所表示的含义。

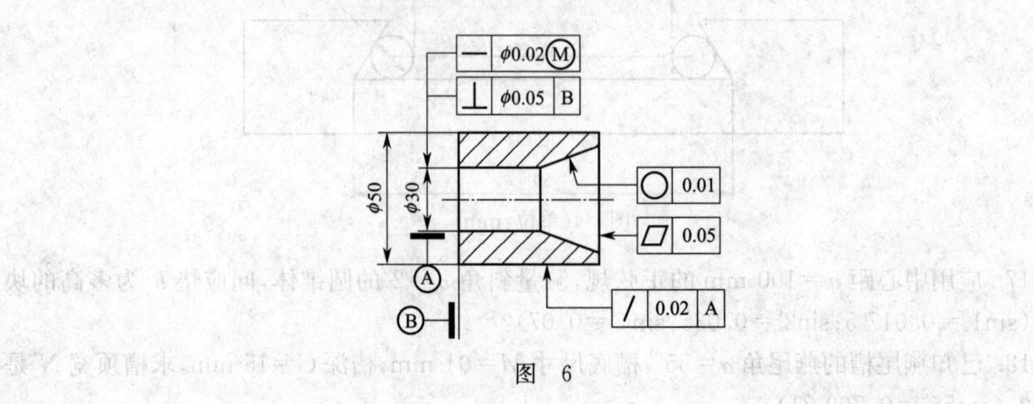

图 6

35. 在牛头刨床上刨削一件宽 $B=400$ mm 的平板，已知 $f=1$ mm/双行程，滑枕每分钟往复行程 $n=25$ 次，问刨削两刀共需多少机动时间？

刨插工(初级工)答案

一、填空题

1. 孔　2. 韧性　3. 硬度　4. 基圆

5. 基圆　6. 摆线齿形齿轮　7. 直接标注参数值　8. 形状

9. ∥　10. 小　11. 基节偏差　12. 径向进给运动

13. 刀杆的全跳动　14. 能调整　15. 冷加工　16. 硬质合金钢铣刀

17. 铲齿刀具　18. 防锈　19. 切削油　20. 叶片泵

21. 直线位移　22. 扁冲錾　23. 测量工具　24. 两条中心线

25. 显示工件误差的位置和大小　26. 赫兹(Hz)　27. $U=RI$

28. 相位(或初相位)　29. 相反　30. 电动机

31. 从电源的负极流向正极　32. 电阻　33. 基极

34. 0　35. 2002　36. 人类与环境　37. 国际标准化组织

38. 关闭电源　39. 质量标准　40. 关键工序　41. 质量管理

42. 工序　43. 第八次　44. 法律　45. 权利

46. 秘密　47. 第一角　48. 某部分　49. 上方

50. 基本偏差　51. 过渡配合　52. 不相等　53. 切向变位齿轮

54. ▱　55. ○　56. 被测量的真值　57. 相关原则

58. h_f　59. F_f　60. $\sum$

61. 蜗杆分度圆导程角　62. 中点螺旋角　63. 提高　64. 工艺条件

65. 全过程　66. 工艺管理　67. 齿圈径向跳动　68. 摩擦

69. 加工工具　70. 先基准后其他　71. 孔　72. 表面粗糙度

73. 吃刀量　74. 大　75. 较小　76. 功率

77. 专用夹具　78. 心轴　79. 安装　80. 双顶尖孔

81. 底座和心轴　82. 工序基准　83. 四爪卡盘　84. 超硬刀具材料

85. 刀杆　86. 加工方法　87. 切削部分　88. 剃前滚刀

89. 螺旋齿轮啮合　90. 刀槽中心线　91. 加工斜齿用的斜齿插齿刀

92. 前角和后角　93. 主轴中心线　94. 游标卡尺　95. 可调节卡钳

96. 量具和量仪　97. 公法线千分尺　98. 0.01

99. 滚齿机、磨齿机、插齿机(铣齿机、刨齿机、插齿机)　100. 分齿交换挂轮

101. 摆线内齿轮磨齿机　102. 安装角　103. 修好　104. 会排除故障

105. 调整　106. 毛细管　107. 切削油　108. 变形

109. 超负荷使用　110. 装配间隙过小　111. 高度　112. 齿面损伤

113. 滚刀安装角　114. 齿形　115. 加工表面粗糙度　116. 不能

117. 较大　118. 分度圆　119. 差动运动　120. 轴向推力
121. 齿轮寿命　122. 齿向　123. 刀具　124. 上下往复
125. 齿坯　126. 附加运动　127. 法
128. 齿圈径向跳动误差　129. 假想平顶　130. 机床几何中心　131. 摇台中心线
132. 安装角　133. 精切齿的精度　134. 接触斑点　135. 单级传动比
136. 圆柱蜗杆　137. 疲劳点蚀　138. 飞刀切齿法　139. 轮齿齿面的顶切
140. 分度圆直径　141. 磨削　142. 背吃刀量　143. 长度
144. 刻度间距　145. 齿轮传动　146. 相同　147. 50～75 mm
148. 直尺　149. 平面度误差　150. 锥度　151. 越小
152. 齿距累积　153. 齿面有斑痕　154. 大　155. 基本保证
156. 一致的　157. 目标　158. 基本原则　159. 义务
160. 实践中去　161. 人民铁路为人民　162. 核心　163. 动作及活动
164. 职业道德行为

二、单项选择题

1. A　2. D　3. B　4. C　5. C　6. C　7. A　8. A　9. B
10. B　11. C　12. B　13. A　14. C　15. B　16. C　17. A　18. C
19. B　20. B　21. B　22. A　23. B　24. C　25. C　26. C　27. A
28. B　29. D　30. C　31. B　32. B　33. B　34. B　35. D　36. C
37. A　38. B　39. B　40. A　41. A　42. C　43. A　44. C　45. A
46. C　47. A　48. C　49. C　50. A　51. B　52. B　53. B　54. A
55. A　56. B　57. A　58. C　59. D　60. A　61. D　62. C　63. B
64. C　65. B　66. C　67. B　68. B　69. A　70. C　71. C　72. A
73. C　74. B　75. A　76. C　77. B　78. B　79. C　80. C　81. B
82. B　83. A　84. A　85. B　86. A　87. B　88. D　89. B　90. D
91. B　92. A　93. A　94. C　95. A　96. D　97. C　98. C　99. B
100. D　101. A　102. B　103. B　104. B　105. B　106. C　107. A　108. C
109. B　110. D　111. B　112. A　113. C　114. A　115. C　116. C　117. A
118. C　119. B　120. C　121. C　122. C　123. A　124. B　125. C　126. B
127. A　128. B　129. A　130. B　131. C　132. C　133. A　134. A　135. A
136. B　137. B　138. B　139. B　140. B　141. A　142. A　143. B　144. C
145. C　146. D　147. B　148. B　149. C　150. B　151. D　152. C　153. A
154. C　155. A　156. A　157. B　158. A　159. B　160. D　161. C　162. B
163. B　164. B　165. A

三、多项选择题

1. ABCD　2. ABCD　3. AB　4. ABC　5. AC　6. ACD　7. ABCD
8. AD　9. AB　10. ABCD　11. ABCD　12. ABCD　13. AB　14. ABCD
15. AB　16. AC　17. ABC　18. ABD　19. ABD　20. BCD　21. ABCD

22. ABCD　23. ABCD　24. ABD　25. ABCD　26. ABCD　27. ABC　28. AD
29. BD　30. ABCD　31. BC　32. CD　33. ABCD　34. ABCD　35. ABCD
36. ACD　37. ABC　38. ABCD　39. BCD　40. ABC　41. CD　42. ABD
43. ABC　44. ABCD　45. ABCD　46. ABCD　47. BCD　48. AB　49. ABC
50. ABD　51. AB　52. ABCD　53. AD　54. ABC　55. ABC　56. ABD
57. AB　58. BCD　59. ACD　60. ABC　61. ABC　62. ABC　63. ABCD
64. ABCD　65. ABCD　66. ABCD　67. ABCD　68. AC　69. ABCD　70. ABD
71. BCD　72. ABCD　73. ABCD　74. AB　75. BCD　76. CD　77. ABCD
78. ABD　79. BD　80. ABCD　81. AB　82. ABCD　83. AB　84. ABC
85. ABCD　86. ABCD　87. ABCD　88. ACD　89. ABCD　90. ABC　91. ABCD
92. ABC　93. ABC

四、判断题

1. √　2. √　3. √　4. ×　5. √　6. ×　7. ×　8. ×　9. ×
10. ×　11. √　12. √　13. ×　14. √　15. ×　16. √　17. √　18. √
19. ×　20. √　21. √　22. ×　23. √　24. ×　25. ×　26. √　27. √
28. √　29. ×　30. ×　31. √　32. √　33. √　34. √　35. √　36. √
37. √　38. ×　39. ×　40. √　41. ×　42. ×　43. √　44. ×　45. ×
46. √　47. ×　48. √　49. √　50. √　51. ×　52. √　53. √　54. √
55. √　56. √　57. ×　58. √　59. √　60. √　61. ×　62. √　63. ×
64. √　65. ×　66. √　67. √　68. √　69. ×　70. ×　71. ×　72. √
73. √　74. √　75. √　76. √　77. √　78. ×　79. √　80. √　81. ×
82. ×　83. ×　84. ×　85. ×　86. √　87. ×　88. √　89. ×　90. √
91. ×　92. ×　93. √　94. ×　95. ×　96. ×　97. √　98. ×　99. ×
100. √　101. ×　102. ×　103. √　104. √　105. √　106. √　107. √　108. ×
109. √　110. ×　111. ×　112. √　113. √　114. √　115. √　116. ×　117. √
118. √　119. √　120. ×　121. √　122. √　123. ×　124. √　125. √　126. √
127. √　128. ×　129. ×　130. ×　131. ×　132. √　133. √　134. √　135. √
136. √　137. ×　138. ×　139. √　140. ×　141. √　142. ×　143. √　144. √
145. ×　146. ×　147. √　148. √　149. √　150. √　151. ×　152. ×　153. ×
154. ×　155. √　156. √　157. √　158. √　159. ×　160. √　161. √　162. ×
163. √　164. ×　165. ×

五、简答题

1. 答:配合符号在图样中应写成分数形式(5 分)。
2. 答:孔的尺寸减去与它相配合的轴的尺寸所得的代数差为正时称为间隙(5 分)。
3. 答:HT200 中,200 表示其屈服强度不低于 200 N/mm²(5 分)。
4. 答:尺寸偏差是某一尺寸减去其基本尺寸所得的代数差(5 分)。
5. 答:配合是基本尺寸相同的相结合的孔和轴公差带之间的关系(5 分)。

6. 答:将钢淬火后进行高温回火,这种双重热处理操作称调质处理(5分)。

7. 答:钢在正常的淬火条件下所能获得的最高硬度值称为钢的淬硬性(5分)。

8. 答:金属在外力(1分)作用下抵抗明显的塑性变形(2分)或破坏的能力(2分)叫强度。

9. 答:一条直线在一个定圆上作无滑动的滚切时,直线上的点的轨迹称为渐开线(5分)。

10. 答:齿轮的传动类型分为单对齿轮传动(3分)和多对齿轮传动(2分)。

11. 答:按照一对齿轮变位系数的不同,可以将齿轮传动分为标准齿轮传动(2分)、高度变位齿轮传动(1.5分)和角度变位齿轮传动(1.5分)。

12. 答:模数、压力角、齿数(少一项扣2分直至0分)。

13. 答:表面粗糙度的大小对齿轮传动时的齿轮寿命(3分)噪声大小(2分)有很大影响。

14. 答:(1)滚刀刃磨质量不高(1分),径向跳动大、刀具磨损,未夹紧而产生振动(1分);(2)切削用量选择不正确(1分);(3)夹具刚性不好(1分);(4)切削瘤的存在(1分)。

15. 答:形状公差是单一实际要素的形状所允许的变动全量(5分)。

16. 答:绝对测量就是能直接从量具或量仪上读出的被测量工件的实际值的测量方法(5分)。

17. 答:测量的实质是被测量的参数同标准量进行比较的过程(5分)。

18. 答:机床的传动误差主要有齿轮副的传动误差(1.5分)、丝杆螺母传动副的传动误差(2分)和蜗杆蜗轮传动副的误差(1.5分)。

19. 答:运动副是指两个构件间接触式的可动连接(5分)。

20. 答:车床、铣床、刨床、镗床、磨床(漏答一条扣1分)。

21. 答:滚齿机、插齿机、刨齿机、珩齿机、磨齿机(漏答一条扣1分)。

22. 答:专用夹具是指根据某个工件的某一工序的要求专门设计制造的夹具(5分)。

23. 答:磨削加工温度高,会产生大量的细屑及脱落的砂粒,要求切削液有良好的冷却性能和清洗性能(3分),所以常用乳化液(2分)。

24. 答:可分为平锉、方锉、三角锉、半圆锉和圆锉等五种(漏答一条扣1分)。

25. 答:平面划线时,一般要划两个相互垂直的线条(1分);而立体划线时一般要划三个互相垂直的线条(1分)。因为每划一个方向的线条,就必须确定一个基准(2分),所以平面划线时要确定两个基准,立体划线时要确定三个基准(1分)。

26. 答:由于每次刮削只能刮去很薄的一层金属(1分),刮削操作的劳动强度又很大,所以要求工件在机械加工后留下的刮削余量不宜太大(2分),一般为0.03～0.4 mm(2分)。

27. 答:有源滤波源器分为低通滤波器、高通滤波器、带通滤波器和带阻滤波器(少一项扣1.5分)。

28. 答:安全第一,预防为主(5分)。

29. 答:要求明确规定企业每一个人在质量工作上的具体任务、责任和权力(1分),以便做到质量工作事事有人管,人人有专责,办事有标准,工作有检查,检查有考核(4分)。

30. 答:以下五种情况应设置质量管理点:(1)对产品的适用性(性能、精度寿命、可靠性、安全性等)有严重影响的关键质量特性,关键部位或重要影响因素(1分)。(2)对工艺上有严格要求,对下工序的工作有严重影响的关键质量特性部位(1分)。(3)对质量不稳定,出现不合格多的工序(1分)。(4)对用户反馈的重要不良项目(1分)。(5)对紧缺物质或可能对生产安排有严重影响的关键项目(1分)。

31. 答:劳动者在下列情形下,依法享受社会保险待遇:(1)退休;(2)患病,负伤;(3)因工伤残或患职业病;(4)失业;(5)生育(漏答一条扣1分)。

32. 答:应具备:(1)劳动合同期限;(2)工作内容;(3)劳动保护和劳动条件;(4)劳动报酬;(5)劳动纪律;(6)劳动合同终止的条件;(7)违反劳动合同的责任;(8)当事人还可以协商约定其他内容(漏答一条扣1分)。

33. 答:机件具有对称平面时,可以以对称中心线为边界,一半画成剖视,另一半画成普通视图(5分)。

34. 答:基本视图是指机件向基本投影面投影所得的视图(5分)。

35. 答:减小齿距积累误差可采用以下方法:调整工作台间隙,刮研工作台主轴(1分),刃磨刀具以减小刀具的齿距积累误差(2分),检查工件安装和工作台回转是否有几何偏心(2分)。

36. 答:变位齿轮是一种非标准齿轮(2分),是在加工齿形时改变刀具对齿坯的相对位置而切出的齿轮(3分)。

37. 答:计量器具是能用以测量出被测对象量值(1分)的量具(2分)和计量仪器(2分)的统称。

38. 答:在齿轮一周范围内,实际公法线长度最大值与最小值之差称为公法线长度变动(5分)。

39. 答:实际基节与公称基节之差称为基节偏差(5分)。

40. 答:大小齿轮的齿形不同于标准齿轮时(2分),为保持规定的啮合侧隙公差而改变中心距(3分),由此所引起的齿轮副啮合角的修正。

41. 答:编制工艺规程的基本要求是以最小的劳动量(2分),最低的费用(2分)制造出合乎技术要求的零件和产品(1分)。

42. 答:锻→粗加工齿坯→热处理(调质)→半精加工齿坯→粗加工齿形→热处理(淬火)→精加工齿坯→精加工齿形(少一项扣一分直至0分)。

43. 答:将钢淬火后进行高温回火,这各双重热处理操作称为调质处理(5分)。

44. 答:应遵循的原则是:先粗后精(1.5分),先主后次(1.5分),先基准后其他(1.5分)。

45. 答:首先选择尽量大的背吃刀量(1.5分),其次选取一个大的进给量(1.5分),最后在刀具寿命、机床功率条件许可下,选择合理的切削速度(2分)。

46. 答:选择定位基准的原则是:尽可能使工艺基准和设计基准重合(3分),尽可能使各道工序的基准统一(2分)。

47. 答:基准是用来确定加工零件上的位置(2分)和尺寸所依据的点(1分)、线(1分)、面(1分)。

48. 答:刀具切削部分的材料应具备的性能有:(1)硬度必须高于工件材料的硬度(1分);(2)足够的强度及韧度(1分);(3)较高的耐热性能(1分);(4)较高的耐磨性(1分);(5)良好的工艺性(1分)。

49. 答:在滚齿时,为了切出对称的齿形(1分),必须使滚刀的一个齿或刀槽的对称线正确的对准齿坯的中心(3分),这就叫对中。

50. 答:力的三要素是指力的大小,力的作用点,力的方向(缺一项扣2分直至0分)。

51. 答:用蜗杆砂轮磨齿机磨渐开线齿轮,其基本原理类似于滚齿加工,在磨削斜齿轮时,由差动装置使工件获得附加的转动(5分)。

52. 答:刨齿是根据两直齿锥齿轮的啮合原理(1分),即两轮的圆锥在同一平面内的两相交轴传递运动时作纯滚动,而采用一个假想冠形齿轮(2分),即假想齿轮或假想平顶齿轮与被切锥齿轮作无间隙啮合来加工齿形(2分)。

53. 答:与直齿轮相比,斜齿轮传动的优点有:传动平稳,承载能力强(1分);磨损均匀,传动比恒定(2分);斜齿圆柱齿轮的最小齿数比直齿轮少,传动机构可以设计制造得很紧凑,重量也大为减轻(2分)。

54. 答:插齿刀在上下往复运动中,向下是切削,向上是空行程(2分)。为避免插齿刀擦伤已加工的齿廓表面,同时减少插齿刀的刀齿磨损(2分),插刀需要有一个让刀运动(1分),以满足上述要求。

55. 答:将工件加热到临界温度以上,保温一段时间后随炉冷却就叫退火(5分)。

56. 答:把钢加热到工艺规定的温度后(2分),经保温在空气中冷却到室温(2分),以获得索氏体为主的热处理方法称为正火(1分)。

57. 答:将氮原子渗入工件的表层,形成很高硬度的氮化层(1分),由于氮化加热温度低且不需淬火,因此变形较小(1分),此外,氮化层还具有抗腐蚀的性能(2分),一般适用于含铬、钼、铝、元素的中碳钢(1分)。

58. 答:可能的原因有:(1)工作台与工作台壳体接触不良(1分),工作台受撞产生中心偏移(1分),锥导轨副和环导轨副配合不好(1分);(2)润滑不良(2分)。

59. 答:插齿机由床身、立柱、刀架、工作台、和变速箱等几部分组成(1分)。刀架的刀具主轴里可安装插齿刀,并作上下往复运动及旋转运动(2分)。工件装在工作台上作旋转运动,并随工作台作直线移动,实现径向切入运动(2分)。

60. 答:(1)在加工Z17的齿轮时,可避免根切现象(1分);(2)可用一齿轮与不同齿数的齿轮啮合,配中心距(2分);(3)可以改善轮齿的磨损情况,提高轮齿的强度以及修复废旧齿轮等(2分)。

61. 答:加工齿轮时,在轮齿底面留下凸起的未被切去的金属的现象叫起筋(5分)。

62. 答:中锥是锥齿轮上的一个假想锥面(2分),其母线通过齿宽中点(1分),并与分锥垂直相交(2分)。

63. 答:前锥是锥齿轮上的一个圆锥面(2分),其母线位于轮齿小端,并与分锥垂直相交(2分)。

64. 答:刀架安装角将影响工件齿形由大端向小端的收缩量(2分),影响接触面位置沿齿长方向的变化(2分)。正确的安装角是根据工件齿厚计算出来的(1分)。

65. 答:钢件齿面同时渗入碳和氮原子的过程叫氰化(5分)。

66. 答:金属在外力作用下发生外形(3分)和尺寸改变(2分)的现象称为变形。

67. 答:接地与接零(1分)是防止电气设备漏电(2分)或意外地触电(2分)而造成触电危险的重要安全措施。

68. 答:齿坯粗加工后正火或调质处理是提高齿轮切削性能(1分)和综合机械性能(1分)、消除内应力(1分)、改善金相组织(1分)及减小最终热处理变形(1分)等所采取的有效手段。

69. 答:一对斜齿圆柱齿轮正确啮合的条件是:两轮法向模数及法向压力角应分别相等

(2 分),两轮分度圆上的螺旋角大小相等(1.5 分)、方向相反(1.5 分)。

70. 答:齿轮齿圈径向跳动会造成齿轮的几何偏心(1 分),从而使节圆半径变化(1 分),造成齿轮副传动变化(1 分),影响传递运动的准确性(2 分)。

六、综 合 题

1. 解:因为该正方形的对角线就是该正方形的外接圆的直径,所以应用勾股定理:外接圆直径 $D=\sqrt{a^2+a^2}=\sqrt{2}\cdot a=1.414\times100=141.4$(mm)(8 分)。

答:外接圆的直径为 141.4mm(2 分)。

2. 解:周长$=2(a+b)=2(10+30)=80$(mm) (3 分)。

面积$=a\cdot b\sin\phi=10\times30\times\sin30°=10\times30\times1/2=150$($mm^2$)(5 分)。

答:平行四边形的周长是 80 mm,面积是 150 mm^2(2 分)。

3. 解:$n=\dfrac{40}{Z}=\dfrac{40}{13}=3\dfrac{1}{13}=3\dfrac{3}{39}$(6 分)。

答:即每次分度手柄除了转 3 圈外,还要在 39 孔的圆周上再转 3 个孔间距(4 分)。

4. 解:$n=40/Z=40/6=6\dfrac{2}{3}=6\dfrac{28}{42}$(圈)(6 分)。

答:即每次分度手柄除了转 6 圈外,还要在 42 孔的孔圈上再转 28 个孔间距(4 分)。

5. 解:$i_{12}=\dfrac{n_1}{n_2}=\dfrac{Z_2}{Z_1}$

$i_{12}=\dfrac{D_2}{D_1}=\dfrac{50}{20}=2.5$(4 分)。

$n_2=\dfrac{n_1}{i_{12}}=\dfrac{800}{2.5}=320$(r/min)(4 分)。

答:传动比是 2.5,从动轮转速是 320 r/min(2 分)。

6. 解:边长 $S=0.707D=0.707\times40=28.28$(mm) (9 分)。

答:最大边长是 28.28 mm(1 分)。

7. 解:(1)用度、分、秒表示:1 周$=360°$,$1°=60'$,$1'=60''$(5 分)。

(2)用弧度表示:1 周$=2\pi$ 弧度$=360°$,1 弧度$=57°17'44.8''=57.295\ 8°$,$1°=0.017\ 453$ 弧度(5 分)。

8. 解:$25.4\times5/8=15.87$(mm)(9 分)。

答:是 15.87 mm(1 分)。

9. 解:

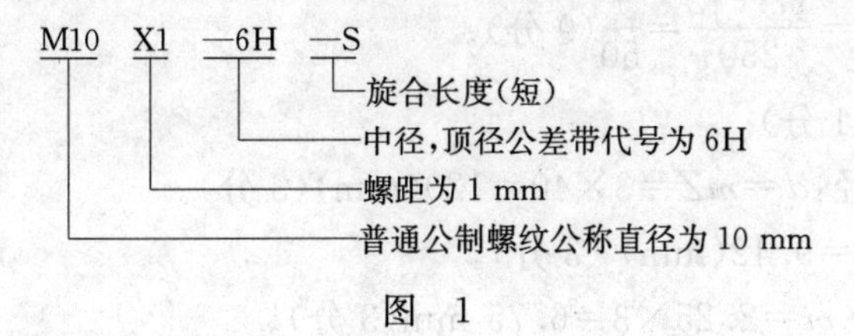

图 1

(每项 2.5 分)。

10. 答:1—付后力面(1.5 分);2—付切削刃(1.5 分);3—刀尖(1.5 分);4—前刀面(1.5 分);

5—主切削刃(2 分);6—后刀面(2 分)。

11. 解:

$S_{2移}=1\times\frac{Z_1}{Z_2}\times\frac{Z_3}{Z_4}\times\pi\times mZ_5=1\times\frac{40}{60}\times\frac{4}{40}\times3.14\times3\times12=7.54(\text{mm})$ (5 分)。

齿条向右移动(4 分)。

答:齿条移动 7.54 mm,齿条向右移动(1 分)。

12. 答:纵线直线度公差为 0.07 mm(5 分)。左端面对基准的平行度公差为 0.05 mm(5 分)。

13. 解:进给量 $f=\frac{Z_n}{Z}\cdot L=\frac{1}{36}\times6\times2=0.33$ mm/双行程(9 分)。

(其中:Z_n——棘爪摆动一次跳动过棘轮的齿数)

答:棘轮跳过一个齿时进给量是 0.33 mm(1 分)。

14. 解:$d_1=d-1.08t=16-1.08\times2=13.84(\text{mm})$(3 分)。

$d_2=d-0.65t=16-0.65\times2=14.7(\text{mm})$ (3 分)。

$L=nt=2\times2=4(\text{mm})$(3 分)。

答:内径 13.84 mm,中经是 14.7 mm,导程是 4 mm(1 分)。

15. 解:$d=m\cdot Z=4\times64=256(\text{mm})$(3 分)。

$d_a=m(Z+2)=4\times(64+2)=264(\text{mm})$(3 分)。

$h=2.25m=4\times2.25=9(\text{mm})$(3 分)。

答:分度圆直径是 256 mm,齿顶圆直径是 264 mm,齿高是 9 mm(1 分)。

16. 解:设测得槽底宽为 M'

$$M'=L+D\left(1+\cot\frac{\alpha}{2}\right)$$
$$=35+6\times(1+\cot30°)$$
$$=35+6\times(1+1.732)=51.392(\text{mm})$$ (5 分)。

$M'-M=51.392-50=1.392(\text{mm})$(4 分)。

答:此燕尾槽刨得不正确,槽底尺寸大 1.392 mm(1 分)。

17. 解:$h=a\times\sin2\alpha=100\times\sin4°=100\times0.07=7$ mm(9 分)。

答:h 是 7 mm(1 分)。

18. 解:$N=M-2\times C\times\cot\alpha=91-2\times15\times\cot55°=91-2(15\times0.70021)=70(\text{mm})$(9 分)。

答:槽顶宽是 70 mm(1 分)。

19. 解:$S=\frac{H-h}{L}=\frac{17-12}{250}=\frac{1}{50}$(9 分)。

答:斜度为 1∶50(1 分)。

20. 解:分度圆直径:$d=mZ=3\times40=120(\text{mm})$(3 分)。

齿距:$p=\pi m=3\pi=9.42(\text{mm})$ (3 分)。

全齿高:$h=2.25\times m=2.25\times3=6.75$ mm(3 分)。

答:分度圆直径为 120 mm,齿距为 9.42 mm,全齿高为 6.75 mm(1 分)。

21. 解:$\delta=(L_1-L_0)/L_0\times100\%=(116-100)/100\times100\%=16\%$(4 分)。

$\phi=(A_0-A_1)/A_0\times100\%$

$=(\pi/4d_{02}-\pi/4d_{12})/(\pi/4d_{02})\times100\%$

$=(d_{02}-d_{12})/d_{02}\times100\%$

$=(102-7.752)/102\times100\%$

$=(100-60)/100\times100\%\approx40\%$(4分)。

答:伸长率为16%,断面收缩率为40%(2分)。

22. 解:$M=L+D\left(1+\cot\frac{\alpha}{2}\right)$

$=71.45+10\times(1+\cot25^\circ)$

$=71.45+10\times(1+2.145)=102.9(\text{mm})$ (9分)。

答:M是102.9 mm(1分)。

23. 解:$n=40/Z=40/35=1(1/7)=1(7/49)$(9分)。

答:手柄应转过1圈后,在49的孔圈上移动7个孔距(1分)。

24. 解:因为$v=0.0017\times n\times L$

所以$n=v/0.0017\times L=16.5/0.0017\times120=80.88$次/min(6分)。

根据变速表查数值80次/min与80.88次/min接近,因此选择80次/min(3分)。

答:每分钟往复行程次数为80次/min(1分)。

25. 解:$\alpha=(L_2-L_1)/L_1t=(1.0005-1)/(1\times40)=0.0000125/℃=12.5\times10^{-6}/℃$(9分)。

答:线膨胀系数α为$12.5\times10^{-6}/℃$(1分)。

26. 解:$a=K\times R=1.1756\times15=17.634(\text{mm})$ (9分)。

答:五边形等分点的长度为17.634 mm(1分)。

27. 解:按近似公式

$v=0.0017nL=0.0017\times50\times140=11.9(\text{m/min})$(9分)。

答:刨削速度为11.9 m/min(1分)。

28. 解:$p=\pi m=3\times3.14=9.42(\text{mm})$ (9分)。

答:齿条的齿距p为9.42 mm(1分)。

29. 解:$T_h=|ES-EI|=|0.034-0.009|=0.025$ mm(3分)。

$D_{max}=D+ES=50+0.034=50.034$ mm(3分)。

$D_{min}=D+EI=50+0.009=50.009$ mm(3分)。

答:公差是0.025 mm,最大极限尺寸是50.034 mm,最小极限尺寸是50.009 mm(1分)。

30. 解:

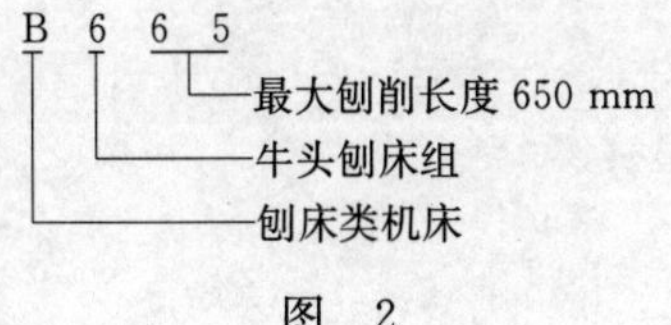

图 2

(B项4分,其余两项3分)。

31. 解:由公式$n=\frac{Q'}{9^\circ}$(转)(6分)。

式中:n——手柄的转数;

Q'——工件应转的角度,以“度”为单位实际操作时。

按上式标出小数后,查“角度分度表”来确定 n 值(4 分)。

32. 解:

T 10 A
高级优质钢
平均含碳量 1.00%
碳素工具钢

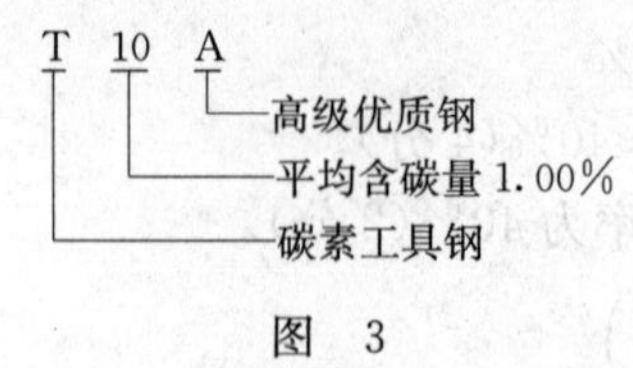

图 3

(T 项 4 分,其余每项 3 分)。

33. 解:ϕ35H7/m6 为配合代号,分母是轴的公差带代号(3 分),分子是孔的公差带号(3 分),此配合为基孔制,过渡配合(4 分)。

34. 解:

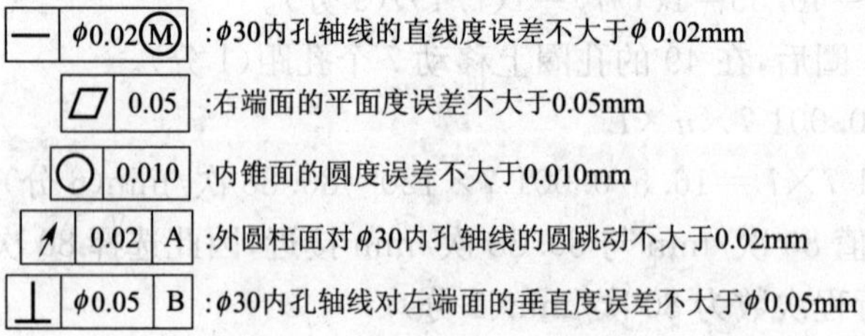

— | φ0.02Ⓜ :φ30内孔轴线的直线度误差不大于φ0.02mm
▱ | 0.05 :右端面的平面度误差不大于0.05mm
○ | 0.010 :内锥面的圆度误差不大于0.010mm
↗ | 0.02 | A :外圆柱面对φ30内孔轴线的圆跳动不大于0.02mm
⊥ | φ0.05 | B :φ30内孔轴线对左端面的垂直度误差不大于φ0.05mm

图 4

(每项 2 分)。

35. 解:$T=\dfrac{B}{nf}\cdot i=\dfrac{400}{25\times 1}\times 2=32(\text{min})$ (8 分)。

式中:i——走刀次数(1 分)。

答:刨销两刀要 32 min(1 分)。

刨插工(中级工)习题

一、填 空 题

1. 装配组织形式有固定装配和(　　)装配。

2. 表示装配单元的划分及其装配先后顺序的图称为(　　)图。

3. 装配单元系统图能简明直观地反映产品的(　　)。

4. 引起机床振动的振源有机内振源和(　　)。

5. 机外振源来自机床外部,它是通过(　　)将振动传给机床。

6. 剖分式滑动轴承一般都用与其(　　)来研点。

7. 平面的质量主要从(　　)两个方面来衡量。

8. 圆柱体被正垂面斜截,截交线在(　　)上的投影为直线。

9. 圆柱体被正垂面斜截,截交线在 H 面上的投影为一个(　　)。

10. 圆柱体被正垂斜截,截交线在 W 面上的投影为一个(　　)。

11. 零件形状的表达,可以采用视图、剖视、剖面等各种方法。在六个基本视图中,最常用的是(　　)三个视图。

12. 人工时效是在精加工前进行(　　)加热。

13. 带传动是利用传动带作为中间的挠性件,依靠传动带与带轮之间的(　　)来传递运动的。

14. 液压传动系统可分动力部分、(　　)、控制部分和辅助部分四个部分。

15. 液压缸和液压马达属于液压系统的(　　)。

16. 零件加工后的实际几何参数与(　　)的符合程度称为加工精度。

17. 工件在装夹过程中产生的误差称装夹误差。它包括夹紧误差、(　　)误差及基准不符误差。

18. 为减小加工误差,须经常对导轨进行检查和测量,及时调整床身的安装垫铁,修刮(　　)的导轨,以保持其必需的精度。

19. 在尺寸链中被间接控制的,当其他尺寸出现后自然形成的尺寸,称为(　　)环。

20. 封闭环的最大极限尺寸等于各增环的最大极限尺寸减去各减环的(　　)尺寸。

21. 封闭环的最小极限尺寸等于各增环的最小极限尺寸减去各减环的(　　)尺寸。

22. 划线是机械加工的重要工艺,通过划线,可以检查毛坯是否与图纸要求一致,又可以利用划线校正(　　)余量。

23. 划线中的基本线条有平行线,垂直线、(　　)和圆弧线四种。

24. 基尔霍夫第一定律也叫点电流定律,其内容的数学表达式为(　　)。

25. 异步电动机的转子转速总是(　　)同步转速。

26. 异步电动机主要由(　　)两大部分组成。

27. 按钮用来接通和断开控制电路，是电力拖动中一种(　　)指令的电器。

28. 在直流电路中，某点的电位等于该点与(　　)之间的电压。

29. 熟悉所用机床电器装置的部位和作用，懂得(　　)常识，一旦周围发生触电事故，知道应急处理。

30. 熟悉所用机床的性能和使用范围，懂得一般的调整和(　　)常识，平时应做好一般保养和润滑，使用一段时间后，应定期对机床进行一级保养。

31. 经常保持工作环境(　　)有序，做到文明生产。

32. 我国工业及生活中使用的交流电的频率为 50 Hz，周期为(　　)。

33. 普通机床上常见的自动控制电器有交流接触器、中间继电器、(　　)、速度继电器、时间继电器和电流继电器等。

34. 普通机床上常用的执行电器有电磁铁、(　　)、电磁离合器等。

35. 用以限制(　　)变动的区域，称为形位公差带。

36. 任意方向上直线度公差带形状是(　　)。

37. 表面粗糙度将直接影响机械零件的(　　)。

38. 轮廓中线是平定表面粗糙度数值的(　　)。

39. 国标规定，评定表面粗糙度高度参数有(　　)项目。

40. 表面粗糙度代号在图样上应标注在(　　)线、尺寸界线或其延长线上，也可采用指引线进行标注。

41. 当零件的大部分表面具有相同的表面粗糙度要求时，对其中使用最多的一种代号可以统一标注在图样上的右上角，且加(　　)两字。

42. 尺寸偏差是指某一尺寸减去基本尺寸所得的(　　)。

43. 尺寸公差带包括公差带大小与公差带(　　)两要素。

44. 允许(　　)的变动量称为配合公差。

45. 用特定的配合公差带表示配合性质的(　　)称为配合公差带图。

46. 国标规定了两种基准制度，即基孔制和(　　)。

47. 标准公差数值大小，一与公差等级有关，二与(　　)有关。

48. 国标规定了标准公差等级分(　　)级。

49. 国标规定，孔与轴各有(　　)个基本偏差。

50. 孔、轴公差带代号用基本偏差代号与(　　)组成。

51. 常用的刀具材料有碳素工具钢，合金工具钢、(　　)、硬质合金等。

52. 按工具工件条件，刀具材料应具有如下的性能：高的硬度；高的耐磨性；(　　)；足够的强度和韧性。

53. 一般用来切削脆性材料的硬质合金是(　　)硬质合金。

54. 刀具的前角、后角、齿槽角等属于刀具切削部分的(　　)精度。

55. 刀具圆周刃对刀具轴线的径向跳动，端刃的轴向跳动等，属于刀具切削部分的(　　)精度。

56. 在切削中，吃刀深度对切削力影响(　　)。

57. 刀具磨损到一定程度后，应重新刃磨或更换新刀。因此，要对刀具规定一个允许磨损量的(　　)，这个值称为刀具的磨钝标准，或称为磨损限度。

58. 刀具磨损的主要原因是:磨粒磨损、粘结磨损、扩散磨损、(　　)、氧化磨损和其他磨损等。

59. 圆柱形铣刀是尖齿铣刀,尖齿铣刀刃磨部位是(　　)。

60. 铣齿铣刀刃磨部位是(　　)。

61. 刀具刃磨的基本要求是:表面平整、粗糙度小、刀刃的直线度和完整度好,(　　)以保证良好的切削性能。

62. 切削温度太高,会加快刀具的磨损,甚至使刀具(　　)能力。

63. 插齿刀按加工对象的不同,可分为加工直齿用的直齿插齿刀和(　　)。

64. 安装插齿刀要保证插齿刀中心线与机床(　　)重合。

65. 游标量具按其用途分为(　　)、深度卡尺和高度卡尺。

66. 常用卡钳可分为普通内卡钳、普通外卡钳、(　　)和两用卡钳。

67. 量块的作用主要是用作长度标准,并通过它把长度基准尺寸传递到(　　)上去,以保证长度量值的统一。

68. 刨齿加工原理中的假想齿轮刀具有两种,即假想平面刀具和(　　)刀具。

69. 在刨齿机上安装工件时,必须使工件节锥顶点与(　　)重合。

70. Y236 型刨齿机刨齿刀刀架安装在摇台前端面,利用丝杆能使上下刀架以(　　)为轴线,调整成不同的角度,并可在摇台的刻度上,以游标读取角度值。

71. Y236 型刨齿机在加工齿轮时,主要是调整工件在机床上的安装位置和刨齿刀的(　　)。

72. 刨齿机上,粗切时可以沿齿高方向上切深 0.05 mm 的增量,其目的是为了提高(　　)及精切刀寿命。

73. 刨削车床大拖板时,采用顶面—底面—顶面的刨削顺序,符合基准(　　)原则。

74. 在万能分度头上可进行直接分度法、简单分度法、(　　)和近似分度法等几种。

75. 定位元件的制造误差及使用中的(　　)会造成工件的基准位移误差。

76. 刀架的作用是(　　)刨刀。

77. 插床又常称为立式刨床,常见的插床型号是(　　)型。

78. 牛头刨床的主要机构有(　　)机构、变速机构、走刀机构、操纵机构和摩擦离合器等。

79. B665 型牛头刨床的主要结构包括:(　　)、横梁、刀架、滑枕、床身、底座及手柄等部件。

80. 牛头刨床的工作运动分为:主运动和进给运动,刨刀的往复运动为(　　)。

81. 一般精度的燕尾槽斜角用(　　)和万能角度尺测量。

82. 用样板刀刨削或插削弧面,主要使用(　　)刀具。

83. 键槽插刀一般用(　　)钢的平头成型插刀。

84. 在插削多角形孔时,应校正工件孔的中心,使之与(　　)中心相重合。

85. 龙门刨床是用来加工(　　)工件或一次装夹加工多个较小的工件。

86. 刨刀按刀杆结构分直头刀和(　　)。

87. 用作刨刀切削部分的材料主要有高速钢和(　　)两种。

88. 金属材料的机械性能包括强度、塑性、硬度、(　　)韧性和疲劳强度等。

89. 一个完整的装配尺寸应包括基本尺寸、配合关系和(　　)。

90. 切削速度指刀具和(　　)在切削时的相对速度。

91. 进给量是指刨刀或(　　)每往复一次后,刨刀和工件在进给方向上相对移动的距离。

92. 常见的切屑有节状切屑、粒状切屑、(　　)切屑和带状切屑等四种。

93. 切屑瘤是在刨削塑性金属材料时,由于切屑和(　　)前面的摩擦很大,在一定的温度和压力作用下,切屑底层的金属粘结在前刀面上而形成的。

94. 刨刀的几何角度有前角、后角、主偏角、(　　)、副后角及刃倾角等。

95. 用平刃宽刨刀精刨工件时,工件表面出现波纹的主要原因是刨刀(　　)和刀刃接触面积大。

96. 刨床常用冷却液有(　　)、油液两大类。

97. 齿轮按齿形不同可分为:(　　)齿轮、摆线齿轮等。

98. 按轮齿的加工原理可分为仿形和(　　)两种。

99. 按刨刀的结构特点可分为整体刨刀、焊接式刨刀及(　　)刨刀等。

100. 焊接刨刀由刀体和(　　)两部分组成。

101. 常用的硬质合金刀头有 YT 类和(　　)。

102. 工具钢应具备如下性能:高的(　　)、高的耐磨性、高的耐冲击性、足够的强度和韧性。

103. 常用的热处理方法有退火、正火、(　　)、回火及化学热处理等。

104. 刀具磨损的型式有前刀面磨损,后刀面磨损,(　　)磨损。

105. 工件在装夹时夹紧力(　　)会使工件产生变形。

106. 牛头刨床一般加工类型为(　　)型零件。

107. B6050 型牛头刨床最大刨削长度为(　　)。

108. 用靠模装置刨曲面时,曲面表面粗糙度值太大的主要原因是(　　)、刀刃磨损等。

109. 在牛头刨床上刨削斜面一般有三种方法,即(1)倾斜刀架法;(2)斜装工件水平走刀法;(3)转动机用虎钳钳口(　　)进给法。

110. 龙门刨床的主运动是工作台的往复直线运动,进给运动是(　　)。

111. 插床结构中,当摇杆做往复摆动时,就迫使滑枕沿(　　)作往复运动。

112. B5032 型插床的进给运动,其运动关系是滑枕每往复一次,工作台(工件)送进一个距离,称为(　　)。

113. 在牛头刨床上加工平面时,工件表面粗糙或有明显的波痕,其产生原因主要是由于刀架部分有松动或接触精度差和锥销与锥销孔配合(　　)而造成的。

114. 牛头刨床的压板与滑枕表面在全长上接触不良、压板压得过紧,都会使滑枕在往复运动中有(　　)。

115. 牛头刨床床身压板表面与滑枕导轨的直线度差,在加工工件侧平面时,会产生(　　)超差。

116. 牛头刨床进给机构中的连杆孔与相配合的轴间隙过大,会使工作台横向移动时,进给量(　　)。

117. 当板状工件的长度与厚度之比超过 25 倍时,就称为(　　)。

118. 刨削薄板工件的特点是不易装夹和(　　)。

119. 刨削薄形工件时,对于毛坯的弯曲程度要进行(　　)。

120. 刨削薄板工件时,刨刀材料一般采用(　　)。

121. 刨削薄形工件的刨刀过渡刃和刀尖圆弧半径,在不影响加工质量的前提下尽量取小些,其目的是避免切削力过大和(　　)的产生因素增加。

122. 刨削薄形工件时,如果粗刨和精刨在一次装夹中完成,则加工出来的工件会产生(　　)。

123. 由于薄形工件本身的刚性差,散热条件不好,在受(　　)、切削力和切削热的影响下,工件容易产生变形,从而给加工带来困难。

124. 装夹薄形工件时,夹紧力过大容易使工件产生(　　),过小会影响正常切削,甚至发生事故。

125. 刨削薄形工件的刨刀后角应比一般平面刨刀的后角要(　　)。

126. 刨削薄形工件的刨刀前角通常要大些,一般 γ_0 =(　　)。

127. 镶条的检验项目主要有(　　)、角度、表面粗糙度及平直度。

128. 镶条一般装在燕尾导轨之间,用来调节机床燕尾滑动导轨的(　　)或补偿燕尾间的磨损,以保证其移动精度。

129. 镶条有(　　)和斜镶条两种。

130. 直镶条的两个宽面平行,斜镶条的两个宽面沿纵向相交成一定的(　　)。

131. 斜镶条又分为(　　)导轨斜镶条和燕尾导轨斜镶条。

132. 镶条的主要作用是能提高导轨的运动精度和延长导轨的(　　)。

133. 当采用矩形截面的直料毛坯时,其毛坯尺寸的计算必须按照镶条(　　)尺寸来计算。

134. 小斜镶条刨削时,用百分表校正平口钳的固定钳口,使之与(　　)方向平行。

135. 在刨削镶条的两端尺寸时,必须首先保证大端的尺寸,然后根据(　　)刨削小端的端面。

136. 斜镶条主要应检测斜度是否精确,两侧角度面是否平行和(　　)是否正确。

137. 刨削镶条产生窄面倾斜角度方向刨反的主要原因是没有看清看懂图纸,装夹时未注意(　　)方向,扳转刀架角度方向搞反等。

138. 刨削斜镶条,产生表面粗糙度大的主要原因是刀不锋利,进给量太大或(　　)而造成。

139. 深孔键槽是指工件长度与(　　)之比大于或等于 2.5。

140. 花键孔是用来和(　　)相配合传递扭矩的。

141. 花键按齿廓形状分为矩形花键、渐开线花键及(　　)花键三种。

142. 加工时,矩形花键孔装夹后,应校正并保证(　　)与分度头主轴中心同心。

143. 加工时,矩形花键孔装夹后,须找正工件及刀具中心线与(　　)方向的平行。

144. 插削矩形花键孔需要(　　)插刀,即其主刀刃应成弧形。

145. 矩形花键孔的槽宽可用(　　)或键槽塞规来测量。

146. 一般矩形花键孔小径和大径的同轴度可用(　　)来检验。

147. 具有线轮廓的零件称为(　　)。

148. 在牛头刨床上用展成法加工渐开线直齿圆柱齿轮,应使工件的旋转中心线与刀具的运动方向(　　)。

149. 展成法加工直齿圆柱齿轮，齿深的进给由刀架完成，展成进给由工作台的(　　)完成。

150. 展成法加工直齿圆柱齿轮，分齿时，需将工件(　　)，待分齿后再作下一齿的进给加工。

151. 所谓展成法，就是利用齿条与齿轮相互(　　)，其共扼齿廓互为包络线的原理来加工齿轮。

152. 用展成法插削渐开线圆柱齿轮，为保证加工精度，安装工件时，应使工件轴心线与工作台回转轴线重合，工件端面(　　)于插刀运动方向。

153. 插削圆柱齿轮，精加工前要先粗加工成梯形槽，槽深度可插至齿全高尺寸，(　　)处齿厚留精加工余量。

154. 对于曲面较宽及精度较高的工件，可通过(　　)、安装附加装置来刨削。

155. 用蜗轮副刨削曲面时，应注意工作台不允许横向进给，刀架不允许(　　)。

156. 用连杆装置刨曲面，工件圆弧的半径大小可通过调节(　　)至刨刀刀夹的距离来改变。

157. 用连杆滑块装置刨削曲面，工件的圆弧中心线与连杆轴心或(　　)相重合。

158. 影响切削力的因素主要有：(1)(　　)；(2)切削用量；(3)刀具几何参数三个方面。

159. 刀具主偏角在 0°～90°内增大，主切削力 F_z(　　)，切深抗力 F_y减小，进给抗力 F_x增大。

160. 碳素钢按含碳量分，有低碳钢、(　　)碳钢、高碳钢。

161. 碳素钢按质量分，有普通碳素钢、(　　)碳素钢和高级优质碳素钢。

162. 碳素钢按用途分，有(　　)和碳素工具钢两大类。

163. T12 表示碳素工具钢，含碳为(　　)。

164. 合金钢按用途分，有(　　)、工具钢、特殊性能钢三大类。

165. 铸铁是含碳量大于(　　)的铁碳合金。

166. 根据碳在铸铁中的存在形式，可把铸铁分为(　　)铸铁、灰口铸铁、可锻铸铁和球墨铸铁。

167. H62 表示(　　)铜，含 Cu 量为 62%。

168. 金属材料的主要力学性能有强度、塑性、(　　)、冲击韧度、疲劳强度等。

169. 常用测硬度的方法有布氏硬度、(　　)、维氏硬度三种。

170. 各种热处理工艺一般都有加热、(　　)和冷却三个阶段。

171. 常见的化学热处理有(　　)、氮化、氰化等。

172. 碳素钢是含碳量少于(　　)的铁碳合金。

173. Q235 是碳素结构钢，屈服点 δ_s=(　　)MPa。

174. 力学性能是指金属材料抵抗(　　)的能力。

175. 金属材料的硬度在(　　)范围内时，切削性能最佳。

二、单项选择题

1. 国标中常用的视图有三个，即(　　)和左视图。

(A)主视图，俯视图　　(B)主视图，右视图

(C)俯视图,剖视图　　(D)主视图,剖视图

2. 在切削中对刀具耐用度影响最小的是(　　)。

(A)刀具材料　　(B)切削速度　　(C)进给量　　(D)切削深度

3. 切削用量是影响切削温度的主要因素,其中(　　)对切削温度影响最大。

(A)进给量　　(B)切削速度　　(C)切削深度　　(D)切削力度

4. 消减定位误差与夹紧误差的方法是正确选择工件的定位基准,即尽可能选用(　　)为定位基准。

(A)设计基准　　(B)工序基准　　(C)工艺基准　　(D)机床基准

5. 通常夹具的制造误差应是工件在该工序中允许误差的(　　)。

(A)1倍～3倍　　(B)1/10～1/100　　(C)1/3～1/5　　(D)等同值

6. 轴类零件用双中心孔定位,能消除(　　)个自由度。

(A)三　　(B)四　　(C)五　　(D)六

7. 任何一个未被约束的物体,在空间具有进行(　　)种运动的可能性。

(A)六　　(B)五　　(C)四　　(D)三

8. 使定位元件所相当的支承点数目刚好等于6个,且按(　　)的数目分布在3个相互垂直的坐标平面上的定位方法称为六点定位原理。

(A)2∶2∶2　　(B)3∶2∶1　　(C)4∶1∶1　　(D)5∶1∶0

9. 使工件相对于刀具占有一个正确位置的夹具装置称为(　　)装置。

(A)夹紧　　(B)定位　　(C)对刀　　(D)辅助

10. 确定夹紧力方向时,应该尽可能使夹紧力方向垂直于(　　)基准面。

(A)主要定位　　(B)辅助定位　　(C)止推定位　　(D)水平定位

11. 组合夹具是由一些预先制造好的不同形状不同规格尺寸的标准元件和组合件组合而成的,这些元件相互配合部分尺寸精度高,耐磨性好且具有一定的硬度和(　　)。

(A)耐腐蚀性　　(B)较好的互换性　　(C)完全互换　　(D)好的冲韧性

12. 合理地选择划线(　　),是做好划线工作的关键。

(A)方法　　(B)基准　　(C)工艺　　(D)工具

13. 工件装夹后,在同一位置上进行钻孔、扩孔、铰孔等多次加工,通常选用(　　)钻套。

(A)快换　　(B)可换　　(C)固定　　(D)活动

14. 下列哪个牌号属于硬质合金材料(　　)。

(A)T12A　　(B)YG8X　　(C)GCr15　　(D)KT300

15. GCr15是滚动轴承钢的一个牌号,其中含铬量为(　　)。

(A)2%　　(B)1.5%　　(C)15%　　(D)20%

16. 工具钢、轴承钢等锻压后,为改善其切削加工性能和最终热处理性能,常需进行(　　)。

(A)完全退火　　(B)去应力退火　　(C)正火　　(D)球化退火

17. 为了保证刀具刃部性能的要求,工具钢制造的刀具最终要进行(　　)。

(A)淬火　　(B)淬火和低温回火

(C)淬火和中温回火　　(D)调质

18. 为了保证获得要求的机械性能,一般高速钢最终要进行(　　)。

(A)退火　　(B)淬火
(C)一次淬火和三次回火　　(D)淬火和一次回火

19. 传动平稳,无噪声,能缓冲吸振的传动是(　　)。
(A)带传动　　(B)螺旋传动　　(C)斜齿轮传动　　(D)蜗杆传动

20. 结构简单,传动比不准确,传动效率低,但本身有过载保护功能的传动是(　　)。
(A)齿轮传动　　(B)皮带传动　　(C)螺旋传动　　(D)链传动

21. 齿轮工作台面平稳性精度,就是规定齿轮在一转中,其瞬时(　　)的变化限制在一定范围内。
(A)传动比　　(B)转速　　(C)角速度　　(D)线速度

22. 传动比大而且准确的传动有(　　)。
(A)带传动　　(B)蜗杆传动　　(C)链传动　　(D)齿轮传动

23. 新标准轴承 32208 是(　　)。
(A)圆锥滚子轴承　　(B)球轴承　　(C)滚针轴承　　(D)推力球轴承

24. 新标准轴承 NA4900 是(　　)。
(A)球轴承　　(B)滚针轴承　　(C)圆锥滚子轴承　　(D)圆柱滚子轴承

25. 在液压系统中,将机械能转变为液压能的液压元件是(　　)。
(A)液压缸　　(B)滤油器　　(C)溢流阀　　(D)液压泵

26. 在液压系统中起安全保障作用的阀是(　　)。
(A)单向阀　　(B)溢流阀　　(C)顺序阀　　(D)节流阀

27. 顺序阀是属于(　　)控制阀。
(A)方向　　(B)流量　　(C)压力　　(D)伺服

28. 液压缸和液压马达属于液压系统的(　　)。
(A)动力部分　　(B)控制部分　　(C)执行部分　　(D)辅助部分

29. 铰孔是对未淬火的(　　)进行精加工的一种方法。
(A)盲孔　　(B)通孔　　(C)短盲孔　　(D)断续孔

30. 铰孔时铰出的孔呈多边形的主要原因是(　　)。
(A)铰刀转速慢　　(B)手铰时转速不均匀
(C)铰孔前所钻的孔不圆　　(D)铰刀轴线与铣床主轴不同轴

31. 在铸件中铰孔时用(　　)润滑。
(A)柴油　　(B)矿物油　　(C)菜籽油　　(D)煤油

32. 以下关于切削液润滑作用说法不正确的是(　　)。
(A)减少切削过程中摩擦　　(B)减少切削阻力
(C)显著提高表面质量　　(D)降价刀具耐用度

33. 铣削镁合金时,禁止使用(　　)切削液。
(A)水溶液　　(B)压缩空气
(C)燃点高的矿物油　　(D)燃点高的植物油

34. 圆轴在扭转变形时,其截面上只受(　　)。
(A)正压力　　(B)扭曲应力　　(C)剪应力　　(D)弯矩

35. 运动物体的切向加速度在 $a_t=0$,法向加速度 $a_n\neq0$,该物体作(　　)。

(A)匀速直线运动 (B)变速直线运动
(C)匀速回转运动 (D)变速回转运动
36. 既支承传动件又传递运动,又同时承受弯曲和扭转作用的轴,称为( )。
(A)转轴 (B)心轴 (C)主轴 (D)传动轴
37. 在三相四线制电路中,若其中任意一相短路或断路,其他两相将( )工作。
(A)正常 (B)不工作 (C)有影响 (D)间断
38. 正弦交流电的最大值等于有效值的( )倍。
(A)1/2 (B)$2^{1/2}$ (C)$1/2^{1/2}$ (D)2
39. 金属导体的电阻与( )无关。
(A)导线的长度 (B)导线的横截面积
(C)导线材料的电阻率 (D)外加电压
40. 电气故障失火时,不能使用( )灭火。
(A)干粉 (B)酸碱泡沫 (C)二氧化碳 (D)四氯化碳
41. 生产上常采用的安全电压为( )V。
(A)50 (B)45 (C)40 (D)36
42. 把电气设备的金属外壳接到线路系统中的中性线上,称作( )。
(A)保护接零 (B)接地保护 (C)保护接中线 (D)保护接地
43. 划线后经机械加工再次划线时,( ),以消除误差,保证划线精度。
(A)不应把第一次划的十字校正线涂去
(B)应把第一次划的十字校正线涂去,重划校正十字线
(C)应保留第一次划的十字校正线,并重划一边校正十字线使之重合
(D)按第一次划线校正
44. 图样中的尺寸界线用( )线绘制。
(A)粗实 (B)细实 (C)虚 (D)细点划
45. 机械图样中的汉字号成( ),并采用国家正式公布的简化字。
(A)宋体 (B)楷体 (C)隶书 (D)长仿宋体
46. 角度尺寸标注时,角度的数字应( )书写。
(A)水平 (B)横向 (C)倾斜 (D)任意
47. 图样上注明的比例为1∶5,则图样中尺寸与机件中对应尺寸( )关系。
(A)放大 (B)相等 (C)缩小 (D)没
48. 在三投影中,由上往下投影,画在H面的视图称为( )视图。
(A)三视 (B)主视 (C)左视 (D)俯视
49. 空间点在投影轴上,则( )坐标值等于零。
(A)两个 (B)没有 (C)一个 (D)三个
50. 用两个相交的剖切平面,将机件剖开,所得的剖视图称为( )剖视图。
(A)半 (B)旋转 (C)阶梯 (D)复合
51. 仅画出机件上某一倾斜部分实形的视图称为( )视图。
(A)局部 (B)基本 (C)斜 (D)旋转
52. 当空间平面平行投影面时,其投影与原平面的形状大小( )。

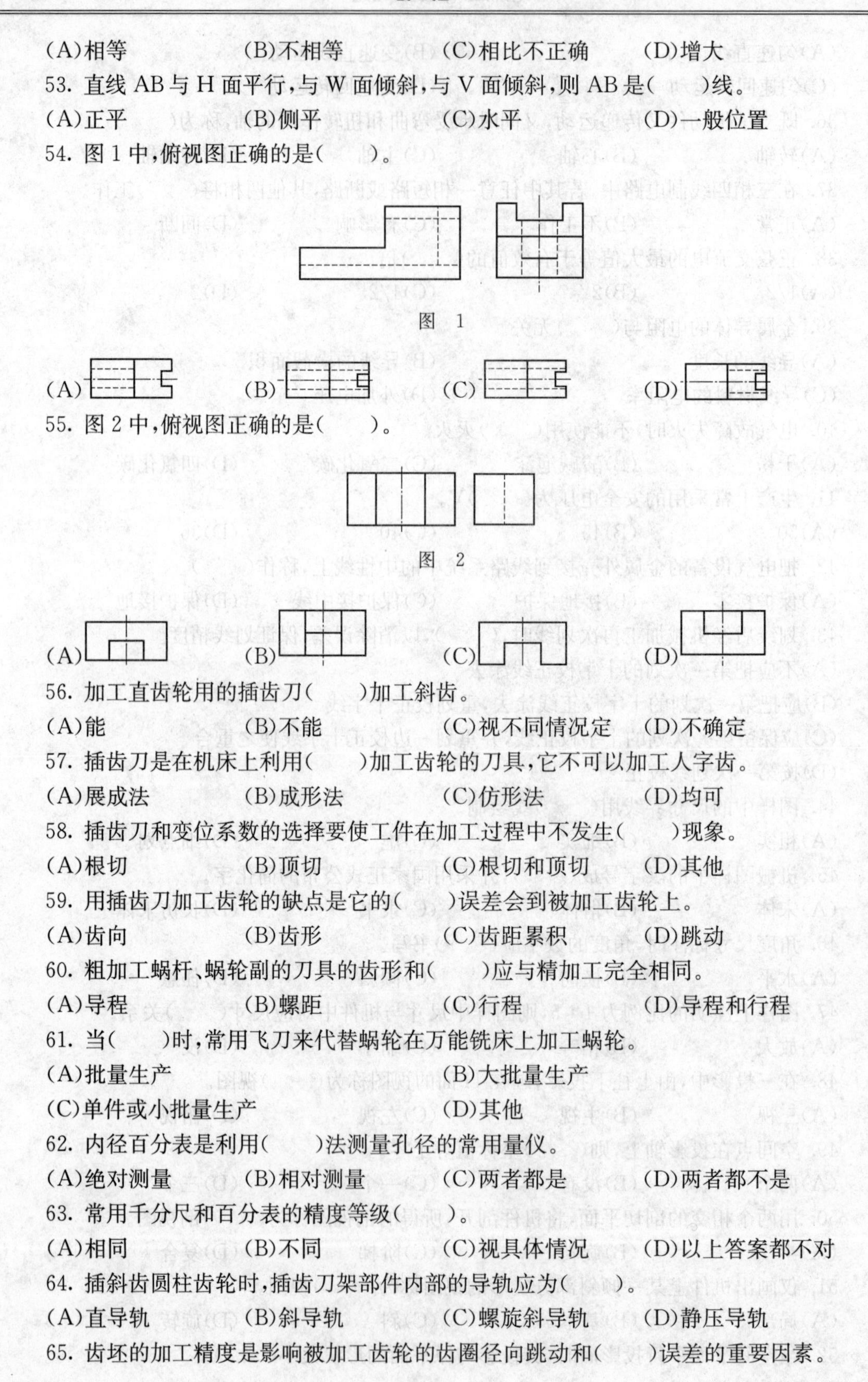

(A)相等　　(B)不相等　　(C)相比不正确　　(D)增大

53. 直线 AB 与 H 面平行,与 W 面倾斜,与 V 面倾斜,则 AB 是(　　)线。

(A)正平　　(B)侧平　　(C)水平　　(D)一般位置

54. 图 1 中,俯视图正确的是(　　)。

图 1

(A)　　(B)　　(C)　　(D)

55. 图 2 中,俯视图正确的是(　　)。

图 2

(A)　　(B)　　(C)　　(D)

56. 加工直齿轮用的插齿刀(　　)加工斜齿。

(A)能　　(B)不能　　(C)视不同情况定　　(D)不确定

57. 插齿刀是在机床上利用(　　)加工齿轮的刀具,它不可以加工人字齿。

(A)展成法　　(B)成形法　　(C)仿形法　　(D)均可

58. 插齿刀和变位系数的选择要使工件在加工过程中不发生(　　)现象。

(A)根切　　(B)顶切　　(C)根切和顶切　　(D)其他

59. 用插齿刀加工齿轮的缺点是它的(　　)误差会到被加工齿轮上。

(A)齿向　　(B)齿形　　(C)齿距累积　　(D)跳动

60. 粗加工蜗杆、蜗轮副的刀具的齿形和(　　)应与精加工完全相同。

(A)导程　　(B)螺距　　(C)行程　　(D)导程和行程

61. 当(　　)时,常用飞刀来代替蜗轮在万能铣床上加工蜗轮。

(A)批量生产　　(B)大批量生产

(C)单件或小批量生产　　(D)其他

62. 内径百分表是利用(　　)法测量孔径的常用量仪。

(A)绝对测量　　(B)相对测量　　(C)两者都是　　(D)两者都不是

63. 常用千分尺和百分表的精度等级(　　)。

(A)相同　　(B)不同　　(C)视具体情况　　(D)以上答案都不对

64. 插斜齿圆柱齿轮时,插齿刀架部件内部的导轨应为(　　)。

(A)直导轨　　(B)斜导轨　　(C)螺旋斜导轨　　(D)静压导轨

65. 齿坯的加工精度是影响被加工齿轮的齿圈径向跳动和(　　)误差的重要因素。

(A)齿形　(B)齿向　(C)齿数　(D)压力角

66. 常用公法线千分尺能精确到(　　)mm。

(A)0.001　(B)0.01　(C)0.1　(D)0.2

67. 常用齿厚卡尺的精确度为(　　)mm。

(A)0.1　(B)0.01　(C)0.001　(D)0.002

68. 插齿机和滚齿机的加工原理(　　)。

(A)相同　(B)不相同

(C)有的相同,有的不相同　(D)全部不同

69. 插齿刀的模数和(　　)必须与被加工齿轮相等。

(A)齿厚　(B)分度圆　(C)基节　(D)压力角

70. 插齿刀的轴向下运动时为(　　)行程。

(A)空　(B)工作　(C)依调整而定　(D)快速进给

71. Y236 型刨齿机是按平顶齿轮原理设计的,因此加工锥齿轮时应使工件分齿箱的安装角等于工件的(　　)。

(A)顶锥角　(B)齿顶角　(C)齿根角　(D)根锥角

72. 对于插齿机分度运动链传动精度的检验,这一项目精度能够综合反映机床分度运动的(　　)。

(A)工作精度　(B)传递效率　(C)传动精度　(D)其他

73. 直锥齿轮的几何尺寸的计算是以(　　)为基准的。

(A)大端　(B)小端　(C)齿宽中点　(D)大端或小端

74. Y236 刨齿机是按(　　)原理加工的,因此,加工直锥齿轮时,应使工件分齿箱安装角等于工件根锥角。

(A)平面齿轮　(B)斜齿轮　(C)平顶齿轮　(D)圆柱齿轮

75. 锥齿轮的顶锥角是齿顶圆锥母线与轴心线的夹角。为防止小齿轮的齿顶与大齿轮齿根相碰,常做成(　　)锥齿轮。

(A)不等径向间隙　(B)等径向间隙

(C)无径向间隙　(D)间隙由大端向小端逐渐减小

76. 直锥齿轮一般用来传递(　　)之间的旋转运动。

(A)平行轴　(B)垂直轴　(C)相交轴　(D)阶梯轴

77. Y236 型刨齿机床鞍行程采用(　　)调整。

(A)单轮网格　(B)丝杆螺距　(C)刻度　(D)自动检测

78. 刨齿时的进给量是指加工(　　)。

(A)一圈齿的时间　(B)一个齿的时间

(C)一半齿的时间　(D)2/3 齿的时间

79. 刨齿机上加工直锥齿轮时,其切削用量与机床的(　　)有关。

(A)功率　(B)刚性　(C)功率和刚性　(D)功率或刚性

80. 直锥齿轮沿齿长方向的接触可能出现只有大端接触或只有小端接触,其原因可能是(　　)。

(A)刨齿刀选择不正确　(B)刨齿刀安装位置不正确

(C)毛坯形状不正确　　　　　　(D)刨齿机功率不够

81. 刨齿刀切削刃的工作高度应(　　)工件大端的全齿高。

(A)大于　　　(B)等于　　　(C)小于　　　(D)不大于

82. 蜗杆传动多用于(　　)。

(A)加速　　　(B)减速　　　(C)匀加速　　　(D)匀减速

83. 阿基米德蜗杆属于(　　)。

(A)圆柱蜗杆　　　(B)环面蜗杆　　　(C)锥蜗杆　　　(D)螺旋蜗杆

84. 插齿刀的齿形误差可转化成被加工齿轮的(　　)误差。

(A)公法线长度变动　　　　　　(B)齿距

(C)齿形　　　　　　　　　　　(D)齿向

85. 当刨齿出现齿形不对称时,应检查的刨齿机的部位是(　　)。

(A)刀架楔铁　　　(B)心轴刚性　　　(C)机床传动间隙　　　(D)齿角

86. 齿圈径向跳动将影响齿轮啮合时的(　　)。

(A)齿轮副传动困难　　　　　　(B)噪声

(C)瞬时传动比变化　　　　　　(D)其他

87. 齿向误差使齿轮传动时沿(　　)方向的接触精度下降。

(A)齿宽　　　(B)齿厚　　　(C)齿厚和齿宽　　　(D)其他

88. (　　)的选择对加工后零件的位置度和尺寸精度、安装角度的可靠性极为重要。

(A)设计基准　　　(B)制造基准　　　(C)定位基准　　　(D)工艺基准

89. 圆柱齿轮的制造误差包括各个方面的误差,其中影响传动精度最大的是(　　)。

(A)齿形误差　　　(B)齿距误差　　　(C)齿距积累误差　　　(D)基节误差

90. 以摇杆为主动件的曲柄摇杆机构有(　　)"死点"位置。

(A)一个　　　(B)两个　　　(C)3个　　　(D)没有

91. 我国规定齿轮的标准压力角是(　　)。

(A)14°　　　(B)15°　　　(C)20°　　　(D)18°

92. 刨轴上或套内的键槽时,采用V形块定位的主要优点是能保证(　　)。

(A)槽对轴线的对称性　　　　　　(B)槽的宽度和深度

(C)槽对母线的平行度　　　　　　(D)槽对轴心线的平行度

93. 在进给量和切削深度不变的情况下,改变刀具主偏角的大小可改变切削厚度和(　　)

(A)切削力　　　(B)切削用量　　　(C)切削宽度　　　(D)切削变形

94. B6050型牛头刨床的横向进给量为0.18～2 mm/往复行程,共有(　　)级(挡)。

(A)9　　　(B)12　　　(C)10　　　(D)16

95. 机械传动的刨床主运动速度变换,是由(　　)来实现的。

(A)工件长度　　　(B)曲柄摇杆机构　　　(C)变速机构　　　(D)滑枕行程

96. 最大极限尺寸一定大于(　　)。

(A)最小极限尺寸　　　(B)基本尺寸　　　(C)实际尺寸　　　(D)基本尺寸+公差尺寸

97. 平行度用(　　)符号表示。

(A)//　　　(B)≡　　　(C)▱　　　(D)⌭

98. 我国根据用电环境、场所不同,分别规定了"安全用电",危险性较低的厂房中为(　　)V。

(A)36　(B)24　(C)12　(D)110

99.(　　)直接影响錾削效率和錾子寿命。

(A)前角　(B)后角　(C)楔角　(D)刃倾角

100. 在下列结构中,(　　)是牛头刨床中的主要运动零件。

(A)工作台　(B)刀架　(C)滑枕　(D)床身

101. 在牛头刨床刨削时,刨刀的往复运动属(　　)。

(A)主运动　(B)进给运动　(C)切削运动　(D)辅助运动

102. 在牛头刨床刨削时,工作台的间歇横向移动属(　　)。

(A)主运动　(B)进给运动　(C)切削运动　(D)辅助运动

103. 刨刀上与加工表面相对的面是(　　)。

(A)前刀面　(B)主后刀面　(C)副后刀面　(D)切削平面

104. 刨刀上与已加工表面相对的面是(　　)。

(A)前刀面　(B)主后刀面　(C)副后刀面　(D)切削平面

105. 刨刀上由前刀面和主后刀面相交的线为(　　)。

(A)主切削刃　(B)副切削刃　(C)刀尖　(D)过渡刃

106. 刨刀上由前刀面和副后刀面相交的线为(　　)。

(A)主切削刃　(B)副切削刃　(C)刀尖　(D)过渡刃

107. 通过切削刃选定点,并同时垂直于基面和切削平面的平面是(　　)。

(A)基面　(B)主剖面　(C)切削平面　(D)前刀面

108. 在主剖面内前刀面和基面的夹角称为(　　)。

(A)前角　(B)后角　(C)刃倾角　(D)主偏角

109. 在主剖面内后刀面和切削平面的夹角称为(　　)。

(A)前角　(B)后角　(C)刃倾角　(D)副偏角

110. 当刃倾角为(　　)时,切屑流向待加工表面。

(A)正　(B)负　(C)零　(D)零或负

111. 龙门刨床是加工(　　)型零件的机床。

(A)大　(B)小　(C)中　(D)较小

112. 在切削用量要素中,(　　)对刀具寿命影响最大。

(A)切削速度　(B)进给量　(C)切削深度　(D)刀具角度

113. 在切削用量三要素中,(　　)对工件表面粗糙度影响最大。

(A)切削速度　(B)进给量　(C)切削深度　(D)刀具角度

114. 当刨削完垂直面,进行垂直面的检验时,用(　　)检查垂直面的垂直度。

(A)钢直尺　(B)游标卡尺　(C)角尺　(D)百分尺

115. 用百分表移动齿距的方法只适用于(　　)生产的齿条。

(A)单件　(B)小批量　(C)大批量　(D)大量

116. 切屑流出时与刀具相接触的表面为(　　)。

(A)前刀面　(B)主后刀面　(C)副后刀面　(D)切削平面

117. 通过切削刃上某选定点,垂直于该点主运动方向的平面是(　　)。

(A)基面　(B)切削平面　(C)主剖面　(D)前刀面

118. 在切削平面内主切削刃和基面之间的夹角称为(　　)。

(A)前角　(B)后角　(C)刃倾角　(D)主偏角

119. 在用平口钳装夹工件时,需要校正(　　)与行程方向平行或垂直。

(A)钳口　(B)工作台　(C)刀架　(D)导轨

120. 刨床的床身和底座都是用(　　)制成的。

(A)铸铁　(B)碳钢　(C)有色金属　(D)非金属

121. 刀具沿垂直方向做往复运动属(　　)加工。

(A)插削　(B)刨削　(C)车削　(D)铣削

122. 切削硬而脆的金属,应选用(　　)类刀头进行加工。

(A)YT类　(B)YG类　(C)YW类　(D)高速钢

123. 按划线加工弧面适用于(　　)生产且弧面尺寸较大情况。

(A)单件　(B)成批　(C)大量　(D)铸件

124. 仿型刨床可以用来加工各种(　　)。

(A)平面　(B)较简单的曲面　(C)复杂的曲面　(D)任何曲面

125. 变速箱是用来改变(　　)速度的机构。

(A)滑枕的切削　(B)工作台　(C)刀架　(D)横梁

126. 切削速度指工件和刨刀在切削时的相对速度。在龙门刨床上指(　　)移动速度。

(A)滑枕　(B)工作台　(C)刀架　(D)横梁

127. 后角的作用是用来减少(　　)与工件加工表面的摩擦,对刀具强度也有一定影响。

(A)主前面　(B)副前面　(C)主后面　(D)副后面

128. 公制普通螺纹的公称直径指螺纹(　　)的基本尺寸。

(A)顶径　(B)大径　(C)小径　(D)中径

129. 渐开线齿轮正确啮合的条件:两轮的(　　)必须相等;两轮的分度圆上的压力角必须相等。

(A)齿全高　(B)齿数　(C)模数　(D)齿顶高

130. 牛头刨床的主运动为(　　)直线往复运动。

(A)工作台　(B)刨刀　(C)工件　(D)横梁

131. 粗刨时刨刀刀尖选用(　　)形式。

(A)尖角　(B)过渡圆弧　(C)直线过渡　(D)带光刃

132. 刨刀的前刀面形状是(　　)型时,其特点:形状简单,刃磨方便,容易制造但强度和散热性较差。

(A)曲面型　(B)平面型　(C)平面带棱型　(D)曲面带棱型

133. 刨刀主偏角的主要作用是可改变(　　)与刀头的受力情况和散热情况。

(A)主切削刃　(B)副切削刃　(C)刀尖　(D)刀面

134. 一般在牛头刨床上的加工件留精刨余量(　　)mm。

(A)0.4～0.6　(B)0.2～0.5　(C)0.1～0.3　(D)0.6～0.8

135. 刨削薄板工件的刨刀的前角、后角都应(　　)。

(A)大些 (B)小些 (C)一致 (D)是 0°

136. 切断工件采用切断刀,用(　　)进给来完成。

(A)横向 (B)垂直 (C)纵向 (D)混合

137. B6050 型牛头刨床刀架最大回转角度是(　　),最大刨削长度为 500 mm。

(A)±60° (B)±45° (C)±90° (D)180°

138. 牛头刨床是用来加工长度一般不超过(　　)mm 的中小型工件。

(A)800 (B)1 000 (C)1 500 (D)500

139. 红硬性是指刨刀在(　　)下,仍能保持良好的切削性能。

(A)低温 (B)中温 (C)高温 (D)室温

140. 已知一螺纹大径为 16 mm,螺距为 2 mm,螺纹头数为 2,其导程为(　　)mm。

(A)2 (B)4 (C)16 (D)8

141. 刨刀(　　)的作用是用来减少主后面与工件加工表面的摩擦,对刀具强度有一定影响。

(A)副后角 (B)后角 (C)前角 (D)副前角

142. 当以较大的切削厚度切削塑性金属时,刀具(　　)磨损严重。

(A)副前面 (B)前面 (C)后面 (D)副后面

143. 刨削青铜、铸铁时一般(　　)。

(A)选水溶液 (B)选冷却润滑液 (C)不加冷却润滑液 (D)选油脂

144. B665 为牛头刨床,其最大刨削长度为(　　)mm。

(A)665 (B)500 (C)650 (D)65

145. 摇柄机构是刨床的主要机构,摇杆齿轮的回转运动带动了滑枕的(　　)移动。

(A)横向 (B)纵向 (C)往复 (D)单向

146. 龙门刨床是用来加工(　　)工件的机床。

(A)大型 (B)中小型 (C)中型 (D)小型

147. 冷硬性是指刨刀在(　　)时具有的硬度。

(A)高温 (B)常温 (C)低温 (D)中温

148. 坚韧性是指刨刀在切削过程中,承受(　　)的性能。

(A)弯曲和拉伸 (B)冲击和振动 (C)碰击和扭曲 (D)弯曲和扭曲

149.(　　)是用来加工一定角度的工件表面的刀具。

(A)角度偏刀 (B)弯切刀 (C)内孔刀 (D)平光刀

150. 用作刨刀切削部分的材料主要有高速钢和(　　)两种。

(A)碳素钢 (B)硬质合金 (C)合金钢 (D)低碳钢

151. 在牛头刨床上刨削一件宽为 400 mm 的平板,已知 $f=1$ mm/双行程,滑枕每分钟往复行程 25 次,刨削两刀共需(　　)min。

(A)32 (B)16 (C)48 (D)24

152. 刨刀的前刀面形状为(　　)形时,切削作用强,切屑变形小,且流屑舒畅,但刀刃强度差,一般用在刨削软金属零件。

(A)平面型 (B)曲面型 (C)平面带棱型 (D)曲面带棱型

153. 刨刀刀尖成(　　)形式,刀尖强度和散热差;刀具寿命短。

(A)尖角 (B)过渡圆弧 (C)直线过渡 (D)带修光刃

154. 槽底与槽中心线不垂直,其原因是切槽刀的主切削刃与刀杆中心线磨得( )。

(A)不平行 (B)不同轴 (C)不垂直 (D)不相交

155. B6050 型牛头刨床是采用( )离合器来实现启动和停止机床工作运动的。

(A)齿式 (B)多片式摩擦 (C)超越 (D)凸轮

156. 加工 T 形槽的刀头部分的长度应( )T 形槽的横向深度 1~2 mm。

(A)大于 (B)小于 (C)等于 (D)无关

157. 加工 T 形槽,弯头刀的主切削刃的宽度,要( )工件的凹槽高度。

(A)大于 (B)小于 (C)等于 (D)无关

158. 刀头长度 n,应略( )T 形槽的深度 h,避免刀杆与工件碰撞。

(A)大于 (B)小于 (C)等于 (D)无关

159. 一般精度燕尾倾斜角用样板或( )测量。

(A)游标卡尺 (B)万能角度尺 (C)百分尺 (D)深度尺

160. 工件的定位方法有工件以平面定位、工件外圆定位和( )。

(A)尺寸定位 (B)工件以孔定位 (C)大小定位 (D)棱定位

161. 抗拉强度的符号是( )。

(A)σ_e (B)σ_s (C)σ_b (D)ψ

162. 灰口铸铁中的碳是以( )状形式存在,球墨铸铁中的石墨是球状。

(A)片 (B)球 (C)团絮 (D)针

163. 正火是将钢加热到一定温度后,保温一定时间,在( )冷却的工艺过程。

(A)水中 (B)空气中 (C)炉中 (D)油中

164. 对于薄硬化层应该用( )硬度进行测定。

(A)布氏 (B)洛氏 (C)维氏 (D)混合

165. 三视图中,左视图反映物体的( )。

(A)长和高 (B)长和宽 (C)宽和高 (D)局部

166. HB 是代表金属材料( )的指标符号。

(A)抗拉强度 (B)硬度 (C)抗压强度 (D)收缩率

167. 40Cr 是( )。

(A)不锈钢 (B)合金结构钢 (C)轴承钢 (D)碳素结构钢

168. 可能具有间隙或过盈的配合被称为( )。

(A)间隙配合 (B)过盈配合 (C)过渡配合 (D)静配合

169. 走刀量的单位是( )。

(A)毫米/往复行程 (B)毫米/每分钟 (C)米/每次 (D)毫米/小时

170. 一切摩擦传动的共同特点是传动比( )。

(A)精确 (B)不准确 (C)大 (D)小

171. 压印在三角带表面的"A2500"表示 A 型,标准内周长度为( )。

(A)250 mm (B)2 500 mm (C)2 500 cm (D)2 500 μm

172. 设计时给定的尺称为( )。

(A)设计尺寸 (B)基本尺寸 (C)工艺尺寸 (D)实际尺寸

173. 组合夹具的使用特点是使用完毕后,各种元件和组合件可以快速拆开,(　　)。
(A)重复使用　(B)不再使用　(C)另作别用　(D)报废
174. 所谓六点定位,就是用适当分布的并与工件接触的六固定支点来限制工件的六个(　　)。
(A)点　(B)面　(C)自由度　(D)线
175. 机械加工工艺过程由一系列的(　　)组合而成。
(A)工位　(B)工步　(C)工序　(D)工艺

三、多项选择题

1. 常见的对刀方法有(　　)。
(A)试切对刀法　(B)机械检测对刀仪法
(C)光学检测对刀仪法　(D)调试法
2. 测量的要素是指(　　)。
(A)测量对象　(B)标准器具　(C)测量方法　(D)测量结果
3. 机床的夹具按机床种类分为(　　)。
(A)铣床夹具　(B)镗床夹具　(C)车床夹具　(D)钻床夹具
4. 工艺基准按用途不同,可分为(　　)。
(A)加工基准　(B)装配基准　(C)测量基准　(D)定位基准
5. 液压传动系统一般由(　　)组成。
(A)动力元件　(B)执行元件　(C)控制元件　(D)辅助元件
6. 液压传动系统与机械、电气传动相比较具有的优点是(　　)。
(A)易于获得很大的力　(B)操纵力较小、操纵灵便
(C)易于控制　(D)传递运动平稳、均匀
7. 液压传动系统与机械、电气传动相比较存在的不足是(　　)。
(A)有泄漏　(B)传动效率低
(C)易发生振动、爬行　(D)故障分析与排除比较困难
8. 中间继电器由(　　)等元件组成。
(A)线圈　(B)磁铁　(C)转换开关　(D)触点
9. 接触器由(　　)等元件组成。
(A)线圈　(B)磁铁　(C)骨架　(D)触点
10. 蜗轮蜗杆机构传动的特点是(　　)。
(A)摩擦小　(B)摩擦大　(C)效率低　(D)效率高
11. 属于齿轮及轮系的机构有(　　)。
(A)圆柱齿轮机构　(B)圆锥齿轮机构
(C)定轴轮系　(D)行星齿轮机构
12. 圆锥齿轮又叫(　　)。
(A)斜齿轮　(B)伞齿轮　(C)八字轮　(D)螺旋齿轮
13. 螺旋齿轮机构常用于(　　)等齿轮加工。
(A)剃齿　(B)铣齿　(C)珩齿　(D)研齿

14. 行星齿轮机构具有(　　)等特点。
(A)轴线固定　(B)速比大　(C)可实现差动　(D)体积小
15. 根据所固定的构件不同,四杆机构可划分为(　　)等机构。
(A)双曲柄　(B)双摇杆　(C)曲柄摇杆　(D)导杆
16. 棘轮机构常用于(　　)等机械装置。
(A)变速机构　(B)进给机构　(C)单向传动　(D)止动装置
17. 凸轮与被动件的接触方式主要有(　　)。
(A)平面接触　(B)面接触　(C)尖端接触　(D)滚子接触
18. 常用的变向机构有(　　)。
(A)三星齿轮变向机构　(B)滑移齿轮变向机构
(C)圆锥齿轮变向机构　(D)齿轮齿条变向机构
19. 链传动的特点是(　　)。
(A)适宜高速传动　(B)传动中心距大
(C)啮合时有冲击　(D)运动不均匀
20. 链传动按用途可分为(　　)。
(A)传动链　(B)连接链　(C)起重链　(D)运输链
21. 凸轮机构的种类主要有(　　)。
(A)圆盘凸轮　(B)圆柱凸轮　(C)圆锥凸轮　(D)滑板凸轮
22. 测量方法分为(　　)。
(A)直接测量　(B)间接测量　(C)关联测量　(D)组合测量
23. 直线的投影(　　)。
(A)永远是直线　(B)可能是一点　(C)不可能是点　(D)不可能是曲线
24. 标注为"M24×1.5"的螺纹是(　　)。
(A)粗牙普通螺纹　(B)左旋螺纹　(C)细牙普通螺纹　(D)右旋螺纹
25. GB/T 1096 键 16×10×100 表示(　　)。
(A)普通 A 型平键　(B)普通 B 型平键　(C)键宽 $b=16$ mm　(D)键宽 $b=10$ mm
26. 机械传动在机器中的主要作用是(　　)。
(A)改变运动速度　(B)改变运动方向
(C)增加机器的功率　(D)传递动力
27. 摩擦型传动带按其截面形状分为(　　)等。
(A)平带　(B)方形带　(C)V 带　(D)圆形带
28. 电气故障失火时,可使用(　　)灭火。
(A)四氯化碳　(B)水　(C)二氧化碳　(D)干粉
29. 发现有人触电时做法正确的是(　　)。
(A)不能赤手空拳去拉触电者
(B)应用木杆强迫触电者脱离电源
(C)应及时切断电源,并用绝缘体使触电者脱离电源
(D)无绝缘物体时,应立即将触电者拖离电源
30. 碳素钢按质量分类,有(　　)。

(A)碳素工具钢　(B)普通碳素钢　(C)优质碳素钢　(D)高级优质碳素钢

31. 铸铁一般分为(　　)。

(A)白口铸铁　(B)灰铸铁　(C)可锻铸铁　(D)球墨铸铁

32. 影响金属材料可切削加工性的因素有工件材料的(　　)、导热系数等力学性能和物理性能。

(A)硬度　(B)强度　(C)塑性　(D)韧性

33. 以下材料中(　　)是合金结构钢。

(A)40Cr　(B)12CrMo　(C)25Mn　(D)2A50

34. 金属热处理工艺大体可分为(　　)三大类。

(A)调质处理　(B)整体热处理　(C)表面热处理　(D)化学热处理

35. 零件的机械加工精度主要包括尺寸精度、(　　)。

(A)机床精度　(B)刀具精度　(C)几何形状精度　(D)相对位置精度

36. 机床一级保养的主要内容是(　　)。

(A)清洗　(B)清理　(C)检查　(D)维修

37. 下列说法正确的是(　　)。

(A)利用滚齿机加工斜齿轮时,机床必须具有差动运动

(B)成形磨齿机的机床也有展成运动

(C)滚齿机是利用展成法或成形法加工原理加工齿轮的

(D)刨齿机床鞍行程量应小于全齿高加上所必需的间隙

38. 刨、插床床身的(　　)对铣削效率和加工质量影响很大,因此,床身一般用优质灰铸铁做成箱体结构,并经过精密加工和时效处理。

(A)刚性　(B)强度　(C)精度　(D)重量

39. 下列说法正确的是(　　)。

(A)正变位齿轮的齿顶圆直径和齿根圆直径增大,分度圆齿厚也增大,轮齿的强度增高

(B)高度变位齿轮的齿顶高和齿根高与标准齿轮比较有变化,但全齿高没有变化

(C)用展成法精插渐开线圆柱齿轮时,刀头为齿条刀的一个齿形,大模数齿轮余量大时,可用齿厚小一些插刀进行单边插削

(D)滚齿加工中,刀杆托架锥轴承径向间隙的大小对齿轮的加工精度影响不大

40. 关于 X6132 型铣床的结构特点,正确的说法有(　　)。

(A)轴Ⅰ的转速与电动机相同　(B)工作台最大回转角度为±45°

(C)主轴箱内共有 6 根传动轴　(D)主轴由 2 个轴承支承

41. 下列合金牌号中(　　)不属于钨钴类硬质合金。

(A)YT15　(B)YG6　(C)YW2　(D)YA6

42. 按刨刀的结构特点可分为(　　)。

(A)整体式刨刀　(B)焊接式刨刀

(C)机械夹固式刨刀　(D)组装式刨刀

43. 端铣刀的主要几何角度包括前角、后角、(　　)。

(A)刃倾角　(B)主偏角　(C)螺旋角　(D)副偏角

44. 圆柱铣刀的几何角度主要包括(　　)。

(A)前角 (B)后角 (C)螺旋角 (D)刃倾角

45. 影响切削力的因素包括(　　)。

(A)刀具几何参数 (B)工件材料 (C)切削用量 (D)刀具材料

46. 常用铣刀材料有(　　)。

(A)高速工具钢 (B)硬质合金钢 (C)碳素钢 (D)铸钢

47. 工艺基准可分为(　　)。

(A)定位基准 (B)测量基准 (C)装配基准 (D)安装基准

48. 基准的种类分为(　　)两大类。

(A)定位基准 (B)测量基准 (C)设计基准 (D)工艺基准

49. 属于通用夹具的是(　　)。

(A)平口虎钳 (B)分度头 (C)回转工作台 (D)心轴

50. 工作装夹后用百分表校正,下列说法正确的是校正工件的(　　)。

(A)径向跳动 (B)上母线相对于工作台台面的平行度

(C)轴向跳动 (D)侧母线相对于纵向进给方向平行度

51. 以下关于切削液润滑作用说法正确的是(　　)。

(A)减少切削过程中摩擦 (B)减小切削阻力

(C)显著提高表面质量 (D)降低刀具耐用度

52. 刀具磨损形式有(　　)。

(A)前面磨损 (B)后面磨损 (C)刀尖磨损 (D)前后面同时

53. 一个完整的尺寸包含(　　)。

(A)尺寸界线 (B)尺寸数字 (C)尺寸线 (D)箭头

54. 平面度检测方法有(　　)。

(A)采用样板平尺检测 (B)采用涂色对研法检测

(C)采用百分表检测 (D)使用游标卡尺检测

55. 尺寸精度可用(　　)等来检测。

(A)游标卡尺 (B)千分尺 (C)卡规 (D)直角尺

56. 常用连接螺纹的基本形式有(　　)。

(A)螺栓连接 (B)双头螺栓连接 (C)螺钉连接 (D)紧固件连接

57. 下列说法正确的是(　　)。

(A)刨削薄形工件时,如果切削用量过大,会使刨出的工件产生严重变形

(B)如果刨削单件斜镶条时,挡铁侧面与工作台行程方向倾斜成与工件相反的斜度,然后用压板压牢

(C)插削较大的花键槽时,可以先用切刀粗插,再用圆头成型刀精插

(D)刨削细长轴键槽,产生变形的主要原因是由于装夹不当和切削时产生应力所致

58. 国标中常用的视图有(　　)。

(A)主视图 (B)左视图 (C)俯视图 (D)剖视图

59. 形状公差可分为(　　)。

(A)定向公差 (B)右视图定位公差

(C)跳动公差 (D)尺寸公差

60. 齿轮磨床按磨齿原理可分为(　　)。
(A)锥面砂轮磨　(B)蜗杆砂轮磨　(C)展成磨　(D)成形磨
61. 阶台、直角沟槽的(　　)能用游标卡尺直接测出。
(A)宽度　(B)平面度　(C)深度　(D)长度
62. 在加工前划线的目的是(　　)。
(A)调整加工余量　(B)分配加工面的相对位置
(C)便于找正　(D)区分加工界限
63. 键槽是要与键配合的,键槽的(　　)要求较高。
(A)深度尺寸精度　(B)宽度尺寸精度　(C)长度尺寸精度　(D)键槽与轴线的对称度
64. 千分尺是由(　　)组成。
(A)测微头　(B)测力装置　(C)锁紧装置　(D)尺杆
65. 常用测硬度的方法有(　　)。
(A)布氏硬度　(B)维氏硬度　(C)马氏硬度　(D)洛氏硬度
66. 常用錾子的种类有(　　)。
(A)扁錾　(B)油槽錾　(C)尖錾　(D)半圆錾
67. 在切削加工中(　　)总称为切削用量。
(A)切削速度　(B)切削深度　(C)转速　(D)进给量
68. V形槽槽角的检测方法有(　　)。
(A)游标万能角度尺检测　(B)用角度样板检测
(C)用标准量棒间接检测　(D)用正弦规检测
69. 增加刨刀的刀刃强度方法有(　　)。
(A)采用正值的刃倾角　(B)在主刀刃的处磨负倒棱
(C)采用较小的后角　(D)采用适当的主偏角
70. 影响刀具寿命的因素有(　　)。
(A)工件材料　(B)刀具几何参数　(C)切削用量　(D)刀具材料
71. 工艺基准按用途不同可分为(　　)。
(A)定位基准　(B)测量基准　(C)工序基准　(D)装配基准
72. 花键按齿廓形状分为(　　)花键。
(A)矩形　(B)渐开线　(C)三角形　(D)梯形
73. 标准渐开线圆柱直齿轮的基本参数(　　)。
(A)压力角　(B)模数　(C)分度圆　(D)齿数
74. 在滚齿机上加工齿轮时,引起齿面粗糙度不好的原因有(　　)。
(A)滚刀刃磨质量不高,径向跳动大、刀具磨损,未夹紧而产生振动
(B)切削用量选择不正确
(C)夹具刚性不好
(D)切削瘤的存在
75. 有源滤波器的分类有(　　)。
(A)低通滤波器　(B)高通滤波器　(C)带通滤波器　(D)带阻滤波器
76. 劳动合同订立应具备的内容(　　)。

(A)劳动合同期限　(B)劳动报酬　(C)工作时间　(D)工作内容

77. 下列属于刀具部分的应具备性能(　　)。

(A)硬度必须高于工件材料的硬度　(B)良好的工艺性
(C)较高的耐磨性　(D)足够的强度及韧度

78. 力的三要素(　　)。

(A)力的大小　(B)力的作用点　(C)力的作用面积　(D)力的方向

79. 变位齿轮在传动中的特点(　　)。

(A)在加工 $Z>17$ 的齿轮时,可避免根切现象
(B)可用一齿轮与不同齿数的齿轮啮合,配传动比
(C)在加工 $Z<17$ 的齿轮时,可避免根切现象
(D)可用一齿轮与不同齿数的齿轮啮合,配中心距

80. 减小表面粗糙度的措施有(　　)。

(A)加工方法　(B)刀具　(C)切削用量　(D)切削液

81. 决定齿轮大小的两大要素是(　　)。

(A)模数　(B)齿顶隙系数　(C)齿数　(D)压力角

82. 粗刨刀的选择原则是(　　)。

(A)前角一般为15°左右,当工件材料硬度较高时,前角可再取大些
(B)前角一般为15°左右,当工件材料硬度较高时,前角可再取小些
(C)后角一般取小一些,以增加刀具强度
(D)后角一般取大一些,以增加刀具强度

83. 基圆直径与下列参数中(　　)有关。

(A)m　(B)Z　(C)d　(D)e'

84. 测直齿圆柱齿轮一般测量方法中包括(　　)。

(A)公法线长度测量　(B)压力角测量
(C)分度圆弧齿厚测量　(D)固定弧齿厚测量

85. 直齿圆柱齿轮的刨、插削前准备工作包括(　　)等。

(A)熟悉图样　(B)确定进刀补充值
(C)检查齿坯　(D)安装、校正分度头

86. 斜装工件水平走刀法按斜装工件的不同可分为(　　)。

(A)按划线校正斜装工件法　(B)用斜垫铁斜装工件法
(C)转动工作台斜装工件法　(D)按找正表校正斜装工件法

87. 刨削斜面的方法有(　　)。

(A)倾斜刀架法　(B)斜装工件水平走刀法
(C)转动钳口垂直走刀法　(D)用样板刀法

88. 刃倾角的主要作用有(　　)。

(A)控制切屑流出方向　(B)影响切削刃强度
(C)增大刀具工作时的前角　(D)使刃口锋利

89. 刨削、插削弧面的方法有(　　)。

(A)用样板刀刨、插削弧面　(B)利用仿型装置加工弧面

(C)按划线加工弧面　　(D)按图纸加工弧面

90. 退火的目的是(　　)。

(A)细化晶粒,调整组织,改善机构性能

(B)消除前一道工序产生的残余应力,为淬火作组织上的准备

(C)提高材料硬度,提高塑性、改善切削加工性和压力加工性

(D)降低材料硬度,提高塑性、改善切削加工性和压力加工性

91. 划线工具按用途分为(　　)。

(A)基准工具　(B)量具　(C)绘划工具　(D)夹持工具

92. 划线基准选择应根据图纸所标注的尺寸界限、工件的几何形状大小及尺寸的精度高低或重要程度而定,其基本原则是(　　)。

(A)以两个相互垂直的平面或直线为基准

(B)以一个平面或一条直线和一条中心线为基准

(C)以两条相互垂直的中心线为基准

(D)以两个相互平行的平面或直线为基准

93. 下列工具中(　　)属于划线基准工具。

(A)平板　(B)方箱　(C)垫铁　(D)千斤顶

94. 划线时,针尖要紧靠导向工具的边缘,划针(　　)。

(A)上部向外侧倾斜 15°～20°　(B)上部向外侧倾斜 15°

(C)与划线移动方向垂直　(D)向划线移动方向倾斜 45°～75°

95. 孔的主要工艺要求包括孔的(　　)。

(A)尺寸精度　(B)孔的形状精度　(C)孔的位置精度　(D)孔的表面结构

96. 麻花钻一般用来钻削(　　)的孔。

(A)精度较低　(B)表面结构要求低　(C)精度较高　(D)表面结构要求高

97. 标准麻花钻主要由(　　)几部分组成。

(A)切削部分　(B)导向部分　(C)校准部分　(D)刀柄

98. 刨床常用的冷却液有(　　)。

(A)煤油　(B)乳化液　(C)硫化油　(D)机油

99. 燕尾形工件测量项目有(　　)。

(A)燕尾角的测量　(B)燕尾宽度的测量

(C)燕尾槽深度和燕尾块高度的测量　(D)斜燕尾斜度的测量

100. 刨削曲面时,经常产生的误差有(　　)。

(A)曲面形状不正确　(B)曲面位置不对

(C)尺寸超差　(D)曲面表面粗糙度值太大

101. 加工孔的通用刀具有(　　)。

(A)麻花钻　(B)扩孔钻　(C)铰刀　(D)滚刀

102. 刀具磨损的类型有(　　)。

(A)磨料磨损　(B)黏结磨损　(C)扩散磨损　(D)化学磨损

103. 磨床使用的砂轮是特殊的刀具,又称磨具,磨料是制造磨具的主要原料,直接担负着切削工作。目前常用的磨料有(　　)等。

(A)棕刚玉 (B)白刚玉 (C)黑碳化硅 (D)绿碳化硅

104. 磨削加工的实质是工件被磨削的金属表层在无数磨粒的瞬间(　　)作用下进行的。

(A)挤压 (B)刻划 (C)切削 (D)摩擦抛光

105. 减小测量误差的方法有(　　)。

(A)正确选用量具 (B)定期检测校正量具

(C)正确选用测量方法 (D)精密零件应在恒温室测量

106. 磨削加工的特点有(　　)。

(A)加工工件的硬度高 (B)加工工件的精度及表面质量高

(C)磨削温度高 (D)磨削时径向分力较大

107. 牛头刨床滑枕在往复运动中有振动声响的原因有(　　)。

(A)压板与滑枕表面在全长压板压得过紧

(B)摇杆表面与摇杆导槽不平行

(C)床身孔(槽)与摇杆导槽不平行

(D)压板与滑枕表面在全长上接触不良

108. 刨削中产生镶条两宽面弯曲变形的主要原因是(　　)。

(A)切削用量或刀尖圆弧过大,以及切削刃不锋利

(B)装夹不当(装夹受力太大或受力不均匀)或没有进行多次翻转工件刨削,以及装夹时没有在已变形处垫实

(C)工件没有进行粗刨或去应力处理

(D)切削用量或刀尖圆弧过小,以及切削刃不锋利

109. 常用的机械零件的毛坯有(　　)等几种。

(A)铸件 (B)型材件 (C)锻件 (D)焊接件

110. 大型零件通常采用(　　)毛坯。

(A)自由锻件 (B)砂型铸件 (C)焊接件 (D)粉末冶金件

111. 铸件的主要缺点是(　　)。

(A)内部组织疏松 (B)生产成本高 (C)力学性能较差 (D)材料利用率低

112. 锻件常见缺陷有(　　)。

(A)裂纹 (B)折叠 (C)夹层 (D)尺寸超差

113. 自由锻件的特点是(　　)。

(A)精度和生产率较低 (B)精度和生产率较高

(C)适合小型件和大批生产 (D)适合大型件和小批生产

114. 刨、插床工作前,应检查(　　)是否正常。

(A)油路 (B)冷却、润滑系统 (C)刀具 (D)限位挡铁

115. 刨、插床的维护保养工作认真与否,会直接影响机床的(　　)。

(A)效率 (B)精度 (C)润滑 (D)使用寿命

116. 刨、插床的日常维护保养工作主要有(　　)。

(A)润滑 (B)定保 (C)小修 (D)清洁

117. 刨、插床(　　)等运动部位的润滑对于其精度和使用寿命影响极大。

(A)主轴 (B)齿轮 (C)传动丝杠 (D)导轨

118. 常采用(　　)进行刨、插床润滑。

(A)30 号机械油　(B)40 号机械油　(C)2 号锭子油　(D)润滑脂

119. 一般需要对刨、插床(　　)等几个部分进行润滑。

(A)变速箱　(B)进给箱

(C)升降台和工作台　(D)工作台的轴承

120. 变速箱的润滑方法主要有(　　)。

(A)飞溅润滑　(B)柱塞泵润滑　(C)滴油杯润滑　(D)绳芯加油器润滑

121. 刨、插床升降台和工作台一般采用(　　)等方式进行润滑。

(A)飞溅润滑　(B)柱塞泵润滑　(C)手动油泵　(D)绳芯加油器

122. 要经常清除切屑和脏物,特别要注意刨、插床(　　)等部位的清洁,以减少机件的磨损。

(A)导轨　(B)主轴　(C)丝杠　(D)螺母

123. 加工过程中,发现(　　)等不正常现象,应及时停车检查,并加以排除。

(A)工件振动　(B)切削负荷增大　(C)台面抖动　(D)异常声音

124. 刨削曲面时,使用靠模装置应注意(　　)。

(A)靠模的曲线形状要准确无误

(B)靠模的位置必须安装精确

(C)工件的装夹位置应与靠模位置相对应

(D)随时注意滚轮和靠模的磨损情况

125. 可以通过(　　)来缩短辅助时间。

(A)缩短工件装夹时间　(B)提高铣削速度

(C)减少工件的测量时间　(D)缩短刀具更换时间

126. 通过(　　)等途径可以缩短基本时间。

(A)提高切削用量　(B)多刀同时切削

(C)多件加工　(D)减少加工余量

127. 通过(　　)等途径可以缩短辅助时间。

(A)提高切削速度　(B)使辅助动作机械化和自动化

(C)使辅助时间与基本时间重合　(D)减少背吃刀量

128. 为了使辅助时间与基本时间全部或部分地重合,可采用(　　)等方法。

(A)多刀加工　(B)使用专用夹具

(C)多工位夹具　(D)连续加工

129. 计量仪器按照工作原理和结构特征,可分为(　　)。

(A)机械式　(B)电动式　(C)光学式　(D)气动式

130. 粗基准的选择原则是(　　)。

(A)选择不加工的表面　(B)选择加工余量最少的表面

(C)应选择零件的重要表面　(D)选择形状简单、平整光滑的表面

131. 影响难加工材料切削性能的主要因素包括(　　)。

(A)硬度高　(B)塑性和韧性大　(C)导热系数低　(D)刀瘤积屑严重

132. 在刨床上加工曲面的方法有(　　)。

(A)划线法刨曲面　　　　(B)用样板刀刨削曲面
(C)用靠模装置刨削曲面　　　　(D)用平刨刀刨削曲面
133. 液压传动系统由(　　)组成。
(A)动力部分　　　　(B)执行部分
(C)控制部分　　　　(D)辅助装置
134. 影响工件表面粗糙度的因素是(　　)。
(A)残留面积,刨刀的主、副偏角在刨刀和工件相对走刀运动中形成
(B)刨床、刨刀、工件等刚性不足产生振动
(C)已加工表面出现条痕或波纹
(D)刀刃不锋利,产生切屑瘤和被加工出现鳞刺
135. 刨削薄形工件时,刨刀的主偏角不应取较大值,一般取 $\phi=30°\sim40°$是因为(　　)。
(A)主偏角取 30°～40°时,刨削所产生的走刀抗力较大,可避免将工件顶弯
(B)主偏角取 30°～40°时,刨削所产生的走刀抗力较小,可避免将工件顶弯
(C)吃刀抗力就小,则可利用它将工件压向工作台面,避免工件在切削时翘起而产生事故
(D)吃刀抗力就大,则可利用它将工件压向工作台面,避免工件在切削时翘起而产生事故
136. 硬质合金可转位刀具有(　　)优点。
(A)可以提高劳动生产率,减轻工人劳动强度
(B)可以节约大量制造刀杆的钢材,提高刀片利用率和减少刀具制造费用
(C)改善了管理
(D)有利于大面积推广、普遍地提高生产率
137. 影响机床性能和寿命的原因有(　　)。
(A)腐蚀　　(B)变形　　(C)磨损　　(D)事故
138. 造成牛头刨床工作台横向进给不均匀的原因是(　　)。
(A)进给机构的连杆孔与配合轴间隙过大
(B)选择加工余量最少的表面
(C)棘爪或棘轮磨损
(D)棘爪或棘轮失灵
139. 在牛头刨床上刨削出的工件表面太粗糙或有明显的纹痕,属于机床方面的原因有(　　)。
(A)滑枕移动方向与摇杆摆动方向不平行
(B)大齿轮精度差,啮合不良
(C)横梁、工作台溜板、工作台三者之间接触刚度差
(D)拍板锥孔与锥销配合间隙过大
140. 造成牛头刨床的拍板起落不灵活的原因有(　　)。
(A)拍板锥孔与锥销配合过紧
(B)拍板与拍板座的接合面锥孔不垂直
(C)拍板锥孔与锥销配合过松
(D)拍板与拍板座的接合面不平行
141. 气动量仪的主要特点是(　　)。

(A)常用于单件检验　(B)检验效率高
(C)用比较法进行检验　(D)不接触测量
142. 属于B2012A型龙门刨床调整内容的是(　　)。
(A)工作台行程长度的调整
(B)工作台行程速度的调整
(C)横梁高低位置的调整
(D)刀架快速移动和自动进刀的调整
143. 专业技术管理按专业划分的内容有(　　)。
(A)科学研究管理　(B)产品开发管理
(C)科技档案和技术情报管理　(D)设备与工具的管理
144. 减小测量误差的方法有(　　)。
(A)正确选用量具　(B)定期检测校正量具
(C)正确选用测量方法　(D)精密零件应在恒温室测量
145. 夹具的主要组成部分和各自所起的作用是(　　)。
(A)定位元件(或装置)用于实现工件—夹具中的正确位置
(B)夹紧装置(包括动力装置)用于夹紧工件,使工件的既定位置不变
(C)对定元件(或装置)用以实际刀具对夹具和正确位置的调整,并保证夹具对机床的正确位置
(D)夹具体用于将上述三部分以及其他辅助装置连接成一套完整夹具
146. 专用夹具的特点是(　　)。
(A)结构紧凑　(B)使用方便
(C)加工精度容易控制　(D)产品质量稳定
147. 组合夹具的特点是(　　)。
(A)组装迅速　(B)能减少制造成本　(C)可反复使用　(D)周期短
148. 刨削曲面时,经常产生的误差有(　　)。
(A)曲面形状不正确　(B)曲面位置不对
(C)曲面表面粗糙度值太大　(D)尺寸超差
149. 适用于平面定位的有(　　)。
(A)V形支承　(B)自位支承　(C)可调支承　(D)辅助支承
150. 常用的夹紧机构有(　　)。
(A)斜楔夹紧机构　(B)螺旋夹紧机构
(C)偏心夹紧机构　(D)气动、液压夹紧机构
151. 难加工材料切削性能差主要反映在(　　)。
(A)刀具寿命明显降低　(B)已加工表面质量差
(C)切屑形成和排出较困难　(D)切削力和单位切削功率大
152. 辅助工序包括(　　)。
(A)检验　(B)清洗　(C)去毛刺　(D)防锈
153. 常见的对刀方法有(　　)。
(A)试切对刀法　(B)机械检测对刀仪法

(C)光学检测对刀仪法　　　　　　　　(D)坐标法

154. 轴类零件的一般简要加工工艺包括(　　)、其他机械加工、热处理、磨削加工等。

(A)备料加工　　(B)车削加工　　(C)划线　　(D)识图

155. 按钢的含碳量,碳钢可分为:(　　)。

(A)低碳钢——含碳量小于 0.25 %

(B)中碳钢——含碳量在 0.25 % ~0.6 %

(C)高碳钢——含碳量大于 0.6 %

(D)优质钢——含碳量大于 0.8%

156. 切削液的作用有(　　)、润滑作用。

(A)冷却作用　　(B)清洗作用　　(C)防腐作用　　(D)防锈作用

157. 下列对蜗杆齿厚偏差测量描述正确的是(　　)。

(A)当蜗杆头数为偶数时,需用三根量柱测量

(B)蜗杆齿厚应在分度圆柱面上测量法向齿厚

(C)对较低精度的蜗杆,可用齿轮齿厚卡尺测量

(D)对导程角大的蜗杆,采用量柱法测量

158. 一般设置质量管理点时应遵循的原则是(　　)。

(A)对产品的适用性(性能、精度寿命、可靠性、安全性等)有严重影响的关键质量特性,关键部位或重要影响因素

(B)对工艺上有严格要求,对下工序的工作有严重影响的关键质量特性部位

(C)对质量不稳定,出现不合格多的工序

(D)对用户反馈的重要不良项目

159. 全面质量管理的主要内容是(　　)。

(A)从管理范围来看,各部门每个人都参加管理,全员管理

(B)应用数理统计方法,预防废次品的产生

(C)应用"PDCA"循环,寻找矛盾解决矛盾

(D)充分发挥专业技术和管理技术的作用

160. 产生基准位移误差的原因一般有(　　)。

(A)工件定位表面的误差

(B)工件定位表面与定位元件间的间隙

(C)定位元件的制造误差及磨损

(D)定位机构的制造误差、间隙及磨损

161. 零件结构工艺性的基本要求有(　　)。

(A)便于达到零件图上规定的加工质量要求

(B)便于采用高生产率的制造方法

(C)有利于减少零件的加工劳动量

(D)有利于缩短辅助时间

162. 龙门刨床的精度检验包括(　　)。

(A)工作台移动在垂直平面内的直线度

(B)工作台相对工作台移动的平行度

(C)垂直刀架水平移动的直线度

(D)侧刀架垂直移动对工作台面的垂直度

163. 齿轮传动与摩擦传动比较有(　　)特点。

(A)能保证瞬时传动比恒定,平稳性较高,传递运动准确可靠

(B)传递的功率和速度范围较大

(C)结构紧凑,工作可靠,可实现较大的传动比

(D)齿轮的制造、安装要求较高

164. 在滚齿机上加工齿轮时,引起齿面粗糙度不好的原因有(　　)。

(A)滚刀刃磨质量不高,径向跳动大、刀具磨损,未夹紧而产生振动

(B)切削用量选择不正确

(C)夹具刚性不好

(D)切削瘤的存在

四、判 断 题

1. 生产经营单位从业人员有权对本单位安全生产工作中存在的问题提出批评、检举、控告;无权拒绝违章指挥和拒绝强令冒险作业。(　　)

2. 凡是从事多种作业或在多种劳动环境中作业的人员,应按其主要作业的工种和劳动环境配备劳动防护用品。(　　)

3. 对发现的不良品项目和质量问题应及时反馈报告。(　　)

4. 劳动者有权依法参加工会,无权组织工会。(　　)

5. 劳动合同的期限分为有固定期限,无固定期限和以完成一定的工作为期限。(　　)

6. 职业道德与职业习惯的目的是一致的。(　　)

7. 人们长期从事某些职业而形成的道德心理和道德行为是有差异的。(　　)

8. 服从分配,听从指挥,遵守纪律,爱岗敬业,坚持原则是职业道德的体现。(　　)

9. 质量第一,用户至上,是第三产业职业道德的基本要求。(　　)

10. 管理标准化是核心,技术标准化是关键。(　　)

11. 在螺纹代号标注中,右旋螺纹的方向可省略加注。(　　)

12. 视图是指机件向投影面投影时所得的图形。(　　)

13. 非金属材料制造的齿轮可减小因制造和安装不精确引起的不利影响,且传动时的噪声小。(　　)

14. 公差也有正负之分。(　　)

15. 发蓝处理的目的是提高零件的硬度。(　　)

16. 常用形状公差有直线度、平面度、圆柱度和平行度等。(　　)

17. 高度变位齿轮可用于凑中心距。(　　)

18. 采用高度变位齿轮的中心距与原标准齿轮传动的中心距不相等。(　　)

19. 旋转剖和阶梯剖又称复合剖。(　　)

20. 机件的每一尺寸一般只标注一次。(　　)

21. 圆柱度公差的符号是○。(　　)

22. 定位公差是被测量要素对基准在位置上允许的变动量。(　　)

23. 高度变位齿轮的变位系数之和为0。(　　)

24. 高度变位齿轮的模数、压力角、齿数与标准齿轮相同。(　　)

25. 测量方法分为直接测量、间接测量和组合测量。(　　)

26. 齿圈径向跳动的符号为 ΔF_r。(　　)

27. 在齿轮的三个公差组中，同一公差组内的各个公差与极限偏差应采用相同的精度等级。(　　)

28. 角度变位齿轮传动的啮合角是指分度圆上的压力角。(　　)

29. 金属的硬度越低，切削加工性能越好。(　　)

30. 内燃机车的齿轮大部分是中模数齿轮，且这些齿轮淬火后需要精加工内圆，故一般都采用分度圆找正。(　　)

31. 零件的材料是决定热处理工序和选用设备及切削用量的依据之一。(　　)

32. 工艺过程是指改变生产对象的形状、尺寸的相对位置等，使之成为成品或半成品的过程。(　　)

33. 毛坯锻造后应进行预先热处理，以改善材料的切削性能、消除内应力。(　　)

34. 工艺中，内胀心轴的定位符号是○—↑。(　　)

35. 齿轮滚刀的长度是指滚刀切削部分的长度。(　　)

36. 普通螺纹有粗牙和细牙两种，主要用于连接。(　　)

37. 公差是最大极限尺寸与最小极限尺寸代数差的绝对值。(　　)

38. 一个定位元件最多能限制五个自由度。(　　)

39. 60Si2Mn是碳素结构钢。(　　)

40. 伸长率的数值愈大，则材料的塑性越好。(　　)

41. 划线时应先划垂直线，再划水平线。(　　)

42. 在切削用量三要素中，切削速度对刀具寿命影响最大。(　　)

43. 刨削铸铁件可选乳化液作切削液。(　　)

44. 为了提高刀具寿命，在切削脆性金属时，应选用YT类刀具加工。(　　)

45. 铸造是用熔化的金属材料充注型腔，待凝固后，取得一定形状铸件的过程。(　　)

46. 强度是金属在外力作用下，抵抗变形和破坏的能力。(　　)

47. 常用的硬质合金有钨钴类和钨钴钛类。(　　)

48. σ 是代表金属材料抗弯强度的符号。(　　)

49. 去应力退火亦称“时效”。(　　)

50. 互换性是指在制成的同一规格零部件中，经过挑选、修配和调整就能顺利装配，且能保证达到原定的性能要求。(　　)

51. 孔的公差带与轴的公差带相互交叠的配合称为过渡配合。(　　)

52. 零件恰好做到基本尺寸，但不一定合格。(　　)

53. 滚动轴承的内圈与轴的配合采用基轴制。(　　)

54. 一个完整的尺寸包含尺寸线、尺寸界线、箭头和尺寸数字。(　　)

55. 常用连接螺纹的基本形式有三种：螺栓连接、双头螺栓连接、螺钉连接。(　　)

56. 用来确定工件在夹具中位置的那些点、线、面，叫定位基准。(　　)

57. 刨削薄形工件时,刨刀的主偏角一般取 50°～60°。(　　)

58. 千分表也可以测量零件尺寸。(　　)

59. 常用的游标卡尺有:普通游标卡尺、游标高度尺、游标深度尺和齿厚游标尺。(　　)

60. 预调精度指的是检查床身导轨在垂直平面的直线度,床身导轨在水平面的直线度及两导轨的平行度。(　　)

61. 粗刨不锈钢和耐热钢选用煤油小松节油作冷却润滑液。(　　)

62. 夹紧力的三要素:大小、方向和作用点。(　　)

63. 在万能分度头上可进行直接分度法,简单分度法、角度分度法和差动分度法等四种。(　　)

64. 在刨床上使用组合夹具,刨斜面时其角度误差为±2′。(　　)

65. 为了使工件在夹具中占有一个完全确定的位置,必须用适当分布的并与工件接触的六个固定支点来限制工件的六个点,它就是工件的六点定位。(　　)

66. 千分表主要用于校正、测量或检验精密零件的表面形状偏差和相互位置偏差,也可与块规高度比较测量零件尺寸。(　　)

67. 公法线千分尺是利用精密螺旋副运动原理进行测量的。(　　)

68. 工件的形状精度不能只靠夹具来保证。(　　)

69. 检验矩形内花键小径与大径的同轴度时,常用百分表来检验。(　　)

70. 零件加工精度主要包括尺寸精度和几何形状精度两项。(　　)

71. 一工件长 250 mm,大端尺寸 17 mm,小端尺寸 12 mm,其斜度为 1∶5。(　　)

72. 可用水平仪逐渐测量垂直误差。(　　)

73. 机械是以机械运动为主要特征的一种技术系统,其总功能是通过有约束的机械运动实现能量、物料、信息的预期交换。(　　)

74. 机床的夹具按机床种类分为铣床夹具、镗床夹具、车床夹具、钻床夹具等。(　　)

75. 滚齿机的加工方法属于热加工。(　　)

76. 一般滚刀的容屑槽有垂直于螺纹方向的螺旋槽和直槽两种。(　　)

77. 划线工具中,三角头和螺旋千斤顶均属于辅助工具。(　　)

78. 立体划线的方法主要有直接翻转零件划线法和用三角铁划线法两种。(　　)

79. 当人体内通过 0.01 A 以上的直流电时会有生命危险。(　　)

80. 定子和转子是电动机的主要组成部分。(　　)

81. 对产品的性能、精度、寿命、可靠性和安全性有严重影响的关键部位或重要的影响因素所在的工序叫关键工序。(　　)

82. 质量特性一般分为关键特性、重要特性和一般特性。(　　)

83. 在因果分析法中选择不同的原因和结果进行分析工业企业生产过程中的质量问题时,普遍选用人、机、料、法、环五大原因。(　　)

84. 直齿锥齿轮常用收缩齿,但也有用等高齿,其中后者简化为对刀具的要求,因此计算较易,便于制造,但需要专用的机床。(　　)

85. 一般来说,车削耐热钢及其合金时,不采用大于 1mm/转的进给速度。(　　)

86. 齿轮的材料热处理不一样,在同样的切削条件下,切削用量是同样的。(　　)

87. 滚齿时,42CrMo 材料经调质后,齿轮硬度高,因而加工时走刀量较小。(　　)

88. 选择工作台进给量的原则是在加工质量和合理提高刀具寿命的前提下,尽可能取较大的进给量,以提高生产效率。(　　)

89. 制齿夹具一般采用组合结构,由底座和心轴组成。(　　)

90. 位于主切削刃与副切削刃的交接处的相当小的一部分叫刀尖。(　　)

91. 滚刀在机床刀架心轴上安装是否正确,可用滚刀的两端台的圆跳动来检验,所以两轴台的中心与基本蜗杆中心线不必同轴。(　　)

92. 为使切削方便和减小振动,滚刀的螺旋方向和工件的旋转方向最好相反。(　　)

93. 插齿刀按外形可分为盘形、碗形和筒形三种。(　　)

94. 插齿刀制造时的分度圆压力角等于标准压力角。(　　)

95. 滚齿机是利用展成法或成形法加工原理加工齿轮的。(　　)

96. 滚切斜齿轮时,分度挂轮比的误差影响齿轮齿数,而差动挂轮比影响齿轮的齿向。(　　)

97. 插齿机的主运动是指工件接近刀具作的径向移动。(　　)

98. Y236 型刨齿机工件安装用的心轴内部为莫氏六号锥度。(　　)

99. 为提高机床寿命,最有效的办法是经常性和定期对机床进行维护。(　　)

100. 实际工作中,有大部分的机床故障都是润滑不良引起的。(　　)

101. 变位齿轮是一种非标准齿轮,是在用展成法加工齿轮时,改变刀具对齿坯的相对位置而切出的齿轮。(　　)

102. 在插削精度和粗糙度要求很高的齿轮时,应选用较小的圆周进给量。(　　)

103. 用插齿机加工齿轮时,一般在切第一个齿轮时,暂不切至全齿深,留有一定余量 Δh,以便检查。(　　)

104. 在滚齿机上加工斜齿圆柱齿轮与加工直齿轮的方法基本相同,不同之处有刀架转动方向和角度,是否需要差动运动。(　　)

105. 滚刀安装后,应检查径向跳动,一般来说,加工 $\phi200$ mm 以下 8 级精度齿轮时,径向跳动不应大于 0.03 mm。(　　)

106. 加工斜齿圆柱齿轮时,垂直进给运动与差动运动不许脱开。(　　)

107. 在刨齿机上加工齿轮,粗切时,为延长刀具寿命和获得较理想的加工精度,其切削精度要比精切时的切削深度浅 Δt。(　　)

108. Y236 型刨齿机床鞍行程量应小于被加工齿轮的全齿高加上所必须的间隙。(　　)

109. 采用径向走刀法滚切蜗轮所用的滚刀和采用切向走刀法滚切蜗轮所用的滚刀相同。(　　)

110. 同等条件下,切向进给法加工蜗轮的精度比径向进给法高。(　　)

111. 对于大模数、多头蜗杆副,在蜗杆导程角较大,且精度要求不高时,可以用齿轮滚刀来加工。(　　)

112. 插齿刀存在几何偏心,加工时会使齿轮产生径向误差,而对公法线没有影响。(　　)

113. 冷却润滑液中的水溶液的作用是以冷却为主。(　　)

114. 刨刀前角越大则越不容易损坏。(　　)

115. 刨刀主偏角的大小对耐用度没有影响。(　　)

116. 刨床的主运动是刀具与工件间的相对往复直线运动。( )

117. 粗加工时应选择较小的切削用量,精加工时则相反。( )

118. 装卸刨刀时,用力方向不得由上而下,以免碰伤或夹伤手指。( )

119. 带与带轮面的摩擦系数、预加的张紧力的大小和带与带轮间的接触弧的长度都影响带传动的能力。( )

120. 包角越大,带与轮间接触弧就越长,则带的传动能力就越大。( )

121. 在选择切削用量时,应首先选大的 a_p,次选 f,最后选 v。( )

122. 刃倾角为正值时,切屑流向已加工表面。( )

123. 在刨削平面时,如果平面有小阶台和小沟纹,这主要是由于机床间隙存在所引起的。( )

124. 对于形状简单、尺寸很大的工件,可用平口钳装夹加工。( )

125. 加工铸件的T形槽时,前角 γ_0 取 4°~6°,加工钢件时前角可适当增大,以便易排屑。( )

126. T形槽的尺寸中,直槽宽度尺寸要求较高。( )

127. 刨削V形槽时,先切出底部的直角形槽,是为了刨斜面时有空刀位置。( )

128. 在轴上刨半通槽时,一定要在半通槽的前端加工出工艺孔,以便刀具越出及排屑。( )

129. 插削键槽时,一般用手动纵向走刀,插削到尺寸不用试插。( )

130. 齿条的全齿高 $h=2.25$ m。( )

131. 人工呼吸法用于触电人伤害较严重,失去知觉,呼吸停止,但心脏微有跳动的情况。( )

132. 前角愈大的刀具,愈锋利,切削轻快,因此,切削时应选大的前角。( )

133. 刨削加工中主运动不一定都是刨刀的往复运动,应视刨床而定。( )

134. 在工程中所说的"低压"(对地电压在 250 V 以下)就是"安全电压"。( )

135. 在刨削平面时,如果平面有纵、横向波纹,这是由于机床、夹具和工件等部分的振动造成的。( )

136. 台阶的内外角不成 90°,主要原因是刀架没有对准零线,或刀架刻度不准确。( )

137. 在用成型刀具加工弧面时,应选用较大的进给量。( )

138. 按刨刀的结构特点可分为:整体式刨刀、焊接式刨刀及机械夹固式刨刀等。( )

139. 分度头主要功用是将工件以本身轴线为旋转中心作各种不同的等分。( )

140. 665 型牛头刨床横梁水平走刀丝杠螺距 $t=6$ mm,$n_{头}=2$,棘轮的总齿数 $Z=36$,棘爪跳过一个齿时,其进给量为 0.33 mm/双行程。( )

141. 刀具磨损形式有:前面磨损,后面磨损,前后面同时磨损。( )

142. 刨铸造黄铜时一般取前角 r 为 0°~10°,后角 α 为 4°~8°。( )

143. 仿型刨床是用来加工各种简单的曲面。( )

144. 常见的切屑有崩碎切屑、粒状切屑、节状切屑和带状切屑等四种。( )

145. 用刃倾角等于零的刨刀进行刨削称为斜刃刨削。( )

146. 切削塑性材料常发生后刀面磨损。( )

147. 适当增大刀具前角 γ_0 可延长刀具的寿命。( )

148. 刀具主偏角 k_r 减小和刀尖圆弧半径 r 增大可以提高刀具的使用寿命。（ ）

149. 为看清刀具，磨刀时，人应站在砂轮的正前面。（ ）

150. 刃磨高速钢时，应及时沾水冷却，以免刀头温度过高而退火。（ ）

151. 在满足工件加工工艺要求的条件下，允许采用不完全定位。（ ）

152. 辅助支承不起定位作用，只是增加工件的稳定性，防止工件在切削力作用下产生变形或振动等。（ ）

153. 组合夹具主要应用于单件生产及新产品试制。（ ）

154. 任何工件在定位时，应限制工件的六个自由度。（ ）

155. 采用夹具装夹工件，调整机床时，最常用的调整方法是以试切工件最为方便。（ ）

156. B5032 型插床，由进给轴的间歇转动，经 4 条传动路线分别传给工作台。（ ）

157. B5032 型插床的滑枕只能在平行于横向垂直面内倾斜 0°～8°。（ ）

158. 插床上位于换向机构上的手柄处于空挡位置时，工作台即停止自动进给。（ ）

159. 如果薄板工件下面的缝隙是由于工件底面不平直而产生的，应该用铜皮垫实。（ ）

160. 夹紧力的作用最好远离加工表面。（ ）

161. 工件在装夹过程中产生的误差称为夹紧误差。（ ）

162. 粗磨时应选用硬一些的砂轮，以便提高生产率。（ ）

163. B2012A 型龙门刨床在实现无级调整时，必须在停车时进行。（ ）

164. B2012A 型龙门刨床上光杠的旋转有高速、低速，也有正转和反转。（ ）

165. 插床滑枕的起始位置是根据工件在工作台上装夹的高低位置来调整的。（ ）

166. 拍板与拍板座的接合面不平行，会使工件的表面粗糙度值达不到加工要求。（ ）

167. 牛头刨床进给机构中的棘爪与棘轮传动失灵，会使进给传动造成断续或不均匀现象。（ ）

168. 当龙门刨床润滑油压力超过工作台质量时，会使工作台运动不平稳，有波动。（ ）

169. 若薄板工件装夹在平口钳内进行刨削，必须注意使工件底平面与定位面贴紧，可用锤子敲击工件。（ ）

170. 刨削薄形工件时，常采用较小的切削深度和进给量及较高的切削速度来减小工件变形。（ ）

171. 刨削薄形工件时，切削速度应选得较低些。（ ）

172. 如果刨削单件斜镶条时，挡铁侧面与工作台行程方向倾斜成与工件相反的斜度，然后用压板压牢。（ ）

173. 斜镶条两窄面角度的方向要正确，度数也必须准确。（ ）

174. 用展成法精插渐开线圆柱齿轮时，刀头为齿条刀的一个齿形，大模数齿轮余量大时，可用齿厚小一些插刀进行单边插削。（ ）

175. 工件材料的塑性或韧性越好，切削时产生的变形抗力和摩擦力越小。所以切削力也越小。（ ）

176. 牛头刨床大齿轮精度差，啮合不良，会使加工的工件表面产生明显的纹痕。（ ）

177. 装夹斜镶条,用斜垫铁将工件斜面装夹成水平位置,工件下面斜垫铁的斜度,应和工件待加工斜面的斜度一致。(　　)

178. 形刨削是利用机械和液压的方法,仿照靠模的形状来刨削曲面零件的成形面。(　　)

179. 水、水溶液和乳化油等作冷却润滑时,它能吸收大量热量,润滑性能好。(　　)

180. 龙门刨床工作台面的平面度每 100 毫米长度上允许误差为 0.02 mm。(　　)

五、简 答 题

1. 劳动合同的订立,应具备哪些方面?
2. 全面质量管理的主要内容是什么?
3. 什么是车间生产管理?
4. 试述什么是孔和轴配合时的间隙。
5. 什么叫调质?
6. 试述按变位系数不同,可以将齿轮分为哪几种类型。
7. 表面粗糙度的大小对齿轮的主要影响有哪些?
8. 在滚齿机上加工齿轮时,引起齿面粗糙度不好的原因有哪些?
9. 何为半剖视图?
10. 试述什么是力的三要素。
11. 什么叫互换性?
12. 什么叫基孔制? 什么叫基轴制?
13. 什么叫公差? 公差与偏差有什么区别?
14. 试述切削用量的选择原则。
15. 刨床工作的基本内容有哪些?
16. 退火的目的是什么?
17. 什么叫配合公差? 怎样计算配合公差?
18. 蜗杆传动正确啮合的条件是什么?
19. 什么叫过定位? 什么叫欠定位?
20. 精基准的选择原则是什么?
21. 刨床常用的冷却液有哪几种?
22. 刨削常见的检测仪器有哪些?
23. 什么叫量具? 什么叫量仪?
24. 测量的实质是什么?
25. 什么叫钢的淬硬性?
26. 什么叫渐开线?
27. 机床的传动误差主要有哪些?
28. 在外圆磨床磨削时应采用何种切削液? 为什么?
29. 进行平面划线和立体划线时,分别确定几个基准? 为什么?
30. 如何确定刮削余量?
31. 在滚齿机上,为减小齿距积累误差可采用哪些方法?

32. 试解释变位齿轮。

33. 写出一般中碳钢齿轮的加工工艺过程。

34. 试述切削用量的选择一般原则。

35. 简述刨齿加工原理。

36. 为什么插齿机要进行让刀运动?

37. 试解释滚齿机工作台的径向、端面跳动超差并出现爬行现象的原因。

38. 刨齿机的刀架安装角对工件加工质量有什么影响? 正确的刀架安装角是根据什么计算出来的?

39. 防止电气设备漏电和意外触电危险的常用措施是什么?

40. 齿坯粗加工后正火或调质处理的目的是什么?

41. 一对斜齿圆柱齿轮正确啮合的条件是什么?

42. 齿轮齿圈径向跳动对啮合精度的影响有哪些?

43. 什么叫六点定位(完全定位)原理? 除完全定位外还有什么定位?

44. 在切削加工中,影响切削力的主要因素是什么?

45. 在万能分度头上可进行哪四种分度?

46. 精刨刀的选择原则是什么?

47. 在工作台上直接装夹刨削垂直面时,有哪三种装夹方法?

48. 加工台阶时,两连接面不清根或清根过量的原因是什么?

49. 用样板刀刨斜面适用于什么场合? 有哪些特点?

50. 简答刨削键槽时的划线方法。

51. 轴有哪三种装夹方法。

52. 从运动方式来看,龙门刨床与牛头刨床的区别是什么?

53. 操作牛头刨床应进行哪几项调整?

54. 牛头刨床常见故障产生的原因是什么?

55. 试述刨刀前角的作用。

56. 刨铸铁件时怎样选择刀具的角度?

57. 冷却润滑液的选择原则是什么?

58. 刨铸造黄铜时应怎样选择刀具角度?

59. 牛头刨床为什么工作行程比回程速度慢?

60. 夹具由哪些主要部分组成? 它们各自起着什么作用?

61. 在刨削大型燕尾斜镶条时,应保证哪些加工要求?

62. B665 型牛头刨床的调整包括哪些内容?

63. 牛头刨床的拍板与拍板座的接合面不平行或锥孔不垂直,对刨削加工有什么影响? 如何消除?

64. 牛头刨床加工中掉刀是由什么原因造成的? 应如何消除?

65. 牛头刨床的拍板起落不灵活是由什么原因造成的?

66. 在牛头刨床上刨削出的工件表面太粗糙或有明显的纹痕,属于机床方面的原因有哪些?

67. 刨削薄板时,防止变形的措施有哪些?

68. 简述斜镶条斜度的检验方法。

69. 简述展成法刨削渐开线直齿圆柱齿轮的原理。

70. 薄板的刨削方法是什么?

六、综 合 题

1. 已知一正方形的边长是 100 mm,求正方形外接圆的直径是多少?

2. 要在插床上插削六方孔,求分度方法。

3. 求尺寸 50G7($^{+0.034}_{+0.009}$)的公差和极限尺寸。

4. 说明图 1 刨床型号的组成意义。

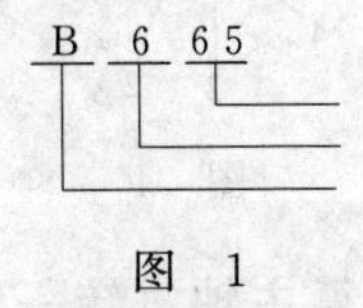

图 1

5. 在普通万能分度头上用角度分度法怎样计算?

6. 写出材料 T10A 钢的含义。

7. 写出图 2 中框格内各形位公差所表示的含义。

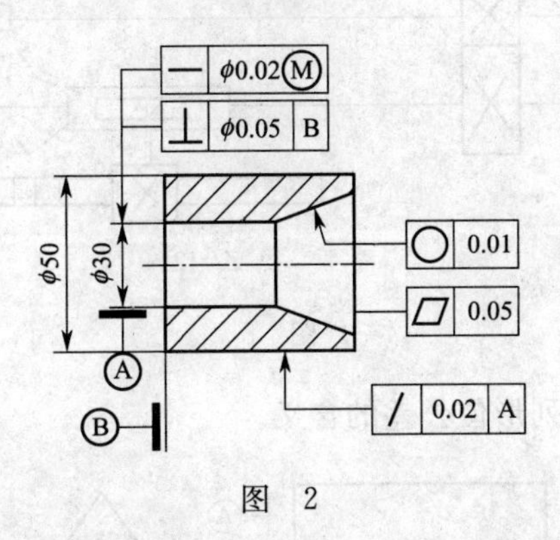

图 2

8. 在牛头刨床上刨削一件宽 $B=400$ mm 的平板,已知 $f=1$ mm/双行程,滑枕每分钟往复行程 $n=25$ 次,问刨削两刀共需多少机动时间?

9. 角度的计量单位有哪些?怎样换算?

10. 用正弦刨夹具刨削斜镶条,如图 3 所示,夹具的圆柱与转动轴中心距为 1 000 mm,斜镶条的斜度为 1∶50,问夹具圆柱需垫高多少毫米。

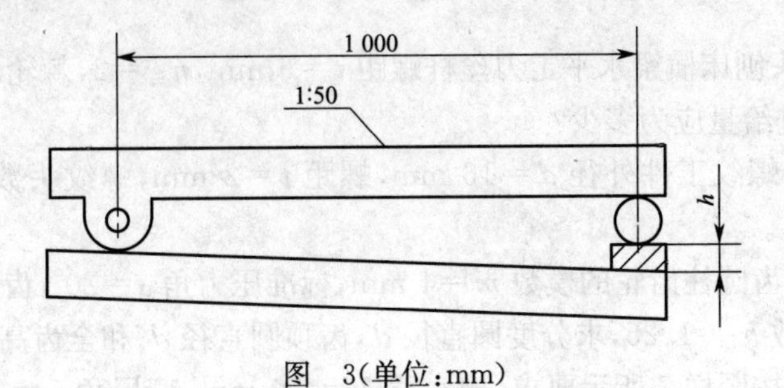

图 3(单位:mm)

11. 解释螺纹标记:M10×1-6H-S的含义。

12. 依照图4写出刨刀刀头各部分名称。

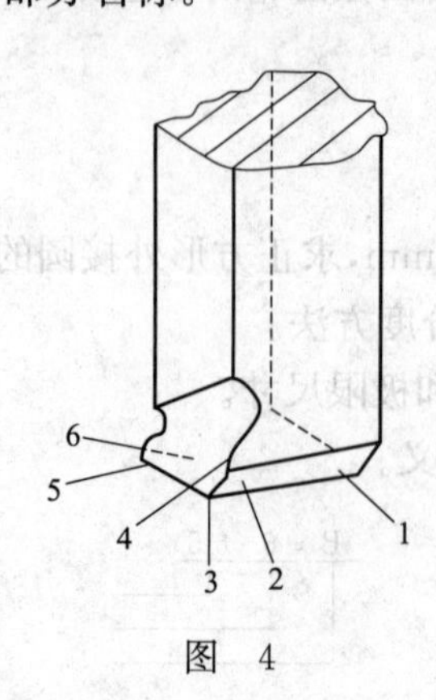

图 4

13. 如图5所示的传动系统,试计算主轴每转一转齿条所移动的距离,并判断其移动方向。

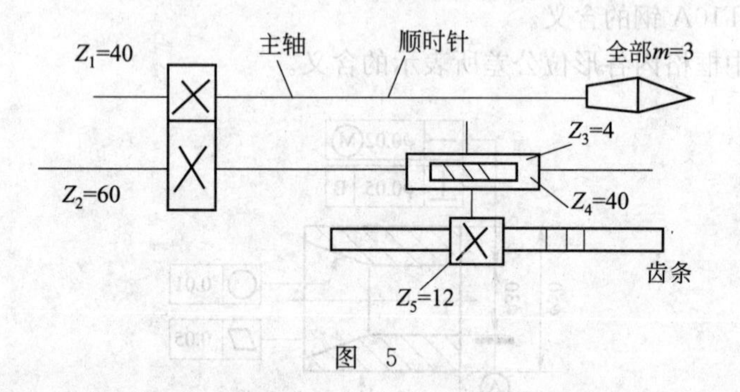

图 5

14. 如图6所示,解释下列形位公差的含义。

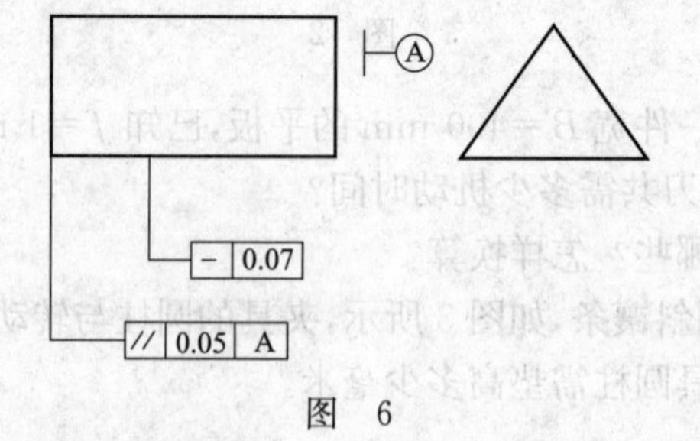

图 6

15. B665型牛头刨床横梁水平走刀丝杆螺距 $t=6$ mm,$n_{头}=2$,棘轮的总齿轮 $Z=36$,问棘爪跳过一个齿时进给量应为多少?

16. 已知一普通螺纹工件外径 $d=16$ mm,螺距 $t=2$ mm,螺纹头数 $n=2$,求螺纹内径 d_1,中径 d_2 和导程 L。

17. 已知标准直齿圆柱齿轮的模数 $m=4$ mm,标准压力角 $\alpha=20°$,齿数 $Z=64$,齿顶高系数 $h_a=1$,齿根高系数 $h_f=1.25$,求分度圆直径 d,齿顶圆直径 d_a 和全齿高 h。

18. 有一燕尾槽按图样7所示要求,槽底宽 $M=50$ mm,燕尾角 $\alpha=60°$,现用 $D=6$ mm

的圆柱棒检验工件,测量尺寸 $L=35$ mm,问此燕尾型工件是否刨得正确?相差多少?($\cot 60°=0.577\,3$,$\cot 30°=1.732$)

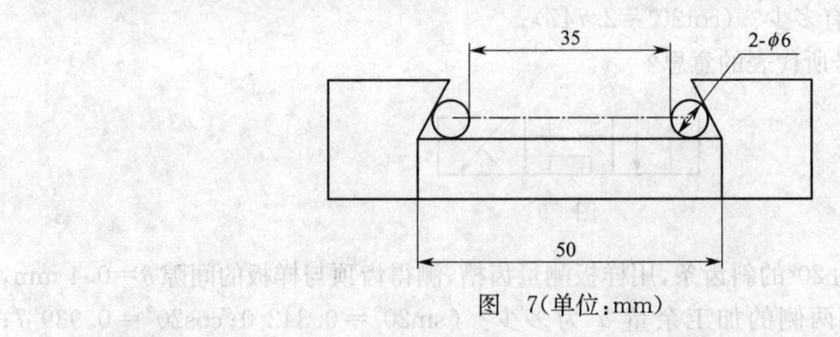

图 7(单位:mm)

19. 应用中心距 $a=100$ mm 的正弦规,测量斜角 $\alpha=2°$的圆锥体,问应垫 h 为多高的块规?($\sin 1°=0.0175$;$\sin 2°=0.035$;$\sin 4°=0.07$)

20. 已知燕尾槽的燕尾角 $\alpha=55°$,槽底尺寸 $M=91$ mm,槽深 $C=15$ mm,求槽顶宽 N 是多少?($\cot 55°=0.700\,21$)

21. 已知工件的大端尺寸 $H=17$ mm,小端尺寸 $h=12$ mm,工件长度 $L=250$ mm,试计算它的斜度 S。

22. 有一燕尾槽,经测量后,游标卡尺测得尺寸 $L=71.45$ mm,测量圆柱直径 $D=10$ mm,燕尾块夹角 $\alpha=50°$,问燕尾宽度尺寸 M 是多少?($\cot 25°=2.145$)

23. 如要将某工件作 35 等分,分度头上的定数为 40,已知分度盘可供选用的孔数为 49 和 28,试求分度头手柄的转数?

24. 在牛头刨床上加工 45 号钢工件,工件长度为 100 mm,所调的行程长度为 120 mm,现选定切削速度为 16.5 m/min,求每分钟往复行程次数。

25. 正五边形的外接圆半径 R 为 15 mm,弦长系数 K 为 1.175 6,试计算五边形等分点的长度。

26. 在牛头刨床上刨削铸铁件,工件长度为 120 mm,现调整机床的行程长度为 140 mm,选用滑枕每分钟往复行程次数为 50,求刨削速度 v 是多少?

27. 牛头刨床工作台的横向进给丝杆,其导程为 5 mm,与丝杆轴联动的棘轮齿数为 40 齿,问棘轮的最小转动角度和该刨床的最小横向进给是多少?

28. 测得一损坏的标准直齿圆柱齿轮,齿顶圆直径为 90.7 mm,齿数 $Z=24$,试求该齿轮的模数及分度圆直径?

29. 已知 ϕ90G6 基本偏差 $EI=+0.012$ mm,$T=0.022$ mm,用计算方法求 $ES=$? 并把极限偏差标在已给尺寸上。

30. 根据主、俯视图 8,画出左视图。

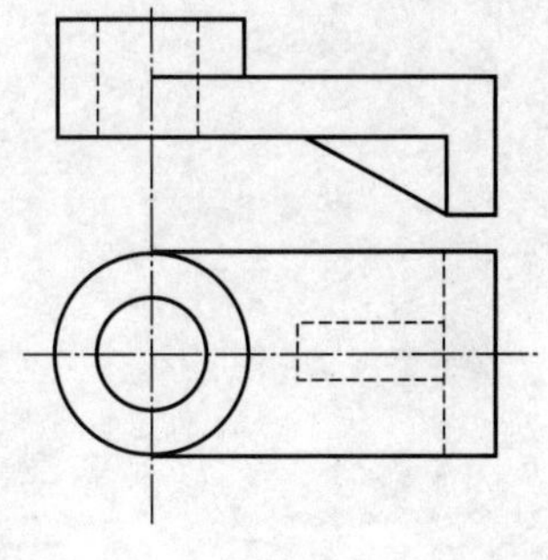
图 8

31. 分度头怎样进行单式分度?

32. 用 YG_8 的硬质合金刨刀加工长×宽=300 mm×100 mm的铸铁平面,加工余量为5 mm,选用 $v=25$ m/min,$f=0.67$ mm/往复行程,$t=3$ mm,两端越程为 30 mm,分两次走刀刨成,需要多少机动时间?[公式:$T_{机}=\dfrac{B\times i}{n\times f}$(分),其中 B——

工件上刨削宽度，i——走刀次数]

33. 刨削一压力角为 20°的齿条，作样板测量齿槽，测得齿顶与样板的间隙 σ=0.412，问齿厚两面的加工余量 a 尚有多少？（cot20°=2.747）。

34. 说明图 9 中符号所代表的意思？

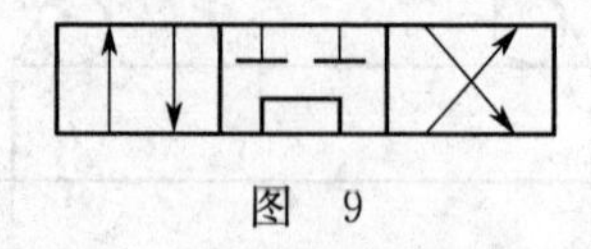

图 9

35. 刨削一压力角为 20°的斜齿条，用样板测量齿槽，测得齿顶与样板的间隙 δ=0.4 mm，如图 10 所示，计算齿厚两侧的加工余量 a 为多少？（sin20°=0.342 0；cos20°=0.939 7；tan20°=0.364 0；cot20°=2.747 3）

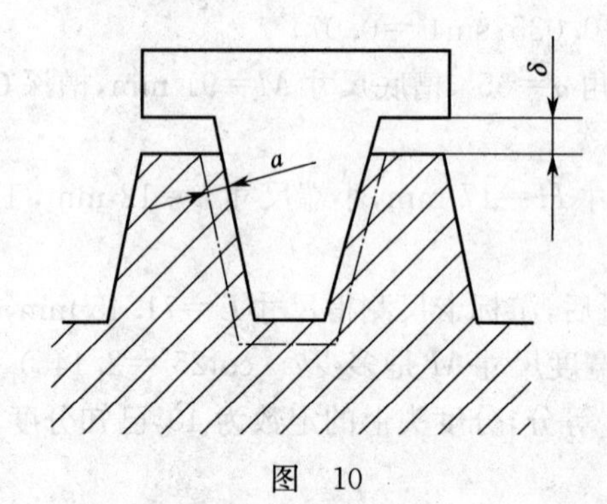

图 10

刨插工(中级工)答案

一、填 空 题

1. 移动　2. 装配单元系统　3. 装配顺序　4. 机外振源
5. 地基　6. 相配的轴　7. 表面粗糙度和平面度
8. V 面或正面　9. 圆　10. 椭圆　11. 主视、俯视、左视
12. 低温长时间　13. 摩擦力　14. 执行部分　15. 执行元件
16. 理想几何参数　17. 基准位移　18. 磨损　19. 封闭
20. 最小极限　21. 最大极限　22. 加工　23. 角度线
24. $\sum I_{入}=\sum I_{出}$　25. 小于　26. 定子和转子　27. 发送
28. 参考点　29. 用电　30. 维修　31. 清洁
32. 0.02 s　33. 热继电器　34. 电磁工作台　35. 实际要素
36. 圆柱形　37. 使用性能和寿命　38. 基准线　39. 三个
40. 可见轮廓　41. 其余　42. 代数差　43. 位置
44. 间隙或过盈　45. 坐标图　46. 基轴制　47. 基本尺寸
48. 20　49. 28　50. 公差等级符号　51. 高速钢
52. 高的红硬性　53. 钨钴类　54. 几何　55. 位置
56. 最大　57. 最大值　58. 相变磨损　59. 后刀面
60. 前刀面　61. 刀具几何形状正确　62. 丧失切削
63. 加工斜齿用的斜齿插齿刀　64. 主轴中心线　65. 游标卡尺
66. 可调节卡钳　67. 量具和量仪　68. 假想平顶　69. 机床几何中心
70. 摇台中心线　71. 安装角　72. 精切齿的精度　73. 重合
74. 差动分度法　75. 磨损　76. 装夹　77. B5032
78. 曲柄连杆　79. 工作台　80. 主运动　81. 样板
82. 成形　83. 高速　84. 工作台　85. 大型
86. 弯头刀　87. 硬质合金　88. 弹性　89. 尺寸线
90. 工件　91. 工件　92. 崩碎　93. 刨刀
94. 副偏角　95. 刃倾角过小　96. 乳化液　97. 渐开线
98. 范成　99. 机械夹固式　100. 刀头　101. YG 类
102. 硬度　103. 淬火　104. 前后刀面同时　105. 太大
106. 中小　107. 500 mm　108. 刀头太尖　109. 垂直

110. 刨刀的间歇移动　111. 立柱导轨　112. 进给量
113. 间隙大　114. 振动声响　115. 平行度　116. 不均匀
117. 薄形工件　118. 容易变形　119. 矫平矫直　120. 高速钢
121. 切削热　122. 变形　123. 夹紧力　124. 变形
125. 大一些　126. 8°～10°　127. 厚度尺寸　128. 配合间隙
129. 直镶条　130. 斜度　131. 矩形　132. 使用寿命
133. 大端　134. 滑枕行程　135. 长度尺寸　136. 角度方向
137. 大小端　138. 产生振动　139. 孔径　140. 花键轴
141. 三角形　142. 工件中心　143. 滑枕行程　144. 圆头形
145. 游标卡尺　146. 专用塞规　147. 曲面零件　148. 平行
149. 机动或手动　150. 退回原位　151. 啮合　152. 垂直
153. 分度圆　154. 改装刨床　155. 垂直进给　156. 转盘中心
157. 刀架转盘中心　158. 工件材料　159. 减小　160. 中
161. 优质　162. 碳素结构钢　163. 1.2％　164. 合金结构钢
165. 2.11％　166. 白口　167. 黄　168. 硬度
169. 洛氏硬度　170. 保温　171. 渗碳　172. 2.11％
173. 235　174. 外力　175. 161HBS～230HBS

二、单项选择题

1. A　2. D　3. B　4. B　5. C　6. C　7. A　8. B　9. B
10. A　11. C　12. B　13. B　14. D　15. B　16. C　17. A　18. B
19. A　20. B　21. A　22. B　23. D　24. B　25. C　26. C　27. B
28. A　29. B　30. C　31. D　32. D　33. A　34. C　35. D　36. A
37. A　38. B　39. D　40. B　41. D　42. C　43. B　44. B　45. D
46. A　47. C　48. D　49. A　50. B　51. C　52. A　53. C　54. C
55. C　56. B　57. A　58. C　59. C　60. A　61. C　62. B　63. A
64. C　65. B　66. B　67. A　68. A　69. D　70. B　71. D　72. C
73. A　74. C　75. B　76. C　77. C　78. B　79. C　80. B　81. A
82. B　83. A　84. B　85. D　86. C　87. A　88. C　89. A　90. B
91. C　92. A　93. C　94. D　95. C　96. A　97. A　98. A　99. C
100. C　101. A　102. B　103. B　104. C　105. A　106. B　107. B　108. A
109. B　110. A　111. A　112. A　113. B　114. C　115. A　116. A　117. A
118. C　119. A　120. A　121. A　122. B　123. A　124. C　125. A　126. B
127. C　128. B　129. C　130. B　131. C　132. B　133. A　134. C　135. B
136. B　137. A　138. B　139. C　140. B　141. B　142. B　143. C　144. C
145. C　146. A　147. B　148. B　149. A　150. B　151. A　152. B　153. A
154. C　155. B　156. A　157. B　158. A　159. B　160. B　161. C　162. A
163. B　164. C　165. C　166. B　167. B　168. C　169. A　170. B　171. B
172. B　173. A　174. C　175. C

三、多项选择题

1. ABC　2. ABCD　3. ABCD　4. BCD　5. ABCD　6. ABCD　7. ABCD
8. ABD　9. ABCD　10. BC　11. ABCD　12. BC　13. ACD　14. BCD
15. ABC　16. BCD　17. ACD　18. ABC　19. BCD　20. ACD　21. ABCD
22. ABD　23. BD　24. CD　25. AC　26. ABD　27. ACD　28. ACD
29. ABC　30. BCD　31. ABCD　32. ABCD　33. AB　34. BCD　35. ABC
36. ABC　37. ABC　38. ABC　39. ABCD　40. ABC　41. ACD　42. ABC
43. ABD　44. ABC　45. BC　46. AB　47. ABC　48. CD　49. AB
50. ABCD　51. ABD　52. ABD　53. ABCD　54. ABC　55. ABC　56. ABC
57. ACD　58. ABC　59. ABC　60. CD　61. ABCD　62. ABCD　63. AD
64. ABC　65. ABD　66. ABC　67. ABD　68. BD　69. ABCD　70. ABCD
71. ABCD　72. ABC　73. ABD　74. ABCD　75. ABCD　76. ABD　77. ABCD
78. ABD　79. AD　80. ABCD　81. AC　82. BC　83. ABC　84. ACD
85. ACD　86. ABC　87. ABCD　88. ABCD　89. ABC　90. ABD　91. ABCD
92. ABC　93. AB　94. AD　95. ABCD　96. AB　97. ABD　98. ABC
99. ABCD　100. ABD　101. ABC　102. ABCD　103. ABCD　104. ABCD　105. ABCD
106. ABCD　107. ABCD　108. ABC　109. ABCD　110. ABC　111. AC　112. ABCD
113. AD　114. ABD　115. BD　116. AD　117. ACD　118. ABCD　119. ABCD
120. ABC　121. BCD　122. ACD　123. ABCD　124. ABCD　125. ACD　126. ABCD
127. BC　128. CD　129. ABCD　130. ABCD　131. ABC　132. ABC　133. ABCD
134. ABCD　135. BD　136. ABCD　137. ABCD　138. ACD　139. ABCD　140. ABD
141. BCD　142. ABCD　143. ABCD　144. ABCD　145. ABCD　146. ABCD　147. ABCD
148. ABC　149. BCD　150. ABCD　151. ABCD　152. ABCD　153. ABC　154. AB
155. ABC　156. ABD　157. BCD　158. ABCD　159. ABCD　160. ABCD　161. ABCD
162. ABCD　163. ABCD　164. ABCD

四、判 断 题

1. ×　2. √　3. √　4. ×　5. √　6. ×　7. √　8. √　9. ×
10. ×　11. √　12. √　13. √　14. ×　15. ×　16. ×　17. ×　18. ×
19. ×　20. √　21. ×　22. ×　23. √　24. ×　25. √　26. √　27. √
28. ×　29. ×　30. √　31. √　32. √　33. √　34. ×　35. ×　36. √
37. √　38. √　39. ×　40. √　41. ×　42. √　43. ×　44. ×　45. √
46. √　47. √　48. ×　49. √　50. ×　51. √　52. √　53. ×　54. √
55. √　56. √　57. ×　58. √　59. √　60. √　61. ×　62. √　63. √
64. √　65. √　66. √　67. √　68. √　69. ×　70. ×　71. ×　72. ×
73. √　74. √　75. ×　76. √　77. ×　78. √　79. ×　80. ×　81. √
82. √　83. √　84. √　85. √　86. ×　87. √　88. √　89. √　90. √
91. ×　92. ×　93. ×　94. ×　95. ×　96. ×　97. ×　98. √　99. √

100. √ 101. √ 102. √ 103. √ 104. √ 105. √ 106. √ 107. √ 108. √
109. × 110. √ 111. × 112. × 113. √ 114. × 115. × 116. √ 117. ×
118. × 119. √ 120. √ 121. √ 122. × 123. √ 124. √ 125. √ 126. √
127. √ 128. √ 129. × 130. √ 131. √ 132. × 133. √ 134. × 135. √
136. √ 137. × 138. √ 139. √ 140. √ 141. √ 142. √ 143. × 144. √
145. × 146. × 147. √ 148. √ 149. × 150. √ 151. √ 152. √ 153. √
154. × 155. × 156. × 157. × 158. √ 159. √ 160. × 161. × 162. ×
163. × 164. √ 165. √ 166. × 167. √ 168. √ 169. × 170. √ 171. ×
172. × 173. √ 174. √ 175. × 176. √ 177. √ 178. √ 179. × 180. ×

五、简 答 题

1. 答:应具备:(1)劳动合同期限(0.5 分)。(2)工作内容(0.5 分)。(3)劳动保护和劳动条件(0.5 分)。(4)劳动报酬(0.5 分)。(5)劳动纪律(0.5 分)。(6)劳动合同终止的条件(0.5 分)。(7)违反劳动合同的责任(1 分)。(8)当事人还可以协商约定其他内容(1 分)。

2. 答:全面质量管理的内容主要有下列四个方面:(1)从管理范围来看,各部门每个人都参加管理,全员管理(2 分)。(2)应用数理统计方法,预防废次品的产生(1 分)。(3)应用“PDCA”循环,寻找矛盾解决矛盾(1 分)。(4)充分发挥专业技术和管理技术的作用(1 分)。

3. 答:车间生产管理就是对车间生产活动的管理,包括车间主要产品生产的技术准备、制造、检验,以及为保证生产正常进行所必须的各项辅助生产活动和生产服务工作(5 分)。

4. 答:孔的尺寸减去与它相配合的轴的尺寸所得的代数差为正时称为间隙(5 分)。

5. 答:将钢淬火后进行高温回火,这种双重热处理操作称调质处理(5 分)。

6. 答:按照一对齿轮变位系数的不同,可以将齿轮传动分为标准齿轮传动、高度变位齿轮传动和角度变位齿轮传动(5 分)。

7. 答:表面粗糙度的大小对齿轮传动时的齿轮寿命和噪声大小有很大影响(5 分)。

8. 答:(1)滚刀刃磨质量不高,径向跳动大、刀具磨损,未夹紧而产生振动(2 分);
(2)切削用量选择不正确(1 分);
(3)夹具刚性不好(1 分);
(4)切削瘤的存在(1 分)。

9. 答:机件具有对称平面时,可以以对称中心线为边界,一半画成剖视,另一半画成普通视图(5 分)。

10. 答:力的三要素是指力的大小,力的作用点,力的方向(5 分)。

11. 答:互换性是指在同一规格的一批零件或部件中,任取其中之一,不需要任何挑选或加修配,就能装在机器上,并达到规定性能要求的技术特性(5 分)。

12. 答:基孔制是基本偏差为一定的孔的公差带,与不同基本偏差轴的公差带形成各种配合的一种制度(2.5 分)。基轴制是基本偏差为一定的轴的公差带,与不同基本偏差孔的公差带形成各种配合的一种制度(2.5 分)。

13. 答:公差是指允许尺寸的变动量,也等于上偏差与下偏差代数差的绝对值。而偏差是指某一尺寸(包括极限尺寸和实际极限尺寸)减基本本尺寸所得的代数差(2 分)。因为极限尺寸或实际尺寸之值可能大于、小于或等于基本尺寸,所以偏差可以为正值、负值或零值,而公差规定正好与偏差相反，公差没有正负的含义，因此公差值的前面不应出现“+”或“-”号(3分)。

14. 答：由实践可知，影响刀具寿命最大的是切削速度，其次是进给量，最小的是切削深度(2分)。所以选择切削用量的次序是：首先选择大的切削深度，当切削深度受到其他因素限制时，再尽可能选大的进给量，当进给量受到其他因素限制时，最后取较大的切削速度(3分)。

15. 答：刨床工作的基本内容是：刨削平面、垂直面、台阶、沟槽、斜面、燕尾形、T形槽、V形槽、曲面、齿条、复合表面及孔内刨削等(5分)。

16. 答：退火的目的是：降低材料硬度，提高塑性、改善切削加工性和压力加工性；细化晶粒，调整组织，改善机构性能；消除前一道工序产生的残余应力，为淬火作组织上的准备(5分)。

17. 答：允许间隙或过盈的变动称为配合公差(1分)。配合公差对间隙配合，等于最大间隙与最小间隙之代数差的绝对值(1分)；对过盈配合，等于最小过盈与最大过盈代数差的绝对值(1分)；对过渡配合，等于最大间隙与最大过盈之代数差的绝对值(1分)。配合公差又等于相互配合的孔公差与轴公差之和(1分)。

18. 答：蜗杆的轴向模数m_{x1}应等于蜗轮的端面模数m_{t2}，即$m_{x1}=m_{t2}=m$(2分)；蜗杆的轴向压力角α_{x1}应等于蜗轮的端面压力角α_{t2}，即$\alpha_{x1}=\alpha_{t2}=\alpha$(2分)。另外，蜗杆的导程角$\gamma$应等于蜗轮分度圆柱上的螺旋角$\beta$，且两者的旋向相同，即$\gamma=\beta$(1分)。

19. 答：定位元件重复限制工件上某一自由度的定位，称为过定位(2.5分)。定位元件所能限制的自由度数，少于按加工工艺要求所需限制的自由度数的定位情况称为欠定位(2.5分)。

20. 答：其原则：尽量采用设计基准或装配基准作为定位基准(1分)；尽量使定位基准与测量基准重合(1分)；尽量使各个工序的定位基准统一(1分)；应选择精度高、尺寸大、形状简单的表面作定位基准(2分)。

21. 答：常用的冷却液是：煤油、乳化液、硫化油等(5分)。

22. 答：常见的检测仪器有百分表，杠杆百分表，千分表、杠杆千分表、比较仪、外径百分尺、杠杆千分尺、水平仪和光学仪器等(5分)。

23. 答：通常把没有传动放大系统的测量工具称为量具，如游标卡尺、直角尺和量规等(2.5分)；把具有传动放大系统的测量器具称为量仪，如机械比较仪、测长仪和投影仪等(2.5分)。

24. 答：测量的实质是被测量的参数同标准量进行比较的过程(5分)。

25. 答：钢在正常的淬火条件下所能获得的最高硬度值称为钢的淬硬性(5分)。

26. 答：一条直线在一个定圆上作无滑动的滚切时，直线上的点的轨迹称为渐开线(5分)。

27. 答：机床的传动误差主要有齿轮副的传动误差、丝杆螺母传动副的传动误差和蜗杆蜗轮传动副的误差(5分)。

28. 答：应采用乳化剂(2分)。磨削加工温度高，会产生大量的细屑及脱落的砂粒，要求切削液有良好的冷却性能和清洗性能，所以常用乳化液(3分)。

29. 答：平面划线时，一般要划两个相互垂直的线条(1分)；而立体划线时一般要划三个互相垂直的线条(1分)。因为每划一个方向的线条，就必须确定一个基准，所以平面划线时要确定两个基准，立体划线时要确定三个基准(3分)。

30. 答:由于每次刮削只能刮去很薄的一层金属,刮削操作的劳动强度又很大,所以要求工件在机械加工后留下的刮削余量不宜太大,一般为 0.03～0.4 mm(5 分)。

31. 答:减小齿距积累误差可采用以下方法:调整工作台间隙,刮研工作台主轴,刃磨刀具以减小刀具的齿距积累误差,检查工件安装和工作台回转是否有几何偏心(5 分)。

32. 答:变位齿轮是一种非标准齿轮,是在加工齿形时改变刀具对齿坯的相对位置而切出的齿轮(5 分)。

33. 答:锻→粗加工齿坯→热处理(调质)→半精加工齿坯→粗加工齿形→热处理(淬火)→精加工齿坯→精加工齿形(5 分)。

34. 答:首先选择尽量大的背吃刀量,其次选取一个大的进给量,最后在刀具寿命、机床功率条件许可下,选择合理的切削速度。(5 分)

35. 答:刨齿是根据两直齿锥齿轮的啮合原理,即两轮的圆锥在同一平面内的两相交轴传递运动时作纯滚动,而采用一个假想冠形齿轮,即假想齿轮或假想平顶齿轮与被切锥齿轮作无间隙啮合来加工齿形(5 分)。

36. 答:插齿刀在上下往复运动中,向下是切削,向上是空行程(2 分)。为避免插齿刀擦伤已加工的齿廓表面,同时减少插齿刀的刀齿磨损,插刀需要有一个让刀运动,以满足上述要求(3 分)。

37. 答:可能的原因有:(1)工作台与工作台壳体接触不良,工作台受撞产生中心偏移,锥导轨副和环导轨副配合不好(3 分);(2)润滑不良(2 分)。

38. 答:刀架安装角将影响工件齿形由大端向小端的收缩量,影响接触面位置沿齿长方向的变化(3 分)。正确的安装角是根据工件齿厚计算出来的(2 分)。

39. 答:接地与接零是防止电气设备漏电或意外地触电而造成触电危险的重要安全措施(5 分)。

40. 答:齿坯粗加工后正火或调质处理是提高齿轮切削性能和综合机械性能、消除内应力、改善金相组织及减小最终热处理变形等所采取的有效手段(5 分)。

41. 答:一对斜齿圆柱齿轮正确啮合的条件是:两轮法向模数及法向压力角应分别相等,两轮分度圆上的螺旋角大小相等、方向相反(5 分)。

42. 答:齿轮齿圈径向跳动会造成齿轮的几何偏心,从而使节圆半径变化,造成齿轮副传动变化,影响传递运动的准确性(5 分)。

43. 答:工件在空间有六个自由度,用六个支承点来消除六个自由度,使工件的位置完全固定就叫六点定位原理(3 分)。除完全定位外还有部分定位,重复定位和欠定位(2 分)。

44. 答:主要因素有以下三点:(1)工件材料.工件材料的性能不同,切削时的切削力也不同,如工件材料的强度和硬度越高,则切削力越大,但同一种材料的制造方法不同,切削力也不同(2 分);(2)切削用量,切削深度和进给量加大,但两者的影响程度不同,前者大于后者(1 分);(3)刀具影响较大,当前角增大时,切削变形较小,因而使切削力下降,主偏角对吃刀抗力 F_y 与走刀抗力 F_x 的影响较大(2 分)。

45. 答:在万能分度头上可进行直接分度、简单分度、角度分度和差动分度四种。(5 分)

46. 答:应在保证工件质量的前提下,尽可能让刀具锋利些(2 分)。

(1)前角取大值,以降低表面粗糙度(1 分);

(2)后角取大些,减少刨刀和工件的摩擦(1 分);

(3)刀尖处磨出修光刃,提高表面质量(1分)。

47. 答:(1)工件的加工面对准T形槽(1.5分);(2)工件加工面露出工作台的侧面(1.5分);(3)用平行垫铁把工件垫起来(2分)。

48. 答:不清根是由于垂直进给或横向进给时没有走到底就退刀而造成的。清根过量是由于垂直进给或横向进给过量而造成的(5分)。

49. 答:当工件的斜面很窄而加工要求又较高时,可采用样板刀加工(2分)。用样板刀加工斜面,操作方便,生产效率高,加工质量好,但是样板刀的刃磨要正确,进给量一定要小(3分)。

50. 答:(1)把工件安装在V形铁上,用划线盘找正工件,使它平行于划线台,在轴端中心轻轻划一条平行于划线台的线(2分);(2)把工件转动180°,划针高度不变,再轻划一条线,当两线重合时,说明划针高度与轴中心等高(1.5分);(3)在圆柱面上划出中心线,然后划出槽宽线、槽深线和不通孔端的加工线(1.5分)。

51. 答:(1)在平口钳上装夹(1.5分);(2)在工作台上用V形块定位装夹(2分);(3)在工作台上装夹(1.5分)。

52. 答:龙门刨床的主运动是工作台做直线往复运动;刨刀沿横向或垂直方向做间歇移动是进给运动(3分)。而牛头刨床的主运动是刨刀在水平方向做往复直线运动,进给运动是工作台的间歇横向移动(2分)。

53. 答:应进行滑枕行程长度的调整(1分);滑枕起始位置的调整(1分);滑枕行程速度的变换(1分);工作台水平进给的调整(1分);工作台垂直方向的调整及刀架的调整等(1分)。

54. 答:牛头刨床产生故障的原因是:大齿轮精度差啮合不良(1分);压板接触不良或压得过紧(1分);摆杆上下十字头不平行和不垂直(1分);滑枕导轨接触不良和方滑块孔与摆杆不垂直(1分);滑枕移动至工作台前端时,滑枕受力而产生挠度或滑枕与床身导轨的接触不良等原因(1分)。

55. 答:前角的作用是减少切屑变形,使刨刀锋利,容易切下切屑,减少切屑与刨刀前面的摩擦,并能降低切削力和动力的消耗(5分)。

56. 答:因为铸件表面有带型砂的硬皮、氧化层和局部白口铁,内部可能有砂眼、气孔,疏松等缺陷,会影响刨刀的耐用度;应选较小的前角($r=0°\sim10°$);又因为铁屑呈崩碎状,为了增加散热面积,应选较小的主偏角($\psi=75°\sim45°$)并应适当加大后角($\alpha=6°\sim12°$)(5分)。

57. 答:刨削青铜、铸铁时一般不加冷却润滑液,粗刨时,表面粗糙度要求不高,但切削温度高,一般选水溶液;用硬质合金刨刀加工时为了避免产生裂纹,不用冷却润滑液(5分)。

58. 答:由于铸造黄铜存在气孔,疏松等缺陷,当刀具刨到缺陷处时,由于切削力突然减少或消失,很容易出现"扎刀"现象,所以一般前角α为$0°\sim10°$,后角α为$4°\sim8°$(3分)。又因为铸黄铜导热性较好,热量大部分被切屑和工件传递出去,所以一般主偏角ψ为$60°\sim75°$(2分)。

59. 答:因为牛头刨床的往复直线运动是利用曲柄摇杆机构实现的。曲柄摇杆机构是有"急回运动"的性能。当摇杆齿轮转一转;滑枕往复一次。因为工作行程摆杆齿轮转过的角度比回程转过的角度大,也就是说;工作行程所用的时间比回程所用的时间要长,而工作行程和回程所走的距离是相等的,所以工作行程比回程速度慢,而回程速度比工作行程速度快(5分)。

60. 答:夹具有定位元件、夹紧装置、对定元件和夹具体这四个主要部分组成(1分)。其各自作用是:(1)定位元件(或装置)用于实现工件—夹具中的正确位置;(1分)(2)夹紧装置(包括动力装置)用于夹紧工件,使工件的既定位置不变(1分);(3)对定元件(或装置)用以实际刀具对夹具和正确位置的调整,并保证夹具对机床的正确位置(1分);(4)夹具体用于将上述三部分以及其他辅助装置连接成一套完整夹具(1分)。

61. 答:应保证如下加工要求:(1)与导轨相接触的两平面有良好的平直度和粗糙度(1.5分);(2)刨削镶条斜面时,应保证斜度的精确性(1.5分);(3)刨削两侧角度时,应保证角度面的方向和角度准确性(2分)。

62. 答:滑枕行程长度调整(1分);滑枕行程位置的调整(1分);滑枕行程速度的调整(1分);工作台的横向走刀的调整(1分);工作台垂直方向的调整(1分)。

63. 答:会造成机床拍扳起落不灵敏或阻滞(2分)。排除方法:修刮拍板的接合面或铰锥孔,配锥销(3分)。

64. 答:造成原因:(1)刀架滑板坚固,螺钉失效(1分);(2)刀架丝杠与螺母间隙过大(1分)。排除方法:(1)调换刀架溜板,坚固螺钉或修整(1.5分);(2)按丝杠配换螺母(1.5分)。

65. 答:(1)拍板锥孔与锥销配合过紧(2分);(2)拍板与拍板座的接合面不平行或锥孔不垂直(3分)。

66. 答:(1)滑枕移动方向与摇杆摆动方向不平行(1分);(2)滑枕压板间隙过大(0.5分);(3)大齿轮精度差,啮合不良(1分);(4)刀架部分松动或接触精度差(0.5分);(5)横梁、工作台溜板、工作台三者之间接触刚度差(1分);(6)拍板锥孔与锥销配合间隙过大(1分)。

67. 答:(1)选用正确的装夹方法(1分);(2)合理选择刨刀材料和几何形状(1分);(3)合理选择切削用量(1分);(4)薄板的两个平面应反复交替加工(1分);(5)平面宽度较大时,粗刨可以从中间开始吃刀并向两边进给(1分)。

68. 答:斜度的检验有两种方法:一种是将斜镶条放在标准的斜度垫铁上,用百分表检验镶条的上平面是否平行,如平行即说明斜度正确(2.5分)。另一种方法,如果是修配一根斜镶条,可以将报废镶条放在平板上,加工的斜镶条放在废镶条上,再用百分表检验平行度是否正确(2.5分)。

69. 答:在直齿圆柱齿轮与齿条的啮合中,如果将齿条固定不动,则齿轮在转动时,必同时沿齿条节线作直线运动,这就相当于齿轮的节圆在齿条的节线上作纯滚动。如果将刨刀的刃形做成齿条端面的齿形,在作往复运动切削时,形成的轨迹就相当于齿条的齿形,配合工件按纯滚动关系相对刀具运动,便能加工出渐开线齿形来(5分)。

70. 答:首先矫平矫直毛坯;选择一个较平的面做粗基准装夹,粗加工第一面;在平板上将已加工过的面矫平矫直并作基准,刨第二面;将加工好的第二面矫平矫直并为基准精刨第一面;以第一面为基准半精刨第二面;将半精刨好第二面为基准,精刨第一面,再以精刨好的第一面为基准,精刨第二面(5分)。

六、综 合 题

1. 解:因为该正方形的对角线就是该正方形的外接圆的直径,所以应用勾股定理(3分):

外接圆直径 $D=\sqrt{a^2+a^2}=\sqrt{2a^2}=\sqrt{2}\cdot a=1.414\times100=141.4$(mm)(5分)。

答:外接圆的直径为 141.4 mm(2分)。

2. 解:$n=40/Z=40/6=6\dfrac{2}{3}=6\dfrac{28}{42}$(圈)(8分)。

答:即每次分度手柄除了转 6 圈外,还要在 42 孔的孔圈上再转 28 个孔间距(2分)。

3. 解:$T_h=|ES-EI=|0.034-0.009|=0.025$ mm(3分)。

$D_{max}=D+ES=50+0.034=50.034$ mm(3分)。

$D_{min}=D+EI=50+0.009=50.009$ mm(3分)。

答:公差为 0.025 mm,极限尺寸最大为 50.034 mm,最小为 50.009 mm(1分)。

4. 答:

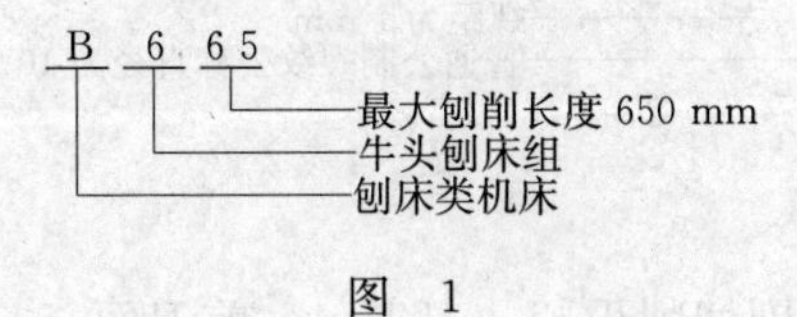

图 1

共 10 分。

5. 解:由公式 $n=\dfrac{Q'}{9^\circ}$(转)

式中:n——手柄的转数;

Q'——工件应转的角度,以"度"为单位实际操作时,

按上式标出小数后,查"角度分度表"来确定 n 值。

共 10 分。

6. 答:

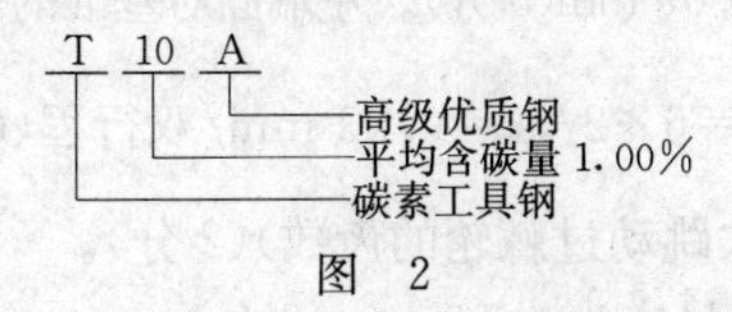

图 2

共 10 分。

7. 答:

公差框格	说明
— | ϕ0.02Ⓜ	:ϕ30内孔轴线的直线度误差不大于ϕ0.02mm
▱ | 0.05	:右端面的平面度误差不大于0.05mm
○ | 0.01	:内锥面的圆度误差不大于0.01mm
↗ | 0.02 | A	:外圆柱面对ϕ30内孔轴线的圆跳动不大于0.02mm
⊥ | ϕ0.05 | B	:ϕ30内孔轴线对左端面的垂直度误差不大于ϕ0.05mm

图 3

共 10 分。

8. 解:$T=\dfrac{B}{nf}\cdot i=\dfrac{400}{25\times1}\times2=32$(min) i——走刀次数(8分)。

答：刨削两刀共需 32 min(2 分)。

9. 答：用度、分、秒表示：1 周$=360°$，$1°=60'$，$1'=60''$(10 分)。

10. 解：$\tan\alpha=K=1:50=0.02$(2 分)。

$\alpha=1°9'$(2 分)。

$h=L\times\sin\alpha=L\times\sin1°9'=1\,000\times0.02=20$ mm(4 分)。

或 $h=KL=1/50\times1\,000=20$ mm(4 分)。

答：圆柱应垫高 20 mm(2 分)。

11. 答：

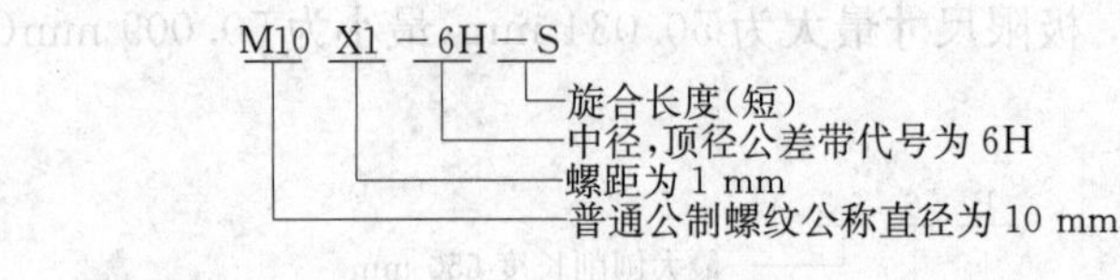

图 4

共 10 分。

12. 答：1—副后力面；2—副切削刃；3—刀尖；4—前刀面；5—主切削刃；6—后刀面。共 10 分。

13. 解：

$$S_{2移}=1\times\frac{Z_1}{Z_2}\times\frac{Z_3}{Z_4}\times\pi\times mZ=1\times\frac{40}{60}\times\frac{4}{40}\times3.14\times3\times12$$

$=7.54$(mm)(6 分)。

齿条向右移动(2 分)。

答：主轴每转一转齿条所移动的距离为 7.54mm，向右移动(2 分)。

14. 答：纵线直线度公差为 0.07 mm(5 分)。左端面对基准的平行度公差为 0.05 mm(5 分)。

15. 解：进给量 $f=\frac{Z_n}{Z}\cdot L=6\times2/36=0.33$ mm/双行程(6 分)。

(其中：Z——棘爪摆动一次跳动过棘轮的齿数)(2 分)。

答：棘爪跳过一个齿时进给量应为 0.33 mm(2 分)。

16. 解：$d_1=d-1.08t=16-1.08\times2=13.84$(mm)(3 分)。

$d_2=d-0.65t=16-0.65\times2=14.7$(mm)(3 分)。

$L=nt=2\times2=4$(mm)(3 分)。

答：螺纹内径为 13.84 mm，中径为 14.7 mm，导程为 4 mm(1 分)。

17. 解：$d=m\cdot Z=4\times64=256$(mm)(3 分)。

$d_a=m(Z+2)=4\times(64+2)=264$(mm)(3 分)。

$h=2.25m=4\times2.25=9$(mm)(3 分)。

答：分度圆直径为 256 mm，齿顶圆直径为 264 mm，全齿高为 9 mm(1 分)。

18. 解：设测得槽底宽为 M'

$$M'=L+D(1+\cot\frac{\alpha}{2})$$

$=35+6\times(1+\cot30°)$

$=35+6\times(1+1.732)=51.392$(mm)(6 分)。

$M'-M=51.392-50=1.392(\text{mm})$(2分)。

答:此燕尾槽刨得不正确,槽底尺寸大1.392 mm(2分)。

19. 解:$h=a\cdot\sin^2\alpha=100\times\sin4°=100\times0.07=7(\text{mm})$(9分)。

答:正垫7 mm高的块规(1分)。

20. 解:$N=M-2c\cot\alpha=91-2\times15\times\cot55°$

$=91-2(15\times0.700\,21)=70(\text{mm})$(9分)。

答:槽顶宽70mm(1分)。

21. 解:$S=\dfrac{H-h}{L}=\dfrac{17-12}{250}=\dfrac{1}{50}$(9分)。

答:斜度为1∶50(1分)。

22. 解:$M=L+D(1+\cot\dfrac{\alpha}{2})$

$=71.45+10\times(1+\cot25°)$

$=71.45+10\times(1+2.145)=102.9(\text{mm})$(9分)。

答:M是102.9 mm(1分)。

23. 解:$n=40/Z=40/35=1(1/7)=1(7/49)$(9分)。

答:手柄应转过1圈后,在49的孔圈上移动7个孔距(1分)。

24. 解:因为$v=0.001\,7nL$(2分)。

所以$n=v/(0.001\,7L)=16.5/(0.001\,7\times120)=80.88\ \text{min}^{-1}$(4分)。

根据变速表查数值80 min^{-1}与80.88 min^{-1}接近,因此选择80 min^{-1}(2分)。

答:每分钟往复行程次数为80 min^{-1}(2分)。

25. 解:$a=KR=1.175\,6\times15=17.634(\text{mm})$(2分)。

答:五边形等分点的长度为17.634 mm(1分)。

26. 解:按近似公式

$v=0.0017nL=0.001\,7\times50\times140=11.9\ \text{m/min}$(9分)。

答:刨削速度为11.9 m/min(1分)。

27. 解:棘轮每转过一齿,丝杠的进给量为最小横向进给。

即进给量$S_{\min}=T$(导程)$/Z$(齿数)$=5/40=0.125(\text{mm})$(5分)。

棘轮最小转动角度为:

$\theta_{\min}=360°/40=9°$(3分)。

答:最小转动角度$\theta=9°$,最小横向进给量$S_{\min}=0.125$ mm(2分)。

28. 解:$\because da=m(Z+2)\ \therefore m=da/(Z+2)=90.7\div(24+2)=3.488(\text{mm})$(4分)。

齿轮的模数值,应取$m=3.5\text{mm}\ \therefore d=mZ=3.5\times24=84(\text{mm})$(4分)。

答:该齿轮的模数为3.5 mm。分度圆直径为84 mm(2分)。

29.

解:$\because T=ES-EI\qquad\because ES=T+EI=0.022+0.012=+0.034$ mm(4分)。

$\phi90\text{G6}(^{+0.034}_{+0.012})$(4分)。

答:ES为0.034 mm。极限偏差为$\phi90G6(^{+0.034}_{+0.012})$(2分)。

30. 解:作图如图5所示(10分)。

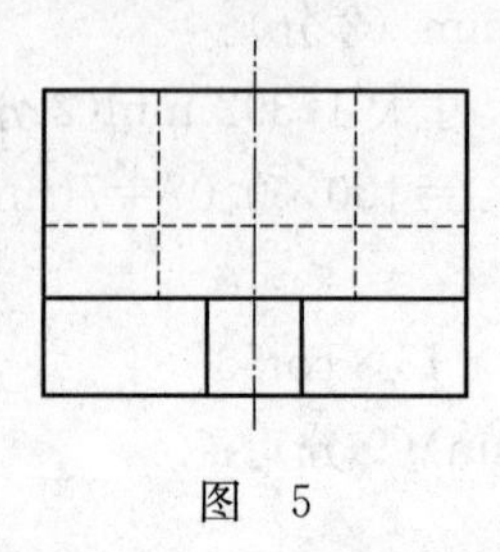
图 5

31. 解:分度时摇动手柄,经过一对传动比 i=1 的螺旋齿轮传动单头蜗杆,蜗杆与蜗轮啮合,蜗轮齿数为 40,当主轴转动一转时,手柄转动 40 转。每次分度时手柄应转数目按下式计算(4 分)。

$n=\frac{40}{Z}$(Z——工件等份数目)(6 分)。

32. 解:$n=\frac{v}{0.001\ 7L}=\frac{25}{0.001\ 7\times(300+30)}=44.56$(往复行程/min)(4 分)。

$$T_{机}=\frac{B\times i}{n\times f}=\frac{100\times 2}{44.56\times 0.67}=7(\text{min})(4\ 分)。$$

答:需要 7 min 机动时间(2 分)。

33. 解:$a=\frac{\sigma}{\cot 20^\circ}=\frac{0.412}{2.747}=0.15$(mm)(9 分)。

答:齿厚两面的加工余量有 0.15mm(1 分)。

34. 答:此符号有三个方框表示三个工作位置,即三位,每个方框中箭头或 T 字与方框各有四个交点,它们表示四个通路口,此阀称为液压系统三位四通换向阀(10 分)。

35. 解:由图可知:$\sin\alpha=a/\delta\quad a=\delta\times\sin\alpha$(4 分)。

$a=0.4\times\sin 20^\circ=0.4\times 0.342\ 0=0.136\ 8$(mm)(4 分)。

答:加工余量 a 为 0.136 8 mm(2 分)。

刨插工(高级工)习题

一、填 空 题

1. 用成形法刨削直齿圆锥齿轮的步骤是:(　　);粗刨齿形,精刨齿形。

2. 包容原则的理想边界是(　　)。

3. 刨削复杂工件时,使用专用夹具的最主要目的是保证(　　)。

4. 使用千分表、测微仪等精密量仪测量工件时,应该先将测头(　　),绝不能将工件强迫推到测量头之下。

5. 刨削伞齿轮时,常用(　　)测齿向误差。

6. 在单位时间内所生产的产品数量愈多,说明劳动生产率(　　)。

7. 铁路的企业宗旨是(　　),这已是家喻户晓。

8. 三力汇交于一点的平面力系(　　)是平衡的。

9. B6050 型牛头刨床主传动采用的离合器是(　　)离合器。

10. 调速阀作用,可使主运动速度在各级范围内实现(　　)调整。

11. 数控机床是综合应用了(　　)、自动控制、精密测量和机床设计等的最新技术成就发展起来的一种新型机床。

12. 程控机床也是自动机床的一种,但它比一般自动机床的通用性好、可靠性好、(　　)和调整,能适用于各种生产类型。

13. 数控机床按运动轨迹分类,可分为(　　)系统、直线控制系统和轮廓控制系统的数控机床。

14. 经刨削后的平面,除了要检验工件尺寸外,还要检验的主要项目是平面的(　　)和表面粗糙度。

15. 用钟表式千分表测量平面时,测杆应与平面(　　)。用杠杆千分表测量平面时,测杆轴线与被测平面的夹角要小,以减少测量误差。

16. 杠杆千分尺带有杠杆齿轮传动放大机构,所以它比外径千分尺的(　　)高,用来作精密测量。

17. 水平仪是用来测量(　　)或垂直面上微小角度的常用量具。

18. 刨削车床大拖板时,采用顶面—底面—顶面的刨削顺序,符合基准(　　)原则。

19. 刨削薄形工件时,工件的装夹是关键。装夹力过大易使(　　);装夹力过小,不能正常切削。

20. 床身导轨经过精刨后,如果在导轨面的垂直方向,存在弯曲现象,这是由于安装工件时(　　),或者是底面不平所造成的。

21. 刨削细长轴键槽时,关键是控制和消除(　　)和切削变形。

22. 在万能分度头上可进行直接分度法、简单分度法、(　　)和近似分度法等几种。

23. 用作精刨的机床必须具有较高的精度、较强的刚性以及较好的(　　)。

24. 联轴器可分为固定式联轴器和(　　)联轴器两大类。

25. 离合器常用的有牙嵌式、(　　)和磁力式等类型。

26. 按轴所受载荷的性质可分为心轴、(　　)和转轴三类。

27. 键连接用来确定转动零件在轴上的周向位置和(　　)。

28. 用于连接的键有普通平键、半圆键、楔键和(　　)四种。

29. 包容原则是要求实际要素,处处位于具有(　　)的包容面内的一种公差原则。

30. 根据轴承工作时的摩擦种类不同,可分为(　　)和滚动摩擦轴承。

31. 平面四杆机构中曲柄存在的条件是(　　)必有一个是最短杆。

32. 按凸轮的形状分,凸轮机构可分为(　　)、移动凸轮和圆柱凸轮等。

33. 在中心截面内,蜗杆蜗轮的啮合就相当于(　　)的啮合。

34. 蜗杆的分度圆直径与其(　　)的比值称为蜗杆的特性系数。

35. 按轮系中各齿轮的轴线在空间的位置是否固定,可分为定轴轮系和(　　)。

36. 垂直作用于油液单位面积上的(　　)称为压力。

37. 一般液压传动系统可分为四个组成部分。即动力部分、(　　)、控制部分和辅助部分。

38. 液压缸是液压系统的(　　),是将液压能转换成机械能的能量转换装置。

39. 液压缸根据其结构特点可分为活塞式、(　　)和摆动式三大类。

40. 单杆双作用活塞式液压缸具有往复(　　)不等、推力不等,能实现差动快进的特点。

41. 差动缸快进,一般为(　　)运动,此时缸的推力很小,有利于提高工作效率。

42. 液压系统中的控制阀和(　　)统称为控制元件。

43. 方向控制阀用以控制油液(　　),它包括单向阀和换向阀。

44. 常用的压力控制阀有溢流阀、(　　)、减压阀和压力继电器等。

45. 根据溢流阀在系统中的作用,它可作为溢流阀、安全阀和(　　)使用。

46. 减压阀是用来降低系统中某一支油路的(　　),并保持稳压作用。

47. 常用的流量控制阀有(　　)、调速阀和组合阀等。

48. 电气设备的电流保护有两种主要形式:过载延时保护和(　　)瞬时保护。

49. 接触器按主触头通过电流的种类,可分为(　　)和直流接触器两种。

50. 阀用电磁铁主要用于金属切削机床中远距离操作各种(　　)或气动阀,以实现其自动控制。

51. 劳动生产率是指劳动者生产的合格产品数量与所消耗的(　　)的比值。

52. 缩短辅助时间的措施主要有:缩短工件的装卸时间、减少装刀时间、(　　)和减少测量工件的时间等。

53. 减少装刀时间的主要措施是:采用硬质合金不重磨刨刀及(　　)刨刀。

54. 采用技术分析法制订时间定额,(　　),但比较准确,适用于大批量生产。

55. 选择粗基准时,如果必须保证工件上的加工面与不加工面之间的相互位置要求,则应以(　　)作为粗基准。

56. 如果工件上所有表面都需要加工,则应选择加工余量及毛坯公差(　　)的一个毛坯面作为粗基准。

57. 加工车床床身时,首先选择(　　)作粗基准面来加工床腿的底平面,然后以床腿的底平面作精基准来加工导轨面。

58.(　　)是指测量头与被测零件表面在测量时相接触的力。

59. 作为粗基准的定位基准的精度、形状和尺寸能保证工件在定位时有良好的稳定性,并便于工件的(　　)。

60. 基准位移误差是指定位时,工件的定位基准在加工尺寸方向上的(　　)。

61. 工件(　　)表面的误差是产生基准位移误差的原因之一。

62. 定位元件的制造误差及使用中的(　　)会造成工件的基准位移误差。

63. 在基准不符的情况下进行加工,不仅影响(　　),也影响加工表面到设计基准的相对位置精度。

64. 常用的装夹方法有:直接找正装夹、划线找正装夹和(　　)。

65. 工件的装夹包括(　　)和装夹两个方面的内容。

66. 定位是指确定工件在机床上或夹具中占有(　　)的过程。

67. 工件定位后将其固定,使其在加工过程中保持(　　)不变的操作,称为夹紧。

68. 直齿锥齿轮的刨齿方法有仿形法和(　　)两类。

69. 用仿形法刨削直齿锥齿轮的齿形时,采用(　　)与工件转动相结合的调整方法。

70. 用仿形法刨削直齿锥齿轮的缺点是:(　　)低,生产效率低。

71. 用展成法刨削直齿锥齿轮时,工件除了绕自身轴线转动外,还应该绕(　　)进行转动。

72. 采用仿形法刨削直齿锥齿轮,当刨削齿槽右侧齿形时,工作台向右移动,工件沿(　　)方向转动。

73. 用展成法刨直齿锥齿轮时,如果对刀不准确,将会产生困牙现象,这种齿轮在运转时噪声大、(　　)。

74. 直齿锥齿轮检测常采用测量(　　)的方法。

75. 锥齿轮啮合检验能够综合反映齿轮在刨齿过程中的(　　)。

76. 锥齿轮啮合检验前,在成对齿轮的(　　)涂上一层薄薄的红丹粉。

77. 锥齿轮啮合检验后,齿面上接触斑点的分布位置,在齿高方向应该位于(　　)。

78. 加工后的直齿锥齿轮齿距误差超差,其产生原因主要是:(　　)精度低;分度方法不正确;工件装夹不好。

79. 利用附加装置刨削大型导轨面上的曲线油槽时,如果曲线油槽的分布宽度有变化,可以改变偏心轮的(　　)来进行调整。

80. 龙门刨床的常用导轨形式,由一条平面导轨和一条(　　)组成。

81. 龙门刨床床身的导轨面,其主要技术要求包括:两导轨面的平行度、导轨面的(　　)以及导轨表面的粗糙度。

82. 龙门刨床床身导轨经过刨削加工后,常见的加工误差有:(1)导轨表面有纹路;(2)(　　);(3)导轨在垂直方向弯曲;(4)V形导轨在水平方向弯曲。

83. 龙门刨床床身导轨经过刨削加工,若表面纹路是垂直于导轨长度的横向纹路,其原因之一是加工机床的工作台(　　)。

84. 精刨以后,工件的加工精度较高,直线度误差可达到 0.02/1000,表面粗糙度达到

(　　)范围。

85. 精刨代刮前,必须在机床、工件、工件安装、(　　)等方面采取措施。

86. 精刨代刮加工主要用于表面粗糙度要求较细和(　　)要求很高的零件。

87. 精刨代刮前,工件材料的组织、硬度要(　　),粗刨后,工件应进行严格的时效处理,精刨前,加工表面的粗糙度应小于 $Ra3.2\ \mu m$。

88. 精刨代刮应该放在(　　)工序进行,目的是为了防止工件在搬运、装夹时,产生磕碰和变形。

89. 精刨代刮时,工件安装后,应该用厚薄规检查安装面和定位基准的贴合程度,夹紧力的作用点必须落在工件的(　　),夹紧力应尽量小。

90. 用于精刨代刮的刨刀,应采用刃倾角(　　)宽刃刨刀。

91. 精刨代刮时,应选取较低的切削速度,(　　)切削深度。

92. 精刨代刮铸铁时,常用(　　)作切削液。

93. 宽刃精刨刀有很强的挤光作用,刨削时(　　)、切削平稳,有利于降低工件的表面粗糙度。

94. 大刃倾角宽刃精刨刀,刀杆材料为 45 号钢,刀片材料为(　　),硬度为 HR(C)62~65。

95. 精刨代刮前,机床应(　　)一段时间,待机床导轨中的油膜黏度稳定后再进行切削。

96.(　　)是指进给脉冲使机床工作台移动的距离。

97. 安排热处理工序的目的是:改善金相组织和加工性能;(　　);提高零件表面的硬度。

98. 热处理工序是机床主轴加工的重要工序,它包括毛坯热处理、(　　)、最终热处理和定性热处理。

99. 切削用量包括:切削深度、(　　)和进给量。

100. 直齿圆锥齿轮的齿厚尺寸应在齿轮的(　　)上测量。

101. 外圆磨床床身材料一般采用(　　)制造。

102. 预调整机床精度主要指的是检查床身(　　)的三项主要精度。

103. 机床的几何精度是在(　　)条件下进行检验的。

104. 一般来说,机床几何精度主要包括机床各部件的相对位置精度、主要工作表面的形状精度、移动部件的(　　)精度以及主轴的回转精度。

105. 按照标准规定,插床的精度检验包括:几何精度和(　　)两项基本检验。

106. 测定插床的安装水平时,应将工作台、滑枕分别停放在各自导轨的(　　),用水平仪测定。

107. 检验插床工作台面的平面度时,标准规定工作台面(　　)。

108. 检验插床工作台面的端面圆跳动时用千分表测量,以千分表读数的(　　)计算。

109. 检验插床滑枕移动对工作台面的垂直度,标准规定,对于最大插削长度≤800 mm 的插床,在 300 mm 测量长度上,纵向平面内凹允差为 0.03 mm,横向平面内凹允差为(　　)。

110. 插床验收时的空运转时间不得少于(　　)小时。

111. 平面四杆机构的基本类型有(　　)、双曲柄机构和双摇杆机构三种。

112. 直齿锥齿轮用于传递相交两轴间的运动,其轮齿从(　　)收缩,是一种空间齿轮机构。

113. 当蜗杆头数一定时,其特性系数值越大,蜗杆的(　　)越小,传动效率越低。

114. 液压控制阀按其功能可分为(　　)控制阀、方向控制阀和流量控制阀三大类。

115. 精基准的选择应遵循两个原则,即(　　)原则和基准统一原则。

116. 工件的定位误差包括(　　)误差和基准不符误差。

117. 采用仿形法刨削直齿锥齿轮时,应用(　　)精刨,用分度头进行分度,每次分度时工件应转过 $360°/Z$。

118. 用仿形法刨削直齿锥齿轮时,刨削的步骤是:(1)(　　);(2)粗刨齿形;(3)精刨齿形。

119. 采用划线刨削龙门刨床床身导轨,在划线时,为了使导轨面上的刨削余量均匀,应先以(　　)作基准,划出底面的加工位置线,同时,还应该把大部分加工余量留在底面上。

120. 龙门刨床床身导轨经过刨削加工,如发生导轨表面有纹路这种现象,其主要发生在(　　)过程中,若纹路为沿导轨长度方向的纵向纹路,这是由于刨刀刀刃不平直或有缺口所造成的。

121. 精刨代刮是指刨削时,用刃口平直的(　　),以很低的切削速度和极小的切削深度不进给或者采用很小的进给,切去工件表面一层极薄的金属。

122. 精刨代刮过程中,不允许(　　),也不允许中途换刀,否则将产生接刀刀痕,造成加工误差。

123. 直齿圆锥齿轮的刨削原理有平台假想齿轮原理和(　　)假想齿轮原理。

124. 力对物体的作用效果,决定于力的大小、方向和(　　)这三个要素。

125. 液压传动系统中的控制部分是通过各种控制阀来控制系统内油液的(　　),以满足系统的工作需要。

126. 低压电器按它在电气线路中的地位和作用可分为(　　)和低压控制器两大类。

127. 粗基准面一般只能使用一次,应避免重复使用。否则会影响零件的(　　)。

128. 基准重合原则是指定位基准与(　　)重合。这样可以避免由于基准不重合而引起的定位误差。

129. 影响切削力的主要因素有(　　)、切削用量和刀具几何参数。

130. 为了使龙门刨床床身导轨的加工精度能持久保持,必须消除铸件的(　　)和切削应力。

131. 采用精刨代刮,是提高(　　)和降低生产成本的重要途径。

132. 生产类型一般分为:单件生产、成批生产、(　　)三种。

133. 工序集中就是零件加工的工序比较少,而每一工序的加工内容却比较多。高度集中时,一个零件的加工可以在(　　)工序内完成。

134. 磨床上工作台一般采用灰口铸铁铸造,为了稳定材料的金相组织和消除内应力,粗刨以后,需作(　　)和自然时效处理各一次。

135. 根据标准规定,龙门刨床的精度检验包括:预调精度、机床几何精度、机床工作精度三项基本检验,在检验之前,应该调整好机床的(　　)。

136. 精刨加工的工件的材料要求如下:(　　)硬度均匀一致、无砂眼和疏松等缺陷。

137. 偏心夹紧机构的偏心轮的偏心距 h 值按圆弧展开,它相当于一个斜楔,其夹紧原理是利用(　　)。

138. 液压传动是靠处于密闭容器内的液体压力传递动力,靠容积变化传递( )的一种传动方式。

139. 弹簧的主要用途是缓冲和减振、( )及测量载荷。

140. 常用的离合器有齿式、( )和超越式三种。

141. 表面波纹度是指零件表面( )的几何形状误差。

142. 测微仪有:杠杆齿轮式测微仪和( )测微仪两种。

143. 形状精度限制加工表面的宏观几何误差,位置精度限制加工表面与其( )间的位置误差。

144. 劳动生产率可以用( )内生产合格品的数量来表示。

145. 目前,床身导轨的精加工方法主要是精刨代刮或( )代替手工研磨。

146. 刨削薄形工件的特点是装夹困难和( )。

147. 刨削细长轴键槽的加工过程,一般为粗刨键槽、精刨对刀、( )和校直工件。

148. 斜镶条的主要作用是提高导轨的( )和延长导轨的使用寿命,改善部件的加工和装配工艺性能。

149. 刨床丝杠轴向窜动会造成( ),刀架容易落刀运动中产生冲击振动等弊病,从而影响加工质量,甚至发生机床事故。

150. 机床主轴材料通常选用( )、65Mn、40Cr 等牌号的钢材。

151. 加工平面的主要方法有刨、铣、( )、拉削及光整加工。

152. 测微仪与普通千分表比,测微仪的量程小,( ),因此常用于精密测量。

153. 水平仪的读数方法有直接读数法和( )读数法两种。

154. 定位误差包括基准位移误差和( )误差。

155. 按其作用,工艺基准可分为装配基准、( )基准、定位基准和工序基准。

156. 刨削斜齿条的顺序为( )、刨右侧齿形角度面、刨左侧齿形角度面、精刨齿形。

157. 采用( )处理,可消除箱体的铸造内应力,防止加工后的变形。

158. 水平仪的放大原理是利用倾斜角度相同,( )不同,而将被测量误差进行放大的。

159. 在标注尺寸和位置公差时所依据的点、( )、面,为零件的设计基准。

160. 强力刨刀刀头常用的材料有高速钢和( )。

161. 刨曲面有按划线刨曲面、( )刨曲面和加装辅助装置刨曲面。

162. 大圆弧曲面的加工方法有靠模法、加连杆机构、( )等。

163. 精刨龙门刨床工作台铸铁材料时,可选用( )硬质合金作刀片材料。选 45 号钢作刀杆材料。

164. 齿条按其齿向分布情况可分为:正齿条、斜齿条和( )。

165. 刨削斜齿条的方法有成形法和( )两类。

166. 机械加工工艺卡有过程卡片、工序卡片和( )卡片。

167. 精加工不锈钢时,应选用( )作切削液。

168. 影响切削力的主要因素有( )、切削用量和刀具的角度。

169. 表面层因加工中塑性变形而引起的表面层硬度提高现象称( )。

170. 单个零件在加工过程中的各个有关工艺尺寸所组成的尺寸链称为( )。

171. 工艺尺寸链具有关联性和(　　)性两个特征。

172. 加工顺序的安排原则有:先粗后精、先近后远、(　　)、先主后次等原则。

173. 工序余量分为(　　)余量、最大工序余量和最小工序余量。

174. 为便于加工,工序尺寸的公差一般按(　　)原则标注。

175. 机床、夹具、工件和刀具所组成的一个完整的系统称为(　　)系统。

176. 内应力是工件在加工过程中其内部宏观或微观组织因发生了不均匀的(　　)变化而产生的。

177. 插齿过程中,插齿刀的运动形式既有范成运动、旋转运动,又有做主运动的(　　)运动,因此刀具主轴必须具备这两个运动。

178. 齿轮加工误差主要来源于(　　)、机床、夹具、刀具等整个工艺系统以及加工中的调整所存在或产生的误差。

179. 车间生产管理包括车间主要产品生产技术准备、制造、(　　),以及为保证生产正常进行所必须的各项辅助生产活动和生产服务工作。

180. 刨削曲面经常产生的误差有曲面(　　)不正确,曲面位置不对,曲面表面粗糙度值太大等。

181. 万能分度头可进行直接分度,差动分度,角度分度及(　　)分度和近似分度等几种。

182. 公差是指允许尺寸的变动量,也等于上偏差与下偏差代数差的(　　)。

183. 孔的公差带与轴的公差带相互交叠的配合称为(　　)配合。

184. 机床操作者应做到"三好""四会",其中"三好"是指管好、用好和(　　)。

185. 所谓展成法是利用齿条与齿轮相互(　　),其共扼齿廓互为包络线的原理来加工的。

186. 用蜗轮副刨削曲面时工作台不允许横向进给,刀架不允许(　　)。

187. 企业的技术管理是所有与(　　)有关的管理的总称。

188. 为使插削加工过程符合展成原理,工作台作回转运动同时还必须作相应的横向移动,即在同一时间内横向移动的距离必须(　　)被加工齿轮节圆上某点转过的弧长。

189. 为保证产品质量,就必须严格执行(　　)。

190. 劳动生产率是指在单位时间内生产(　　)产品的数量。

191. 用比较法检测曲面,这种方法检验精度低,误差在(　　)mm 左右。

192. 龙门刨床的二级保养是以(　　)为主,操作工人配合进行的。

193. 水平仪的放大原理是利用倾斜角度相同,曲率半径(　　),而将被测量误差放大的。

194. 插削连杆小端圆弧面时,需限制(　　)个自由度。

195. 精刨代刮前,工件材料的组织、硬度要(　　),粗刨后,工件应进行严格的人工时效,精刨前,加工表面的粗糙度应小于 0.04 μm。

196. 造成刀具磨损的主要原因是(　　)。

197. 为了使龙门刨床床身导轨的加工精度能持久保持,必须清除铸件的(　　)和切削应力。

198. 换向和锁紧回路是(　　)回路。

199. 企业的(　　)管理是企业管理的重要基础工作之一。

200. 用仿形法刨削直齿锥齿轮,其刨刀刀头宽度应(　　)工件小端槽底的宽度。

二、单项选择题

1. 为了实现工艺过程所必须进行的各种辅助工作所消耗的时间，称为(　　)时间。

(A)基本　(B)辅助　(C)准备与终结　(D)生产时间

2. 制订时间定额时，以现有产品的时间定额为依据，经过分析对比，推算出另一种产品或零件的时间定额，这种方法称为(　　)。

(A)经验估工法　(B)统计法　(C)类比法　(D)计算法

3. 为了使加工工作正常进行，工人照管工作地消耗的时间称为(　　)时间。

(A)机动　(B)辅助　(C)布置工作地　(D)生产

4. (　　)是铁路企业的宗旨。

(A)多拉快跑　(B)人民铁路为人民　(C)安全第一　(D)提速运营

5. 在刨床条件许可的前提下，从提高劳动生产率的角度出发，增大(　　)有利。

(A)切削深度　(B)切削速度　(C)进给量　(D)走刀次数

6. 安装直齿锥齿轮时，工件的倾斜角应等于工件的(　　)。

(A)根锥角　(B)顶锥角　(C)齿根角　(D)节锥角

7. (　　)是企业的生命。

(A)产品　(B)信誉　(C)质量　(D)效益

8. 直齿锥齿轮齿距误差超差，可能产生的原因是(　　)。

(A)刨削用量大　(B)分度机构精度低

(C)刨刀曲线形状不正确　(D)机床丝杠间隙大

9. 为保证产品质量，就必须严格执行(　　)。

(A)规章制度　(B)工艺文件　(C)生产计划　(D)操作规程

10. (　　)是保障正常生产秩序的条件。

(A)劳动纪律　(B)工艺文件　(C)生产计划　(D)操作规程

11. 包容原则的理想边界是(　　)。

(A)最大实体边界　(B)实效边界　(C)作用边界　(D)最小实体边界

12. 最大实体原则的理想边界是(　　)。

(A)最大实体边界　(B)实效边界　(C)作用边界　(D)最小实体边界

13. 当采用最大实体原则时，若实际尺寸偏离(　　)，则形位公差可以得到补偿。

(A)作用尺寸　(B)实效尺寸　(C)最大实体尺寸　(D)最小实体尺寸

14. 国标中规定的表面粗糙度度主要评定参数中最常用的是(　　)。

(A)R_a　(B)R_z　(C)R_y　(D)R_z 或 R_y

15. 表面粗糙度 3.2▽ 表示(　　)值为 3.2 μm。

(A)R_a　(B)R_z　(C)R_y　(D)R_z 或 R_y

16. 形位公差代号中的“O”表示(　　)。

(A)圆柱体　(B)圆度　(C)同轴度　(D)线轮廓度

17. 刨床夹具底部定位键与夹具体的配合通常选用(　　)；而与工作台 T 形槽的配合则常选用 H8/h7。

(A)H8/h7　　(B)H8/f7　　(C)H7/h6　　(D)H7/js6

18. 刨削复杂工件时,使用专用夹具的最主要目的是保证(　　)。

(A)表面位置精度　　(B)几何形状精度　　(C)尺寸精度　　(D)表面粗糙度

19. 检验龙门刨床导轨直线度时,一般除规定每米长度上允差为 0.02 mm 外;还根据导轨长度规定全长允差,其数值折算到每米长度上应(　　)mm。

(A)等于 0.02　　(B)小于 0.02　　(C)小于 0.03　　(D)小于 0.04

20. 公差原则是指尺寸公差与(　　)的关系。

(A)配合公差　　(B)形位公差　　(C)孔公差　　(D)轴公差

21. 精密量仪的量程一般都(　　),内部结构也很脆弱,因此测量之前必须调整好测量位置。

(A)很小　　(B)固定不变　　(C)较大　　(D)可调

22. 使用千分表、测微仪等精密量仪测量工件时,应该先将测头(　　),绝不能将工件强迫推到测量头之下。

(A)按下　　(B)擦干净　　(C)提起　　(D)调转角度

23. 刨削伞齿轮时,常用(　　)测齿向误差。

(A)杠杆百分表　　(B)游标角度尺　　(C)正弦尺　　(D)齿厚游标尺

24. 测量刨床导轨直线度的常用方法中,以用(　　)方法测得导轨直线度精度为最高。

(A)精密水平仪　　(B)标准平尺　　(C)钢丝和显微镜　　(D)光学平直仪

25. 光学平直仪能测刨床导轨(　　)直线度误差。

(A)水平面内　　(B)垂直面内

(C)水平面及垂直面内　　(D)V 形面

26. 大批量刨削工件角度面时,常用(　　)测量斜面角度。

(A)游标量角器　　(B)样板　　(C)圆棒　　(D)角度量块

27. 用样板来检验曲面的方法有比较法和(　　)法两种。

(A)测量　　(B)光隙　　(C)涂色　　(D)移动

28. 单件小批刨削斜面工件时,其检验方法常用(　　)测量斜面角度。

(A)样板　　(B)游标量角器　　(C)圆棒　　(D)角度块

29. 中间检验一般是用(　　)来检验燕尾角的大小。

(A)样板和块规　　(B)角度样板或游标量角器

(C)样板和塞尺　　(D)量块和塞尺

30. T 形槽两侧凹槽顶面宽度不相等,其原因是(　　)。

(A)对刀不准确　　(B)安装时未按划线找正

(C)横向走刀未控制准确　　(D)刀具尺寸不对

31. 装夹工件时,夹紧力应(　　)。

(A)作用在支撑上　　(B)与切削力反方向

(C)远离支撑点　　(D)远离加工表面

32. 刨床身时,应选择(　　)为粗基准。

(A)导轨面　　(B)床腿平面　　(C)床身侧面　　(D)最大平面

33. 按照标准规定,龙门刨床的安装水平不允许超过(　　)。

(A)0.02 mm/1 000 mm (B)0.04 mm/1 000 mm

(C)0.06 mm/1 000 mm (D)0.08 mm/1 000 mm

34. 选用较小主偏角能提高刀具耐用度，但( )增大，容易使工件变形和产生振动。

(A)走刀抗力 P_x (B)吃刀抗力 P_y (C)切削抗力 P_z (D)进给抗力

35. 夹紧力的作用点应( )，以减小切削力对作用点的力矩，并能减少振动。

(A)靠近被加工处 (B)靠近非加工处

(C)选择中间位置 (D)远离加工面

36. B6050型牛头刨床主传动采用的离合器是( )离合器。

(A)齿形 (B)摩擦 (C)超越 (D)滚珠

37. 牛头刨床主运动的速度调解，主要是根据( )和工艺情况来决定。

(A)工作长度 (B)行程长度 (C)切削用量 (D)工作速度

38. 液压牛头刨床的进给运动是间歇的。它是在( )进行的。

(A)切削过程中 (B)回程中 (C)切入工件前 (D)切出工件后

39. 调速阀作用，可使主运动速度在各级范围内实现( )调整。

(A)有级 (B)无级 (C)最高 (D)最低

40. 液压牛头刨床滑枕在工作行程中，机床供给的动力取决于( )大小。

(A)外载荷 (B)油泵压力 (C)工作速度 (D)回程速度

41. 起动液压牛头刨床时，滑枕不动的主要原因是由于控制油路( )太低，管道堵塞或泄漏严重。

(A)速度 (B)压力 (C)流量 (D)油面高度

42. 力是一个既有大小又有方向的量，所以力是( )。

(A)标量 (B)矢量 (C)不定量 (D)重量

43. 物体的平衡状态，是指物体相对于周围物体保持静止或作( )直线运动。

(A)加速 (B)减速 (C)匀速 (D)变速

44. 力系是指作用于同一物体上的( )。

(A)两个力 (B)三个力 (C)一群力 (D)一个力

45. 三力汇交于一点的平面力系( )是平衡的。

(A)一定 (B)不一定 (C)永远 (D)顺时

46. 约束反力方向总是与约束限制的运动方向( )。

(A)相反 (B)相同

(C)可能相反也可能相同 (D)平行

47. 固定端约束，其约束反力可产生( )。

(A)两个反力 (B)两个反力偶

(C)一个反力和一个反力偶 (D)两个反力和两个反力偶

48. 不用螺母，而能有光整的外露表面，但不宜用于时常装拆的连接，应采用( )连接。

(A)螺栓 (B)螺钉 (C)双头螺栓 (D)销

49. ( )是用来连接具有同一轴线不需要断开运动的两根轴。

(A)联轴器 (B)离合器 (C)制动器 (D)减震器

50. 不受弯矩只受扭矩的轴称为( )。

(A)心轴　(B)传动轴　(C)转轴　(D)万向轴

51. 工作可靠,拆卸方便,可用于锁定其他紧固件的是(　)。

(A)圆柱销　(B)圆锥销　(C)开口销　(D)棱销

52. 圆锥销有(　)锥度,以便于安装。

(A)1∶25　(B)1∶50　(C)1∶100　(D)1∶10

53. 滚动轴承其(　)嵌入座孔中。

(A)内圈　(B)外圈　(C)滚道　(D)保持架

54. 只能承受拉力的弹簧是(　)。

(A)板弹簧　(B)拉伸弹簧　(C)环形弹簧　(D)压缩弹簧

55. 承受弯矩,用弹簧钢板制成,主要用于汽车、拖拉机和机车车辆的缓冲减振的弹簧是(　)。

(A)盘弹簧　(B)板弹簧　(C)压缩弹簧　(D)碟形弹簧

56. 在曲柄摇杆机构中,若以短摇杆为机架,可得(　)机构。

(A)双曲柄　(B)双摇杆　(C)导杆　(D)曲柄摇杆

57. 若平面四杆机构中,最短杆与最长杆长度之和大于其余两杆长度之和,则无论以哪一杆为机架,均只能得到(　)机构。

(A)曲柄摇杆　(B)双曲柄　(C)双摇杆　(D)导杆

58. 曲柄摇杆机构要具有急回特性,必须满足急回特性系数 K(　)。

(A)小于1　(B)大于1　(C)等于1　(D)任意

59. 当轴交角 σ(　)90°时,称为正交直齿锥齿轮副。

(A)大于　(B)小于　(C)等于　(D)趋于

60. 当蜗杆的导程角(　)摩擦角时,蜗杆传动具有自锁作用。

(A)大于　(B)等于　(C)小于　(D)是2倍

61. 蜗杆传动规定的标准模数和标准压力角均在(　)。

(A)端平面上　(B)中心截面上　(C)法平面上　(D)纵向平面

62. 蜗杆分度圆直径与其模数的比值称为蜗杆的(　)。

(A)锥距　(B)特性系数　(C)齿顶圆直径　(D)压力角

63. 叶片泵属于(　)泵。

(A)低压　(B)中压　(C)高压　(D)污水

64. 控制油液流动方向的阀,称为(　)控制阀。

(A)方向　(B)压力　(C)流量　(D)顺序

65. 流量控制阀一般(　)在液压系统中使用。

(A)串联　(B)并联　(C)混联　(D)任意安装

66. 控制液流的通、断和流动方向的回路称为(　)控制回路。

(A)压力　(B)方向　(C)速度　(D)流量

67. 在液压传动机械中,有些执行元件的运动常常要求按严格顺序动作,这时应采用(　)回路。

(A)速度控制　(B)压力控制　(C)顺序动作　(D)流量

68. 在使用熔断器时,熔断器应(　)在所保护的电路中。

(A)并联　(B)串联　(C)并联或串联　(D)搭接

69. 过载一般是指(　　)倍额定电流以下的过电流。

(A)2.5　(B)5　(C)10　(D)50

70. 在单位时间内所生产的产品数量愈多,说明劳动生产率(　　)。

(A)愈少　(B)愈高　(C)不变　(D)无关

71. 用仿形法刨削直齿锥齿轮,其刨刀刀头宽度应(　　)工件小端槽底的宽度。

(A)大于　(B)等于　(C)小于　(D)无关

72. 采用仿形法用成型刨刀精刨直齿锥齿轮的齿形时,应分(　　)进行,每次刨一个齿侧面。

(A)一次　(B)两次　(C)三次　(D)四次

73. 直齿锥齿轮的齿厚在(　　)上测量。

(A)背锥　(B)分度圆锥　(C)顶锥　(D)小端

74. 直齿锥齿轮齿形误差大,可能产生的原因是(　　)。

(A)工件装夹不好　(B)刨刀伸出太长

(C)安装刨刀时,对中差　(D)机床丝杠间隙大

75. 龙门刨床常用的导轨是由一条平面导轨和(　　)导轨组成。

(A)另一条平行　(B)一条V形　(C)两条V形　(D)巨型

76. 精刨代刮,应采用(　　)的切削速度和很小的切削深度。

(A)很低　(B)很大　(C)中等　(D)任意

77. 精刨代刮,通常精刨余量在(　　)mm。

(A)0.1～0.5　(B)0.5～0.8　(C)0.8～1.0　(D)1.5

78. 一般(　　)广泛采用高生产效率的专用刀具和量具。

(A)单件生产　(B)成批生产　(C)大量生产　(D)小批生产

79. 工序分得最细时,一个工序(　　)工步。

(A)只含一个　(B)可有两个　(C)可有多个　(D)可有三个

80. 根据加工情况,一般确定和安排零件上各表面的加工顺序时,重要表面的精加工宜(　　)加工。

(A)最先　(B)中间　(C)最后　(D)不考虑

81. 工序内检验工作通常安排在(　　)。

(A)粗加工后　(B)精加工后

(C)粗加工后、精加工前　(D)产品成活后

82. 需要热处理后再进行精加工的表面,在热处理前,其表面粗糙度应(　　)$R_a3.2\ \mu m$。

(A)大于　(B)小于　(C)等于　(D)不要求

83. 外圆磨床导轨在水平面内的直线度允差为(　　)。

(A)0.01 mm/1 000 mm　(B)0.02 mm/1 000 mm

(C)0.03 mm/1 000 mm　(D)0.04mm/1 000 mm

84. 外围磨床床身通常在粗刨以后,进行一次人工时效处理,然后再进行(　　)以上的自然时效处理。

(A)六个月　(B)九个月　(C)一年　(D)五年

85. 磨床上工作台的上导轨面的直线度允差为(　　)。
(A)0.01 mm/1 000 mm　　(B)0.02 mm/1 000 mm
(C)0.03 mm/1 000 mm　　(D)0.04 mm/1 000 mm
86. 机床的工作精度直接关系到工件的(　　)。
(A)加工质量　　(B)表面硬度　　(C)取样长度　　(D)加工外形范围
87. 插床验收时应进行空运转试验,试验时间应(　　)。
(A)为 1 h　　(B)不少于 2 h　　(C)为 30 min　　(D)为 10 min
88. 两力平衡公理是指两力大小(　　),方向相反,作用在同一直线上。
(A)不等　　(B)相等　　(C)为零　　(D)平行
89. 用于通孔并能从连接两边进行装配的场合时,应选用(　　)连接。
(A)双头螺栓　　(B)螺栓　　(C)螺钉　　(D)销钉
90.(　　)是用来连接具有同一轴线随时需要断开和接通运动的两根轴。
(A)联轴器　　(B)离合器　　(C)制动器　　(D)减震器
91. 不受扭矩,只受弯矩的轴称为(　　)。
(A)心轴　　(B)转轴　　(C)传动轴　　(D)假轴
92. 弹簧的种类繁多,但应用最广泛的弹簧是(　　)弹簧。
(A)圆柱螺旋　　(B)圆锥螺旋　　(C)环形　　(D)碟形
93. 直齿锥齿轮的标准模数和标准压力角均在(　　)上。
(A)大端　　(B)中端　　(C)小端　　(D)节圆
94. 双作用叶片泵转子和定子是同轴的,不能改变输油量,只能作(　　)用。
(A)变量泵　　(B)定量泵　　(C)限量泵　　(D)液压马达
95. 溢流阀一般(　　)在系统中使用。
(A)串联　　(B)并联　　(C)混联　　(D)串联或并联
96. 用附加装置刨削曲线油槽,安装工件时,(　　),否则将会造成油槽位置刨偏而导致废品。
(A)位置要对准　　(B)齿条安装要正确　(C)偏心轮要对准　　(D)不要求
97. 一般(　　)需要技术熟练的操作工人。
(A)单件生产　　(B)成批生产　　(C)大量生产　　(D)小批生产
98. 工序高度集中时,一个零件的加工可以在(　　)工序内完成。
(A)一个　　(B)两个　　(C)多个　　(D)若干个
99. 零件加工总余量的大小,一般主要决定于(　　)。
(A)毛坯的制造精度　(B)设计精度　　(C)机械加工精度　　(D)工艺要求
100. 机床精度检验的前提是先找正机床的(　　)。
(A)平行度　　(B)直线度　　(C)安装水平　　(D)摆放位置
101. 刨、插床精度验收标准规定,工作台面(　　)。
(A)只许外凸不许内凹　　(B)只许内凹不许外凸
(C)可外凸也可内凹　　(D)必须平
102. 刚体上受到同一平面内互不平行三力作用而平衡时,则此三力的作用线必(　　)于一点。

(A)汇交 (B)不汇交 (C)不一定汇交 (D)平行

103. 依靠螺纹牙侧间的摩擦力阻止螺母松脱,这种防松方法叫( )。

(A)机械防松 (B)摩擦力防松 (C)永久止动防松 (D)自然防松

104. 下列各类轴中,同时承受弯矩和扭矩的轴是( )。

(A)滑轮轴 (B)万向传动轴 (C)减速器轴 (D)心轴

105. 在曲柄摇杆机构中,若以最短杆为机架,可得( )机构。

(A)双摇杆 (B)双曲柄 (C)曲柄滑块 (D)曲柄摇杆

106. 在中心截面内,蜗杆蜗轮传动相当于( )传动。

(A)螺旋 (B)齿轮齿条 (C)链传动 (D)皮带传动

107. 双作用叶片泵在转子每转一周的过程中,每一个密封容积完成( )吸油和压油。

(A)一次 (B)两次 (C)三次 (D)四次

108. 通常的情况下,泵的吸油口处装粗滤油器,泵的压油管路与重要元件的进油路上装( )。

(A)粗滤油器 (B)精滤油器 (C)粗、精滤油器均可 (D)不规定

109. 液压刨床产生爬行,可能是摩擦阻力变化或( )。

(A)空气侵入液压系统 (B)溢流阀弹簧变形

(C)油泵转向错误 (D)操纵失灵

110. 精刨代刮前,机床应空运转一段时间,否则会影响工件的( )。

(A)垂直度 (B)直线度 (C)平面度 (D)平行度

111. 需要最终热处理的表面,在热处理前,其表面粗糙度值应( )图纸要求。

(A)大于 (B)小于 (C)符合 (D)不考虑

112. 机床几何精度检验是在( )条件下进行检查的。

(A)动态 (B)静态 (C)可动态或可静态 (D)使用

113. 插床工作台平面度的检验用两量块和平尺,其两量块( )。

(A)等高 (B)不等高 (C)任意选取 (D)等长

114. 平面力偶系平衡的必要与充分条件是力偶系中各力偶矩的( )。

(A)代数和等于零 (B)乘积为零 (C)总数为零 (D)商为零

115. 机床主轴材料通常选用45号钢,65Mn和( )。

(A)高速钢 (B)W18Cr14V (C)40Cr (D)HT200

116. 为了消除箱体的铸造内应力,防止加工后的变形,可采用( )。

(A)调质 (B)时效 (C)退火 (D)淬火

117. 压力控制阀是用来控制( )的压力,以实现执行元件所需要的力或力矩。

(A)冷却系统 (B)液压系统 (C)运动系统 (D)液压站油压

118. 圆锥齿轮的模数值和标准的20°压力角通常是( )的参数。

(A)大端 (B)中间 (C)小端 (D)节圆

119. 水平仪的放大原理是利用( )而将被测量误差进行放大的。

(A)倾斜角度不同,曲率半径相同 (B)倾斜角度相同,曲率半径不同

(C)倾斜角度和曲率半径相同 (D)倾斜角度和曲率半径都不相同

120. 精刨代刮的刨刀,采用( )的刨刀,以很低的速度和极小的切削深度,去除工件的

金属层。

(A)刃口尖锐　(B)刃口平直　(C)刃口凸曲面　(D)刃口凹曲面

121. B6050 型牛头刨床采用的是(　)离合器,这种离合器操作方便,承载力不很大,过载时能自动打滑,起安全作用。

(A)齿形　(B)多片式摩擦　(C)超越　(D)电磁

122. 刨刀前角的作用主要是(　)。

(A)保证刀头强度　(B)控制刀头的锋利程度

(C)控制刀头的大小　(D)改变切削的流向

123. 当机床、工件和刀具构成的切削工艺系统刚性较差时,选用(　)主偏角。

(A)大的　(B)小的　(C)一般的　(D)0°

124. 通用夹具是指一般已经(　),可以用来加工不同工件而不必特殊调整的夹具。

(A)已经用惯了的　(B)已经标准化的　(C)装配过的　(D)固定的

125. 强力刨削中切削力很大,所以整个加工工艺系统都应有(　)。

(A)足够的强度和刚度　(B)足够的强度和硬度

(C)足够的塑性和韧性　(D)硬度和刚度

126. 螺旋夹紧的原理,可将螺旋看作一个绕在圆柱上的斜面,展开后就相当于(　)。

(A)斜条　(B)斜楔　(C)斜度　(D)斜面

127. 为了使加工残留面积高度降低,得到较细的表面粗糙度值,需要(　)主偏角和副偏角。

(A)增大　(B)减少　(C)不变　(D)随意改变

128. 采用布置恰当的六点支承来消除工件的(　)使工件在夹具中的位置完全确定下来,称为六点定位原理。

(A)六个自由度　(B)不稳定　(C)间隙　(D)四个自由度

129. 热轧、冷轧、浇铸、粉末冶金等都是(　)法。

(A)去除材料　(B)不除去材料　(C)切削　(D)挤压

130. 液压泵是将电动机的(　)能转变为液压能的能量转换装置。

(A)电能　(B)机械能　(C)动能　(D)液力能

131. 在龙门刨床上刨削大型燕尾斜镶条的角度面时,镶条的基准平面要始终处在(　)。

(A)平面位置　(B)垂直位置　(C)水平位置　(D)倾斜位置

132. 直齿圆锥齿轮的全齿高应在齿轮的(　)测量。

(A)背锥面上　(B)小端　(C)锥背面上　(D)节圆上

133. 若采用"划线—刨削"工艺加工龙门刨床床身,在划线时,应以(　)作基准。

(A)底面　(B)导轨面　(C)工作台　(D)垂直中心线

134. 工件的定位,由工件上的定位表面与夹具(　)元件接触而实现。

(A)夹紧　(B)辅助　(C)定位　(D)基础

135. 目前,床身导轨的精加工,主要以精刨代刮或以磨代刮代替(　)。

(A)手工刮削　(B)手工磨削　(C)手工研磨　(D)手工对研

136. 劳动生产率可以用在单位时间内生产的(　)数量来表示。

(A)合格产品　(B)产品　(C)成品　(D)废品

137. 偏心夹紧机构操作方便、迅速。它的夹紧行程(　　)。

(A)很长　(B)很短　(C)很小　(D)很大

138. 能使工件同时得到定心和夹紧的装置称为(　　)机构。

(A)螺旋夹紧　(B)自动定心夹紧　(C)斜楔夹紧　(D)销定位

139. 在刨床上通过改变刨刀的几何形状,增加(　　)和进给量的方式来提高劳动生产率,称为强力刨削。

(A)切削深度　(B)切削速度　(C)切削宽度　(D)走刀量

140. 强力刨削时,如果用夹刀座夹持刀具,则刀具伸出的长度(　　)愈好,这可以增强刀具的刚性。

(A)愈长　(B)愈短　(C)愈大　(D)愈小

141. 刨削淬火钢的刀具材料应具有较高的耐热性、耐磨性和抗冲击性。一般选用(　　)。

(A)YW类硬质合金　(B)高速钢　(C)工具钢　(D)结构钢

142. 高速磨削的主要特点:生产效率高。可大大缩短基本时间及加工精度(　　)。

(A)高　(B)低　(C)一般　(D)差

143. 倒棱可以提高刀具切削部分的(　　)和散热能力,避免刀具损坏,延长刀具的耐用度。

(A)刚性　(B)硬度　(C)强度　(D)性能

144. 一切摩擦传动的共同特点是(　　)。

(A)传动准确　(B)传动比不准确　(C)传动比大　(D)传动比小

145. 凸轮按外形分为盘形凸轮、圆柱凸轮和(　　)凸轮三种。

(A)条形　(B)滑板　(C)块状　(D)移动

146. 溢流阀是用来控制液压系统(　　)的阀类元件。

(A)流量　(B)流速　(C)压力　(D)顺序

147. 加工铸件时,选(　　)作冷却润滑液。

(A)水　(B)煤油　(C)菜油　(D)乳化液

148. 装夹斜镶条时,用斜垫铁将工件待加斜面装夹成水平位置,工件下面斜垫铁的斜度应和工件斜面的斜度(　　)。

(A)一致　(B)相反　(C)平行　(D)垂直

149. (　　)在机构中可用于两轴能严格对中的场合。

(A)固定式联轴器　(B)可移式联轴器　(C)连杆轴　(D)拉杆

150. 若轮系中各齿轮的几何轴线是固定的,这种轮系则称为(　　)轮系。

(A)周转　(B)定轴　(C)行星　(D)混合

151. 若轮系中至少有一个齿轮的轴线绕另一个齿轮的固定轴线回转,这种轮系称为(　　)。

(A)周转轮系　(B)定轴轮系　(C)行星轮系　(D)混合轮系

152. 液压缸是一种将(　　)转换成机械能的能量转换装置。

(A)电能　(B)液压能　(C)动力能　(D)可控能

153. 凡正反两个方向运动均依靠液压油实现的液压缸,称为(　　)液压缸。

(A)单作用　(B)双作用　(C)多功能　(D)混合

154. 键连接是用来确定转动零件在轴上的(　　)位置和传递扭矩。

(A)轴向 (B)周向 (C)轴向或周向 (D)任意

155. 刨插削过程中有冲击现象,这种冲击力将随切削速度、切削层面积和被加工材料硬度的增加而( )。

(A)增加 (B)减小 (C)无关 (D)急减

156. 测量工具中,( )的量程小,测量精度高,因此,常用于精密测量。

(A)测微仪 (B)普通千分表 (C)游标卡尺 (D)合尺

157. 读水平仪的读数,如果环境温度变化较大,使气泡变长或缩短,必须采用( )读数法,以消除读数的误差。

(A)直接 (B)平均 (C)间接 (D)换算

158. 由于定位方法所产生的误差叫( )。

(A)定位误差 (B)基准误差 (C)设计误差 (D)工艺误差

159. 刨削钢件时,适当地减小刀刃宽度可减小( )。

(A)表面粗糙度数值 (B)表面形状误差

(C)表面位置误差 (D)尺寸误差

160. 在牛头刨床刨削时,刨刀的往复运动属( )。

(A)主运动 (B)进给运动 (C)切削运动 (D)辅助运动

161. 通过切削刃选定点,同时垂直于基面和切削平面的平面是( )。

(A)基面 (B)主剖面 (C)切削平面 (D)前刀面

162. 当刨削完垂直面,进行垂直面的检验时,用( )检查垂直面的垂直度。

(A)钢直尺 (B)游标卡尺 (C)角尺 (D)百分尺

163. 正火是将钢加热到一定温度后,保温一定时间,在( )冷却的工艺过程。

(A)水中 (B)空气中 (C)炉中 (D)油中

164. 切屑流出时与刀具相接触的表面为( )。

(A)前刀面 (B)主后刀面 (C)副后刀面 (D)切削平面

165. 三视图中,左视图反应物体的( )。

(A)长和高 (B)长和宽 (C)宽和高 (D)局部

166. 当刃倾角为( )是切屑流向已加工表面。

(A)正 (B)负 (C)零 (D)正或负

167. 切削硬而脆的金属,应选用( )刀头进行加工。

(A)YT 类 (B)YG 类 (C)YW 类 (D)高速钢

168. 切削速度指工件和刨刀在切削时的相对速度。在龙门刨床上指( )移动速度。

(A)滑枕 (B)工作台 (C)刀架 (D) 横梁

169. 公制普通螺纹的公称直径指螺纹( )的基本尺寸。

(A)顶径 (B)大径 (C)小径 (D)中径

170. 粗刨是刨刀刀尖选用( )形式。

(A)尖角 (B)过度圆弧 (C)直线过度 (D)带光刃

171. 一般在牛头刨床上的加工件留精刨余量( )mm。

(A)0.4～0.6 (B)0.2～0.5 (C)0.1～0.3 (D)0.6～0.8

172. 牛头刨床是用来加工长度一般不超过( )mm 的中小型工件。

(A)800 (B)1 000 (C)1 500 (D)500

173. 刨削青铜、铸铁时一般( )。

(A)选水溶液 (B)选冷却润滑液 (C)不加冷却润滑液 (D)选油脂

174. 坚韧性是指刨刀在切削过程中,承受( )的性能。

(A)弯曲和拉伸 (B)冲击和振动 (C)碰击和扭曲 (D)弯曲和扭曲

175. 刨刀刀尖成( )形式时,刀尖强度和散热差,刀具寿命短。

(A)尖角 (B)过度圆弧 (C)直线过度 (D)带修光刃

176. 高速钢在( )以下可保持其硬度和耐磨性。

(A)700 ℃ (B)600 ℃ (C)800 ℃ (D)900 ℃

177. 当右手手掌放在刨刀上,手指朝向刀尖,主切削刃在大拇指的一边,称( )。

(A)右刨刀 (B)左刨刀 (C)切刀 (D)平光刀

178. 粗刨刀的选择原则是在保证刨刀有足够( )的条件下,磨得锋利些。

(A)强度 (B)硬度 (C)楔角 (D)后角

179. 精刨刀的选择原则是在保证( )前提下,尽可能让刀具锋利些。

(A)工件质量 (B)刀具强度 (C)刀具韧性 (D)刀具寿命

180. 加工齿条一般选用( )为好,按仿形法刨削。

(A)样板刀 (B)偏刀 (C)尖刀 (D)平刀

181. 在刨削时如主运动是工作台的直线往复运动,那么所采用的刨床应该是( )。

(A)牛头刨床 (B)龙门刨床 (C)液压牛头刨床 (D)曲面牛头刨床

182. 在刨燕尾工件时,一般先将工件的基准面和其他各部分尺寸包好,除( )以外。

(A)顶面 (B)侧面 (C)底面 (D)端面

183. 再用倾斜刀架加法加工斜面时,刀架板砖后,进刀方向应与被加工斜面的方向( )。

(A)平行 (B)垂直 (C)相交 (D)无关

184. 由于成型刀具参加切削的刀刃较长,易产生振动,一般用( )刀排来减轻刨削时的振动。

(A)弹簧 (B)刚性好的 (C)塑性好的 (D)强度好的

185. 在找正时,调整工件的高低,主要起支承垫实作用的是( )。

(A)千斤顶 (B)压板 (C)螺栓 (D)螺母

186. 在刨削垂直面时,当刨到最后几刀,进给量应( )些。

(A)大 (B)小 (C)随意 (D)较大

187. 包角一般是指( )轮上的包角。

(A)大带 (B)小带 (C)小带轮 (D)大带轮

188. 工件材料的强度、硬度越高,切削力( )。

(A)越大 (B)越小 (C)不影响 (D)常数

189. 刨削时,调整机床与刀具的相对位置,一般用( )调整比较方便、可靠。

(A)试切工件 (B)对刀装置

(C)已加工好的标准工件 (D)工作台

190. B665 型牛头刨床,当摇杆齿轮旋转一周时,滑枕就往复( )次。

(A)1 (B)2 (C)3 (D)4

191. 刨削薄板时,( )装夹用于大而薄的工件加工。
(A)斜口当铁　(B)楔铁　(C)磁盘　(D)压板
192. 燕尾斜镶条的截面形状呈( )。
(A)矩形　(B)菱形　(C)燕尾形　(D)梯形
193. 刨削斜镶条时,要注意将基准面( )于行程方向装夹。
(A)平行　(B)垂直　(C)相交　(D)重合
194. 刨削薄形工件的刀具材料,一般采用( )。
(A)高碳工具钢　(B)硬质合金钢　(C)高速钢　(D)结构钢

三、多项选择题

1. 龙门刨床的精度检验包括( )。
(A)预调精度　(B)机床几何精度　(C)机床工作精度　(D)加工精度
2. 刀具的磨损方式主要有( )。
(A)前刀面磨损　(B)后刀面磨损　(C)切削刃磨损　(D)前后刀面同时磨损
3. 夹具由( )组成。
(A)夹具体　(B)定位元件　(C)夹紧装置　(D)对定元件
4. 刨削曲面时,使用靠模装置应注意( )。
(A)靠模曲线形状要准确　(B)靠模的位置安装精确
(C)工件装夹位置与靠模相对应　(D)滚轮与靠模的磨损情况
5. 刨削时加工用作定位基准的表面一般都是( )。
(A)平面　(B)内圆柱面　(C)外圆柱面　(D)侧面
6. 表面层的几何形状偏差有( )。
(A)表面粗糙度　(B)表面波纹度　(C)平面度　(D)弧度
7. 精刨代刮的加工特点是( )。
(A)切削速度低　(B)切削深度小　(C)刨刀刃宽平直　(D)进给量小
8. 影响加工精度的因素有( )。
(A)工艺系统的几何误差　(B)工艺系统的受力变形引起的误差
(C)工艺系统的热变形引起的误差　(D)工件内应力引起的误差
9. 影响表面粗糙度的工艺因素主要有( )。
(A)工件材料　(B)切削用量　(C)刀具几何参数　(D)切削液
10. 在进给量一定的情况下,减小( )可减小表面粗糙度。
(A)主偏角　(B)副偏角　(C)前角　(D)后角
11. 衡量平面质量的主要方面是( )。
(A)平面度　(B)表面粗糙度　(C)垂直度　(D)平行度
12. 确定加工余量的方法有( )。
(A)经验估算法　(B)查表修正法　(C)分析计算法　(D)极大极小法
13. 刨削T形槽常用刀具有( )。
(A)切槽刀　(B)左右弯刀　(C)倒角刀　(D)成型刀
14. 常用的热处理方法有( )及化学热处理。

(A)退火 (B)正火 (C)回火 (D)淬火

15. 常见间歇运动机构有(　　)。

(A)棘轮机构 (B)槽轮机构 (C)曲柄滑块机构 (D)凸轮机构

16. 减小调整误差的方法有(　　)。

(A)提高进到的准确性 (B)改善装夹方法

(C)减小定位元件的位置误差 (D)精确刃磨刀具

17. 牛头刨床上加工出来的工件表面太粗糙或有明显的纹痕是由机床(　　)等造成的。

(A)滑枕移动方向与摇杆摆动方向不平行

(B)滑枕压板间隙过大小

(C)刀架部分松动或接触精度差

(D)拍板锥孔与锥销配合间隙过大

18. 刨削薄板工件时的措施有(　　)。

(A)大前角及理想的前刀面 (B)较大的后角

(C)较小的过渡刃和切削刃圆弧半径 (D)减小主偏角

19. 刨削斜镶条时斜度不符合要求的原因是(　　)。

(A)斜度垫铁斜度本身不对 (B)工作台有倾斜度未调整好

(C)装夹不正确 (D)加工方法选择不合理

20. 牛头刨床的调整包括滑枕行程长度和(　　)。

(A)行程位置 (B)行程速度

(C)工作台横向走刀 (D)工作台垂直方向的调整

21. 减小测量误差的方法有(　　)。

(A)正确选用量具 (B)定期检测校正量具

(C)正确选用测量方法 (D)精密零件应在恒温室测量

22. 磨削时产生的径向力大的原因有(　　)。

(A)工件硬度低 (B)工件的精度及表面质量高

(C)磨削温度高 (D)磨削时的径向分力大

23. 龙门刨床的调整内容有工作台行程调整,工作台起始位置调整和(　　)。

(A)工作台行程速度调整 (B)横梁高低位置的调整

(C)刀架快移和自动进刀的调整 (D)切削用量的调整

24. 牛头刨床滑枕往复运动中有振动声响的原因是(　　)。

(A)压板与滑枕全长接触不良 (B)压板压的过松

(C)摇杆表面与导槽不平行 (D)床身孔或槽与导槽不平行

25. 刨削薄板防止变形的措施有(　　)。

(A)正确的装夹方法 (B)合理的刀具材料及几何参数

(C)合理的切削用量 (D)两个平面交替反复加工

26. 刨削中产生镶条两宽面变形的原因有(　　)。

(A)切削用量大或刀尖圆弧过大 (B)刀具磨钝

(C)装夹不当 (D)未进行去应力处理

27. 龙门刨床工作台运动不平稳的原因有(　　)。

(A)存在断续切削　(B)润滑油压力过大
(C)齿轮齿条啮合不良　(D)两个齿条接头处齿距不符合标准

28. 工艺基准包含了(　　)。
(A)尺寸基准　(B)工序基准　(C)装配基准　(D)定位基准

29. 工艺尺寸链的环可分为(　　)。
(A)组成环　(B)增环　(C)减环　(D)封闭环

30. 封闭环的确定取决于(　　)。
(A)加工方法　(B)装夹方法　(C)定位方法　(D)测量方法

31. 减小或消除内应力的措施有(　　)。
(A)简化结构　(B)合理安排时效处理
(C)不分粗精加工阶段,一次加工出来　(D)粗加工后静置一段时间

32. 影响表面粗糙度的因素有(　　)。
(A)工艺系统刚性不足　(B)刃口不锋利
(C)主偏角过大　(C)各部件磨损有间隙

33. 在刨床上加工曲面的方法有(　　)。
(A)划线法刨削　(B)样板刀刨削　(C)横纵切削法　(D)靠模装置

34. 粗基准选择与(　　)有关。
(A)余量小的表面　(B)平整的表面　(C)重要表面　(D)加工过的表面

35. 龙门刨床具有(　　)等特点。
(A)形体大　(B)刚性好　(C)结构复杂　(D)加工精度低

36. 在加工前划线的目的是(　　)。
(A)调整加工余量　(B)分配加工面的相对位置
(C)便于找正　(D)区分加工界限

37. 刨削后尺寸精度不合格的原因有(　　)。
(A)粗心大意　(B)未进行试切　(C)测量方法不对　(D)工件安装未找正

38. 在牛头刨床上加工工件有平面局部凹陷现象的原因是(　　)。
(A)机床刚性不良　(B)切削时突然停车
(C)大齿轮上的曲柄销丝杠螺母松动　(D)加工面不平,切削力突然增大

39. 工件表面产生波纹的原因有(　　)。
(A)机床刚性差　(B)工件刚性差　(C)刀杆伸出过长　(D)切削深度过大

40. 刨削加工平面上有微小阶台的原因是(　　)。
(A)刀架丝杠与螺母间隙过大　(B)工件刚性差
(C)精刨时中途停车　(D)拍板、滑枕配合间隙过大

41. 在刨床上切断工件时刨刀折断的原因是(　　)。
(A)刀具刃磨不正确　(B)刀具安装不正确
(C)刀架丝杠松动　(D)刀架转盘未对准零位

42. 刨削T形槽的质量分析有(　　)。
(A)槽的侧面与工件侧面不平行　(B)T形槽两侧深度不一致
(C)槽底有小阶台　(D)槽两侧凹槽的顶面不在同一平面上

43. 测量V形槽的尺寸精度有(　　)等。
(A)两斜面的夹角　(B)V形槽的相对位置
(C)V形槽的深度　(D)V形槽与底面及侧面的平行度和对称度
44. 镶条的主要作用有(　　)。
(A)提高导轨的运动精度和延长使用寿命
(B)改善部件的加工和装配
(C)改善各部件间的接触面积
(D)调整配合面间的松紧程度
45. 通常所见的万能分度头有(　　)。
(A)FW200　(B)FW180　(C)FW250　(D)FW320
46. 刨削单键槽时产生的误差原因有(　　)。
(A)键槽与内孔中心不对称　(B)键槽宽度不准确
(C)键槽底面与侧面不垂直　(D)槽底凹凸不平
47. 龙门刨床床身常见的加工误差有(　　)。
(A)V形导轨的角度不准确　(B)导轨在垂直面方向弯曲
(C)V形导轨在水平方向弯曲　(D)导轨表面粗糙度大
48. 加工齿条时产生的加工误差有(　　)。
(A)齿形不准确　(B)齿距不合格
(C)齿条线与基面不平行　(D)齿面相互不平行
49. 切屑的收缩系数可以用(　　)表示。
(A)$K=\frac{L}{L_{屑}}>1$　(B)$K=\frac{L_{屑}}{L}>1$　(C)$K=\frac{a_{屑}}{a}>1$　(D)$K=\frac{a}{a_{屑}}>1$
50. 齿条的加工质量分析(　　)。
(A)齿距尺寸不合格　(B)齿形不准确
(C)齿条节线与基面不平行　(D)齿面相互不平行
51. 切削热的产生和传散用方程式可表示为(　　)。
(A)$Q_{总}=Q_{变形}+Q_{前磨}+Q_{后磨}$　(B)$Q_{总}=Q_{变形}+Q_{工}+Q_{前磨}+Q_{后磨}$
(C)$Q_{总}=Q_{变形}+Q_{工}+Q_{刀}+Q_{前磨}$　(D)$Q_{总}=Q_{工}+Q_{刀}+Q_{屑}+Q_{介}$
52. 衡量已加工表面质量的指标通常用(　　)表示。
(A)加工精度　(B)振动　(C)表面粗糙度　(D)表面残余应力
53. 消除强迫振动的方法有(　　)。
(A)尽量使工件的表面余量均匀
(B)在切削过程中应适当控制切削速度和换向速度
(C)提高机床—工件—刀具—夹具系统的刚性
(D)机床安装要牢固
54. 残留面积是指在切削后,加工表面上由(　　)留下的一些痕迹。
(A)主刀刃　(B)副刀刃　(C)主后角　(D)副后角
55. 机床按照使用中的通用程度可分为(　　)。
(A)通用机床　(B)专门化机床　(C)数控机床　(D)专用机床

56. 由于油泵故障导致的液压刨床没有压力或压力提不高的原因是(　　)。

(A)专项错误　　(B)零件损坏

(C)活动件磨损,间隙过大,泄露严重　　(D)进油吸气,排油泄露

57. 由于溢流阀故障导致的液压刨床没有压力或压力提不高的原因是(　　)。

(A)阀在开口位置被卡住,无法建立压力　　(B)阻尼孔堵塞

(C)阀中钢球与阀座配合不严　　(D)弹簧变形或折断

58. B2012A 型龙门刨床通过(　　)实现调压、调速的。

(A)直流电动机的电压　　(B)交流电动机的电压

(C)两级齿轮变速　　(D)三级齿轮变速

59. 龙门刨床一级保养的内容有(　　)。

(A)外保养　　(B)刀架、横梁、立柱、导轨保养

(C)润滑系统保养　　(D)电器系统保养

60. 符合龙门刨床特点的有(　　)。

(A)形体大　　(B)刚性好　　(C)结构复杂　　(D)加工精度低

61. 把刨刀调整到选好的切削深度上的方法有(　　)。

(A)用划针对刀　　(B)利用刀架上的刻度环来调整刨刀

(C)试刨　　(D)用对刀块来调整刨刀

62. 镶条的主要作用有(　　)。

(A)提高导轨的运动精度和延长导轨的使用寿命

(B)改善部件的加工和装配工艺性能

(C)改善导轨接触面积

(D)调整配合面的松紧程度

63. 燕尾形工件完工后的检验包括(　　)。

(A)燕尾角　　(B)燕尾的位置　　(C)燕尾的宽度　　(D)粗糙度

64. 精刨钢件时,通常使用(　　)混合。

(A)机油和煤油混合剂　　(B)矿物油和煤油混合剂

(C)机油和松节油混混合剂　　(D)矿物油和松节油混合剂

65. 精刨时对工件本身组织的要求有(　　)。

(A)均匀　　(B)无砂眼　　(C)无气孔　　(D)未进行热处理

66. 关于加工余量解释正确的是(　　)。

(A)加工余量是指相邻两工序的工序尺寸之差

(B)加工余量是指加工过程中所切去的金属层厚度

(C)加工总余量是毛坯尺寸与零件图的设计尺寸之差

(D)加工总余量等于各工序余量之和

67. 与平面的形状精度无关的是(　　)公差。

(A)对称度　　(B)垂直度　　(C)平行度　　(D)平面度

68. 按照数控机床的控制轨迹分类,加工中心不属于(　　)。

(A)点位控制　　(B)直线控制　　(C)点位直线控制　　(D)轮廓控制

69. 数控机床按照坐标轴数分类,可分为(　　)。

(A)两坐标数控机床　(B)三坐标数控机床
(C)多坐标数控机床　(D)五面加工数控机床
70. 工艺尺寸链具有(　　)特性。
(A)关联性　(B)封闭性　(C)积聚性　(D)真实性
71. 滑动轴承的优点是(　　)。
(A)制造简单　(B)具有一定的吸震性
(C)能保证较高的回转精度　(D)径向尺寸小
72. 滚动轴承的缺点是(　　)。
(A)负担冲击载荷能力较差　(B)安装要求准确
(C)径向尺寸比滑动轴承小　(D)高转速下声响较大
73. 工艺分析的主要意义包括了(　　)。
(A)保证加工质量　(B)提高生产效率
(C)降低生产成本　(D)减轻工人的劳动强度
74. 线、面在机械制图中的投影规律是(　　)。
(A)收缩性　(B)真实性　(C)积聚性　(D)关联性
75. 最终热处理包括(　　)。
(A)淬火和回火　(B)渗碳淬火　(C)渗氮　(D)调质
76. 预备热处理包括(　　)。
(A)退火　(B)正火　(C)时效　(D)淬火
77. 在(　　)宜采用工序集中法加工。
(A)工件的相对位置精度要求较高时
(B)在加工重型工件时
(C)用组合机床、多刀加工和自动机床加工工件时
(D)单件生产时
78. 在(　　)宜采用工序分散法加工。
(A)当工件的表面尺寸精度高和表面粗糙度要求低时
(B)在大批量生产中,用通用机床和通用夹具加工时
(C)当工人的平均技术水平较低时
(D)在批量生产中,工件尺寸不大和类型不固定时
79. 文明生产是指在(　　)的条件下进行生产劳动。
(A)良好的秩序　(B)整洁的环境　(C)安全卫生　(D)严格的管理
80. 常用的淬火方法主要有(　　)。
(A)单液淬火法　(B)双液淬火法　(C)分级淬火法　(D)等温淬火法
81. 渗碳一般适用于(　　)。
(A)低碳钢　(B)中碳钢　(C)高碳钢　(D)中碳合金钢
82. 带传动的优点具有(　　)特点。
(A)可用于两轴中心距较大的传动
(B)皮带富有弹性,可缓和冲击和振动载荷,运转平稳无噪声
(C)当过载时,皮带即在轮上打滑防止其他零件损坏

(D)磨损小,传动效率高

83. 链传动有(　　)的缺点。

(A)对于两链轮轴的平行度、链条和链轮间的垂直度等要求较高

(B)制造费用高

(C)工作时有噪声

(D)轴及轴承上受力较大

84. 凸轮被动件的位移规律是(　　)。

(A)等速运动　　(B)等加速和等减速运动

(C)变速运动　　(D)简谐运动

85. 凸轮的有关尺寸包括(　　)。

(A)被动件的滚子半径　　(B)导程角

(C)凸轮基圆半径　　(D)导轨长度及伸出尺寸

86. 有些机床采用无级变速机构,最常用的有(　　)。

(A)倍增变速机构　　(B)摩擦盘变速机构

(C)锥形变速机构　　(D)钢球变速机构

87. 压力控制阀有(　　)。

(A)溢流阀　　(B)减压阀　　(C)顺序阀　　(D)换向阀

88. 与机床的工作精度无关的是(　　)。

(A)加工质量　　(B)表面硬度　　(C)取样长度　　(D)加工外形范围

89. 常见工艺文件有(　　)。

(A)过程卡片　　(B)工艺卡片　　(C)工序卡片　　(D)工位卡片

90. 强力刨刀对工艺系统的要求有(　　)。

(A)对机床的要求　　(B)对工件安装的要求

(C)对刀具装夹的要求　　(D)对工件材料的要求

91. 影响强力刨刀的因素有(　　)。

(A)机床动力　　(B)工件刚性　　(C)工件材料　　(D)精加工余量

92. 刨刀的几何参数主要包括(　　)。

(A)刀具角度　　(B)刀刃形状　　(C)前刀面形式　　(D)刃口的形状

93. 刀具磨损限度分为(　　)。

(A)经济磨损限度　　(B)最大磨损限度　　(C)工艺磨损限度　　(D)正常磨损限度

94. 工艺磨损限度数值是指在工件的(　　),开始不符合技术要求的情况下刀具后刀面的磨损量的大小。

(A)已加工表面粗糙度　　(B)尺寸精度

(C)刚性　　(D)形位公差

95. 刀具的磨损原因分为(　　)。

(A)机械磨损　　(B)相变磨损　　(C)工艺磨损　　(D)扩散磨损

96. 影响切削温度的原因有(　　)。

(A)室温或环境温度过高　　(B)工件材料

(C)刀具角度　　(D)切削用量

97. 刀具几何角度对切削力的影响有(　　)。

(A)前角对切削力的影响　(B)主偏角对切削力的影响

(C)刀尖圆弧对切削力的影响　(D)刃倾角对切削力的影响

98. 切削过程中,有摩擦力分别垂直作用在刀具的(　　)上。

(A)主刀刃　(B)前刀面　(C)后刀面　(D)刀尖

99. 工程中常用的特殊性能钢有(　　)。

(A)不锈钢　(B)耐热钢　(C)耐磨钢　(D)高碳钢

100. 常见的金属晶体结构有(　　)。

(A)体心立方晶格　(B)圆心立方晶格　(C)面心立方晶格　(D)密排立方晶格

101. 马氏体的组织形态是(　　)。

(A)板条　(B)树状　(C)索状　(D)针状

102. 回火的目的是(　　)。

(A)降低零件的脆性,消除或降低内应力　(B)获得所要求的力学性能

(C)改善加工性能　(D)稳定尺寸

103. 液压系统中控制阀基本可分为(　　)。

(A)压力控制　(B)换向控制　(C)流量控制　(D)速度控制

104. 剖面图的种类有(　　)。

(A)移出剖面　(B)剖面　(C)重合剖面　(D)重叠剖面

105. 按含碳量分类碳素钢可分为(　　)。

(A)低碳钢　(B)中碳钢　(C)高碳钢　(D)合金钢

106. 我国标准圆柱齿轮的基本参数是(　　)。

(A)齿距　(B)齿厚　(C)模数　(D)压力角

107. 具有通用合金之称的刀具材料有(　　)。

(A)YG 类　(B)YT 类　(C)YA 类　(D)YW 类

108. 在平口钳上夹持毛坯工件,为保护钳口不受损伤,可在钳口上垫上(　　)。

(A)铜皮　(B)铁皮　(C)铅皮　(D)铝皮

109. 刨削平行面及互成直角关联面时产生两相对面不平行的原因是(　　)。

(A)装夹不正确

(B)平口钳钳身滑动面与工作台面不平行

(C)工作台面与滑枕主运动不平行

(D)因刀具钝化而产生让刀

110. 刨垂直面时,造成垂直面与水平面不垂直的原因有(　　)。

(A)工件装夹不正确

(B)刀架刻度为对准零位,使刀架走刀方向与工作台的平面不垂直

(C)工作台横向进给丝杠与螺母存在间隙

(D)刀架镶条未调整好

111. 刨削阶台时应准确掌握阶台的(　　)等尺寸。

(A)宽度　(B)深度　(C)平面等高　(D)表面粗糙度

112. 加工任意正多边形时,可根据(　　)公式计算任意正多边形边长。

(A)$a=D\sin\frac{\alpha}{2}$　(B)$a=D\cos\frac{\alpha}{2}$　(C)$a=D\sin\frac{180}{2}$　(D)$a=D\cos\frac{180}{2}$

113. 薄板工件加工时的装夹方法有(　　)。

(A)用平口钳和撑板进行装夹　(B)采用夹具装夹

(C)磁性工作台装夹　(D)直接在工作台上装夹

114. 刨削燕尾形工件时,应注意(　　)。

(A)刨削内斜面时,提高切削用量

(B)在工作过程中,防止刀架与工件或床身发生相碰现象

(C)控制精刨余量,注意接平

(D)及时测量

115. 切削热来源于三个变形区,在第三变形区内,主要由(　　)传散。

(A)工件　(B)周围介质　(C)切屑　(D)刀具

116. 刀具磨损主要有(　　)。

(A)机械磨损　(B)相变磨损　(C)化学磨损　(D)工艺磨损

117. 在生产中若采用细颗粒硬质合金或添加稀有金属硬质合金,可提高刀具的(　　),减少扩散磨损。

(A)耐磨性　(B)韧性　(C)耐冲击性　(D)化学稳定性

118. 刀具的磨损限度可分为(　　)。

(A)最大极限磨损限度　(B)工艺磨损限度

(C)经济磨损限度　(D)最小极限磨损限度

119. B690型液压牛头刨床发生爬行现象的主要原因是(　　)。

(A)空气侵入　(B)摩擦阻力变化

(C)溢流阀作用失效　(D)运动部件换向时缺乏阻尼

120. 工件利用夹具加工时,影响加工精度的因素有(　　)。

(A)夹具的制造误差　(B)夹具的安装误差

(C)加工误差　(D)测量误差

121. 封闭环的公差(　　)各组成环的公差。

(A)大于　(B)小于　(C)等于　(D)不等于

122. 影响机床部件刚度的因素有(　　)。

(A)连接表面间的接触变形　(B)隙的影响

(C)弱零件的本身变形　(D)零件间摩擦的影响

123. 造成误差复映规律的因素有(　　)。

(A)毛坯余量不均匀　(B)切削力的变化

(C)加床刚性差　(D)工艺系统受力变形

124. 自激振动原理包括(　　)。

(A)负阻尼激振　(B)再生激振

(C)不平衡离心惯性力　(D)振型耦合

125. 普通碳素结构钢分为(　　)。

(A)类钢　(B)乙类钢　(C)丙类钢　(D)特殊钢

126. 文明生产是指在遵章守纪的基础上去创造(　　)的生产环境。
(A)安全舒适　(B)高效率　(C)整洁　(D)优美有序
127. 我国标准中,剖视图分为(　　)。
(A)全剖视图　(B)半剖视图　(C)旋转剖视图　(D)局部剖视图
128. 耐热性的综合指标包括(　　)及高温化学稳定性等。
(A)高温硬度　(B)高温强度　(C)高温耐冲击性　(D)高温黏结性
129. 产品标准可分为(　　)。
(A)国家标准　(B)地方标准　(C)企业标准　(D)产品质量标准
130. 尺寸标注的形式有(　　)。
(A)链式　(B)封闭式　(C)坐标式　(D)综合式
131. 在生产过程中,改变生产对象的(　　)使其成为成品或半成品的过程,称为工艺过程。
(A)形状　(B)尺寸　(C)相对位置　(D)性质
132. 基准一般分为(　　)。
(A)工艺基准　(B)设计基准　(C)定位基准　(D)装配基准
133. 采用(　　)作为定位基准时,称为基准重合。
(A)设计基准　(B)测量基准　(C)装配基准　(D)尺寸基准
134. 齿轮精度由(　　)组成。
(A)运动精度　(B)工作平稳精度　(C)接触精度　(D)齿侧间隙
135. 金属材料的性能包括(　　)。
(A)工艺性能　(B)物理性能　(C)化学性能　(D)机械性能
136. 常用水平仪有(　　)。
(A)扭簧比较仪　(B)普通水平仪　(C)合像水平仪　(D)框式水平仪
137. 加工表面质量表现为机械零件在加工以后其表面层的状态,包括(　　)。
(A)表面粗糙度　(B)表面波纹度　(C)表面层冷作硬化　(D)表面层的残余应力
138. 为确定和测量刀具的几何角度,需要假象的辅助平面有(　　)。
(A)基面　(B)剖面　(C)切削平面　(D)过渡表面
139. 基准不重合误差是由(　　)之间产生的。
(A)尺寸基准　(B)定位基准　(C)测量基准　(D)设计基准
140. 只有在(　　)精度很高时,重复定位才允许采用。
(A)加工　(B)装配　(C)定位基准　(D)定位元件
141. 为保证工件达到图样规定的精度和技术要求(　　)尽量重合。
(A)工艺基准　(B)定位基准　(C)设计基准　(D)测量基准
142. 加工深孔的主要关键技术是解决(　　)问题。
(A)冷却　(B)工艺系统刚性　(C)加工精度　(D)排屑
143. 畸形工件的加工关键是(　　)。
(A)装夹　(B)定位　(C)找正　(D)测量
144. 硬质合金刀具的(　　)高于高速钢。
(A)硬度　(B)耐磨性　(C)韧性　(D)抗黏结性
145. 材料切削加工性是通过材料的(　　)等进行综合评定的。

(A)硬度　(B)抗拉强度　(C)伸长率　(D)冲击值

146. 变压器型号可表示出变压器的(　　)。

(A)额定容量　(B)低压侧额定电压

(C)高压侧额定电压　(D)高压侧额定电流

147. 自动空气断路器主要由(　　)。

(A)感觉元件　(B)传递元件　(C)执行元件　(D)触头部分

148. 导体的电阻与(　　)有关。

(A)电源　(B)导体长度　(C)导体的截面积　(D)导体的材料性质

149. 多个电阻串联时,特性正确的是(　　)。

(A)总电阻等于各分电阻之和　(B)总电压电压各分电压之和

(C)总电流电压各分电流之和　(D)总消耗功率等于各分电阻消耗功率之和

150. 三相电源的连接方法可分为(　　)。

(A)星形连接　(B)串联连接　(C)三角连接　(D)并联连接

151. 用于防止直接接触电击的防护措施有(　　)。

(A)安全隔离　(B)保护接零　(C)保护接地　(D)绝缘、遮拦和隔阻物

152. 发生电气火灾时可以用来灭火的灭火器是(　　)。

(A)泡沫灭火器　(B)干粉灭火器　(C)水　(D)CO_2

153. 引起电气火灾与爆炸的直接原因是(　　)。

(A)设备缺陷　(B)安装不当　(C)电流产生的热量　(D)电火花或电弧

154. 对封闭环最大极限尺寸解释错误的是(　　)。

(A)所有增环的最大极限尺寸之和减去所有减环的最小极限尺寸之和

(B)所有增环的最小极限尺寸之和减去所有减环的最大极限尺寸之和

(C)所有减环的最大极限尺寸之和减去所有增环的最小极限尺寸之和

(D)所有减环的最小极限尺寸之和减去所有增环的最大极限尺寸之和

155. 增加刨刀的刀刃强度方法有(　　)。

(A)采用正值的刃倾角　(B)在主刀刃的处磨负倒棱

(C)采用较小的后角　(D)采用适当的主偏角

156. 工件装夹时,夹紧力与(　　)同向时,夹紧力最小,从而简化夹紧装置,便于操作。

(A)工件重力　(B)支撑力　(C)切削力　(D)反作用力

157. 加工V形槽时产生的加工误差有(　　)。

(A)中心线与水平面不垂直　(B)V形槽的相对位置尺寸不对

(C)槽底的直角槽偏斜　(D)角度不正确

158. V形槽的测量包括(　　)。

(A)V形槽的宽度　(B)槽底与底面、侧面的平行度和对称度

(C)V形槽的相对位置尺寸　(D)两斜面夹角

159. 影响机床性能和寿命的原因有(　　)。

(A)腐蚀　(B)变形　(C)磨损　(D)事故

160. 用于连接的键有(　　)。

(A)普通平键　(B)半圆键　(C)楔键　(D)钩键

161. 工序余量可分为(　　)。

(A)基本余量　(B)最大工序余量　(C)最小工序余量　(D)加工余量

162. 齿轮加工误差主要来源于(　　)等整个工艺系统以及加工中的调整所存在或产生的误差。

(A)齿坯　(B)机床　(C)刀具　(D)夹具

163. 加工顺序安排原则有(　　)等。

(A)先粗后精　(B)先次后主　(C)先面后孔　(D)先近后远

164. 相关公差是指图样上给定的(　　)相互关系。

(A)形状公差　(B)位置公差　(C)尺寸公差　(D)加工误差

165. 常用的淬火介质有(　　)、空气等。

(A)水　(B)油　(C)水溶液熔盐　(D)熔盐

166. 有些机床采用无级变速机构,常用的有(　　)。

(A)倍增变速机构　(B)钢球变速机构　(C)锥形变速机构　(D)摩擦盘式变速机构

167. 机床的操纵机构可分为(　　)机构等。

(A)滑移齿轮式　(B)简式　(C)偏心式　(D)圆柱凸轮式

168. 保险机构是防止不正确的操纵机床手柄儿损坏机床的装置,常用的机构有(　　)。

(A)曲面型　(B)插销式　(C)圆盘式　(D)凸块嵌入式

169. 自动停止机构可以保护机床在过载时能自动停止,它有(　　)自动停止机构。

(A)销子折断式　(B)杠杆式　(C)脱落蜗杆式　(D)移动式

170. 使机器做周期性间歇运动的间歇机构,通常可分为(　　)。

(A)棘轮机构　(B)槽轮机构　(C)间歇齿轮机构　(D)星轮机构

171. 侧齿式离合器的齿形有(　　)。

(A)圆形　(B)矩形　(C)三角形　(D)梯形

172. 确定工序余量时应考虑(　　)等因素。

(A)加工误差　(B)热处理变形　(C)定位误差　(D)装夹方法

173. 角铁应具有较高的(　　)要求。

(A)平面度　(B)平行度　(C)角度　(D)直线度

174. 形状精度包括(　　)等。

(A)圆度　(B)圆柱度　(C)平面度　(D)同轴度

175. 位置精度包括(　　)等。

(A)弧度　(B)平行度　(C)垂直度　(D)同轴度

176. 蜗杆的类型有(　　)。

(A)展成线蜗杆　(B)轴向直廓蜗杆　(C)法向直廓蜗杆　(D)渐开线蜗杆

177. 龙门刨床床身导轨磨损严重的原因包括(　　)。

(A)地基刚度不足　(B)润滑油黏度差　(C)床身局部磨损　(D)维护不良

178. V型铁安装工件时未限制(　　)。

(A)沿 X 轴的移动　(B)围绕 X 轴转动　(C)围绕 Y 轴的转动　(D)围绕 Z 轴的转动

179. 背吃刀量是工件上(　　)之间的垂直距离。

(A)已加工表面　(B)待加工表面　(C)加工表面　(D)切削平面

180. 超硬刀具材料主要指(　　)。
(A)YG类　(B)YT类　(C)金刚石　(D)立方氮化硼
181. 常用的心轴有(　　)等。
(A)圆柱心轴　(B)小锥度心轴　(C)花键心轴　(D)螺纹心轴
182. 机床的几何精度是指(　　)。
(A)基础零件自身的几何形状精度　(B)相互位置几何精度精度
(C)相对运动几何精度　(D)机床的安装精度
183. 用"两销一面"定位,两销是指(　　)。
(A)长圆柱销　(B)短圆柱销　(C)削边销　(D)圆锥销
184. 时间定额是由(　　)和休息和生理需要时间组成。
(A)单位时间　(B)单件时间　(C)基本时间　(D)辅助时间
185. 液压系统中液体在管道中流动产生液阻,造成压力损失,因此压力损失包括(　　)。
(A)流量损失　(B)流速损失　(C)局部损失　(D)沿程损失
186. 零件的加工过程通常按工序性质不同可分为(　　)。
(A)粗加工　(B)精加工　(C)半精加工　(D)检验与清洗
187. 辅助工序包括(　　)。
(A)检验　(B)清洗　(C)去毛刺　(D)防锈
188. 关于粗基准的选择,下述说法错误的是(　　)。
(A)粗基准选的合适可以重复使用
(B)为保证其重要加工表面的加工余量小而均匀,应以该重要表面做粗基准
(C)选择加工余量大的表面做粗基准
(D)应尽可能使加工表面的金属切除量总和最大
189. 加工总余量是(　　)之间的差。
(A)毛坯尺寸　(B)最大工序余量　(C)最小工序余量　(D)零件图的设计尺寸
190. 背吃刀量根据(　　)确定。
(A)机床　(B)工件　(C)刀具刚度　(D)加工余量
191. 属于粗基准选择原则的有(　　)。
(A)相互位置要求原则　(B)重要表面原则
(C)不重复使用原则　(D)自为基准原则
192. 采用窄V形架安装圆柱体工件时限制了(　　)。
(A)沿 X 轴移动　(B)沿 Z 轴移动　(C)沿 Y 轴移动　(D) Y 轴转动

四、判 断 题

1. 合力对平面内任一点之矩,等于所有各分力对同一点力矩的代数和。(　　)
2. 低副能传递较复杂运动,高副只能传递简单运动。(　　)
3. 滑动轴承比滚动轴承的摩擦系数小,功率损耗小,机械效率高。(　　)
4. 当形位公差采用最大实体原则时,尺寸公差可补偿给形位公差。(　　)
5. 配合公差愈大则配合愈松。(　　)
6. 若某配合的最大间隙为20 μm,配合公差为30 μm,则该配合一定是过渡配合。(　　)

7. 刨削前应按图样要求,决定加工时的定位基准和装夹方法。( )

8. 机床的几何精度和工件精度,都是在静态条件下进行检验的。( )

9. 保证产品质量,提高经济效益,就必须严格执行操作规程。( )

10. 生产计划是保证正常生产秩序的先决条件。( )

11. 内力是随着外力的增大而减小。( )

12. 作用力与反作用力作用在同一物体上。( )

13. 滑动轴承比滚动轴承的摩擦系数小,功率损耗小,机械效率高。( )

14. 滚动轴承不能剖分,承受冲击负荷的能力差。( )

15. 三角带轮的槽间夹角应大于三角带截面交角。( )

16. 可用增大两带轮中心距的方法解决带传动中的打滑现象。( )

17. 燕尾面和支撑面的表面粗糙度经精刨达到 R_a 值 0.8 μm,再经磨削或刮削至 R_a 值 1.6 μm 以下。( )

18. 若某配合的最大间隙为 20 μm,配合公差为 30 μm,则该配合一定是过渡配合。( )

19. 杠杆千分尺能够用于绝对测量,但不能用于相对测量。( )

20. 量块、水平仪、百分表等都属于常用量仪。( )

21. 杠杆式卡规即可用于相对测量,也可用于直接测量工件的某些形状和位置误差。( )

22. 经过检验,如果龙门刨床的预调精度和几何精度都已合格,但是,机床的工作精度不一定能合格。( )

23. 在满足工件加工工艺要求的条件下,可以采用不完全定位。( )

24. 加工花键孔时,花键孔中心不必和工件转动中心重合。( )

25. 切削力由三个分力组成,其中轴线方向的力 F_x 最大,其他两个力 F_y、F_z 较小。( )

26. 减少刀瘤的主要措施就是增大刀具前角,提高和降低切削速度,加入冷却液。( )

27. 切削热的产生对刀具的耐用度没有影响。( )

28. 适当增加刀具的前角和后角,是消除刨削时自发振动的主要方法之一。( )

29. 斜镶条的主要作用是提高导轨的运动精度和延长导轨的使用寿命。改善部件的加工和装配工艺性。( )

30. 龙门刨床的精度检测共有预调精度和机床几何精度检测两项内容。( )

31. 力对物体的作用效果决定于力的大小和方向。( )

32. 刚体是指在力的作用下不会发生变形的物体。( )

33. 两力平衡公理是指两力大小相等,方向相反,作用在同一直线上。( )

34. 力总是成对出现,有作用力必有反作用力,两者同时存在,同时消失。( )

35. 多片式摩擦离合器是靠接触面间的摩擦力来传递扭矩的。( )

36. 转轴能同时承受弯矩和扭矩。( )

37. 传动轴不受扭矩,只受弯矩。( )

38. 心轴不受弯矩,只受扭矩。( )

39. 键连接是用来确定转动零件在轴上的轴向位置的。( )

40. 销在机械中主要用作定位,也用于连接,传递不大的载荷,有时还作安全保险用。( )

41. 弹簧中应用最广的是圆锥螺旋弹簧。( )

42. 在曲柄摇杆机构中,若以原曲柄固定为机架,则可得到双摇杆机构。( )

43. 在曲柄摇杆机构中,若以原摇杆固定为机架,则可得双曲柄机构。(　　)

44. 凸轮机构多用于传递动力大的场合。(　　)

45. 直齿锥齿轮的标准模数在小端上。(　　)

46. 任何蜗杆传动都具有自锁作用。(　　)

47. 蜗杆传动规定在中心截面内的模数和压力角为标准值。(　　)

48. 当蜗杆头数一定时,其特性系数越大,蜗杆的导程角越小,传动效率越低。(　　)

49. 作用于油液单位面积上的液压作用力称为压力。(　　)

50. 液压系统中的动力部分是将液压能转换成机械能的装置。(　　)

51. 各种液压缸及液压马达是将机械能转换成液压能的装置。(　　)

52. 液压辅助元件在液压系统中可有可无。(　　)

53. 双作用叶片泵因不能改变输油量,所以只能作定量泵用。(　　)

54. 单杆双作用活塞式液压缸若采用差动连接可实现差动快速。(　　)

55. 差动缸快进,一般为空程运动,此时缸的推力很小,有利于提高工作效率。(　　)

56. 顺序阀是用来控制液压系统各执行元件先后动作顺序的。(　　)

57. 流量控制阀通常并联在液压系统中使用。(　　)

58. 顺序动作回路主要是调节系统或系统的某一部分压力,以满足执行元件在力或转矩上的要求。(　　)

59. 在要求大范围无级调速或要求大启动转矩的场合常采用异步电动机。(　　)

60. 刨削一个零件所需要的时间称为工序的单件时间定额。(　　)

61. 生产一个零件所需要的时间称为该零件的作业时间。(　　)

62. 表面粗糙度值越大,磨损越快;表面粗糙度值越小,磨损越小。(　　)

63. 采用新工艺、新技术可提高劳动生产率。(　　)

64. 我国安全生产方针是“安全第一,防治结合”。(　　)

65. 如果零件中有多个不加工表面,则应以其中与加工面相互位置要求高的表面作为粗基准面。(　　)

66. 加工车床的床身时,应首先选择导轨面作粗基准面来加工床腿的底平面。(　　)

67. 应尽可能使较多的表面都采用同一精基准面作定位基准。(　　)

68. 采用基准统一原则,可简化工艺过程的制订。(　　)

69. 定位误差就是加工误差。(　　)

70. 用仿形法精刨直齿锥齿轮,当刨削齿槽左侧齿形时,工作台向左移动,工件沿顺时针方向转动。(　　)

71. 用仿形法刨削直齿锥齿轮,其加工精度低,生产效率低。(　　)

72. 平面假想齿轮原理加工精度低。(　　)

73. 用展成法刨削直齿锥齿轮时,只需工件绕自身轴线旋转。(　　)

74. 直齿锥齿轮啮合检验时,最好是在轻载荷条件下进行。(　　)

75. 分度头主轴轴心线与旋转中心线不重合,会造成锥齿轮的齿形误差大。(　　)

76. 利用附加装置刨削导轨面上曲线槽时,一个装置只能用来刨削一种规格的工件。(　　)

77. 刨刀刀刃不平直或者有缺口将会造成导轨表面有沿导轨长度方向的纵向纹路。(　　)

78. 采用精刨代刮，是提高生产效率和降低生产成本的重要途径。(　)
79. 精刨代刮应采用较大的切削速度和切削深度。(　)
80. 精刨代刮的机床要有较高的精度和足够的刚度。(　)
81. 精刨代刮前，工件加工表面的粗糙度应大于 $R_a3.2\ \mu m$。(　)
82. 宽刃精刨刀，刨削时不易扎刀，切削平稳，有利于降低工件的表面粗糙度数值。(　)
83. 大刃倾角宽刃精刨刀，刀片外形呈三角形，有三个平直刃口。(　)
84. 大量生产需要技术熟练的操作工人。(　)
85. 大量生产应采用通用刀具和万能量具。(　)
86. 单件生产很少采用夹具，由划线及试切法保证尺寸要求。(　)
87. 工序集中就是零件加工的工序比较多，工艺路线长。(　)
88. 采用工序集中，可以减少工件定位和夹紧时所必须的装夹工具。(　)
89. 淬火可提高零件的表面硬度，应安排在工艺过程的开始。(　)
90. 加工余量过大，毛坯成本增加。(　)
91. 龙门刨床精度检验前应先找正机床的安装水平。(　)
92. 在龙门刨床大修或安装过程中，只有在预调精度合格以后，才能够进行机床几何精度和机床工作精度的检验。(　)
93. 机床几何精度的检验是在动态条件下检查的。(　)
94. 机床的工作精度是在动态条件下，对试件进行加工时才能反映出来。(　)
95. 插床精度检验包括机床精度和机床工作精度检验两项。(　)
96. 检验插床工作台移动时的倾斜误差，检验前，滑枕应该停放在滑枕导轨的中间位置。(　)
97. 刨、插床精度检验的标准规定，工作台面只允许内凹而不允许外凸。(　)
98. 当连接螺纹的螺纹升角较小时，在静载荷作用下，连接不会自行松脱。(　)
99. 可移式联轴器用于两轴线有偏斜或有相对位移的场合。(　)
100. 轴承的作用是保持轴心线的正确位置，支持轴和轴系零件，减少运动时的摩擦。(　)
101. 各种压力控制阀都是利用油液的液压作用力与弹簧力相平衡的原理进行工作的。(　)
102. 熔断器是低压配电系统和电力拖动系统中的保护电器。(　)
103. 在刨削加工过程中，刀具的趋近、切入、切削、切出等时间，应列入刨削加工的辅助时间。(　)
104. 用展成法刨削直齿锥齿轮时，如果对刀不准确，将会产生“困牙”现象。(　)
105. 在成批生产中，大床身经常采用“划线—刨削”的加工方案。(　)
106. 为了使床身导轨的加工精度保持持久，不必消除铸件的内应力和切削应力。(　)
107. 精刨代刮时，为防止夹紧变形，夹紧力作用点必须落在工件的定位支撑上。(　)
108. 为使产品质量稳定可靠地上升，必须大力采用先进可行的工具、夹具和量具。(　)
109. 工序分散就是零件加工的工序比较少，每一工序加工内容多。(　)
110. 磨床上工作台在第一次安装时，应以上导轨面为主要定位基准。(　)
111. 机床几何精度对于新机床来说反映了机床的制造和装配精度。(　)

112. 刨、插床精度验收标准规定,插床的安装水平,在纵向和横向都不应该超过0.04 mm/1 000 mm。( )

113. 固定端约束,其约束反力可分解为一个反力和一个反力偶。( )

114. 固定式联轴器用于两轴要求严格对中的场合。( )

115. 急回特性系数越大,机构的急回作用越明显。( )

116. 油液流经无分支管道时,每一横截面上通过的流量一定是相等的。( )

117. 短路是指10倍额定电流以上的过电流。( )

118. 要提高某一道工序的劳动生产率,主要是在于缩减工序的单件时间定额。( )

119. 零件上各加工表面间的相互位置精度与定位基准的选择有着密切的关系。( )

120. 选择精基准时,应尽量使设计基准与定位基准相重合。( )

121. 利用附加装置刨削导轨面上的曲线油槽时,每次安装工件都应该仔细检查装置中齿轮、齿条的啮合间隙。( )

122. 精刨代刮铸铁件时,常用机油和煤油的混合油作润滑液。( )

123. 零件上各表面加工顺序的划分,对零件的加工精度没有关系。( )

124. 外圆磨床床身导轨,在粗刨以后应立即进行精刨。( )

125. 标准规定,普通插床的验收对机床必须进行空运转试验且时间不得小于1 h。( )

126. 常用的离合器有齿式、摩擦式、超越式和啮合式四种。( )

127. 弹簧主要是控制运动、缓冲和减振、储存能量、测量载荷。( )

128. 流量控制阀是靠改变节流的速度,以达到调节液压缸速度的液压马达速度的目的。( )

129. 轴类零件的主要技术要求有:尺寸精度、几何形状精度和表面粗糙度。( )

130. 为了刨出收缩形的轮齿,采用工作台偏移与工件转动相结合的调整方法。( )

131. 定位误差就是基准位移误差。( )

132. 工件的定位,可以用划针或百分表对工件进行找正。( )

133. 可采用成形法刨削直齿圆锥齿轮,使用成形精刨刀精刨,用分度头进行分度,每次分度时工件应转过$360°/Z$。( )

134. 在确定刨削用量时,提高劳动生产率的主要途径是增大切削速度和进给量。( )

135. 工件表面在加工过程中产生强烈的塑性变形后,表面的强度、硬度都得到提高并达到一定的深度,这叫加工硬化。( )

136. 刨削薄形工件,一般采用较小的切削速度和进给量,切削深度则可取正常深度,最好在切削时加注适当的切削液。( )

137. 倒棱角就是在刀的主切削刃上磨出一个小平面,这是在刀具中常见的锐中求固的有效措施之一。( )

138. 精刨龙门刨床导轨时中途不准停车。( )

139. 齿轮轮齿的失效形式有:齿面点蚀,齿面磨损、齿面胶合、轮齿折断及齿面塑性变形。( )

140. 尺寸链按其性质不同分为:设计尺寸链、工艺尺寸链、装配尺寸链和测量尺寸链。( )

141. 对精刨加工的零件的材料要求:金属组织均匀、硬度差别不大,无砂眼和疏松等缺

陷。(　)

142. 高速磨削的主要特点:生产效率高,可大大缩短基本时间,加工精度高,能获得较细的表面粗糙度。(　)

143. 热轧、冷轧、浇铸、粉末冶金都属无切屑加工方法。(　)

144. 采用退火处理,可消除箱体的铸造内应力,防止加工后的变形。(　)

145. 液压传动是靠处于容器内的液体压力进行能量转换、传递和控制的一种传动方式。(　)

146. 结构工艺性是个综合性的问题,必须对毛坯制造、机械加工、热处理、装配等整个生产过程的工艺过程进行全面分析比较来评定。(　)

147. 金属切削加工自动线是用工件自动传递系统,把按加工工序合理排列的若干台金属切削机和其他辅助设备联系起来的自动化生产线。(　)

148. 测微仪有杠杆齿轮式测微仪和扭簧式测微仪两种,与普通千分表比,测微仪的量程大,测量精度高,因此,常用于精密测量。(　)

149. 水平仪的放大原理是利用倾斜角度不同,曲率半径相同,而将被测量误差进行放大的。(　)

150. 工件的定位可以由工件上的定位表面与夹具定位元件接触而实现。(　)

151. 在标注尺寸和位置公差时所依据的那些点、线、面,称为零件的设计基准。(　)

152. 直齿圆锥齿轮的刨削原理有两种,平面假想齿原理和平顶假想齿轮原理。(　)

153. 目前,床身导轨的精加工方法,主要是用精刨代刮或以磨代刮代替手工研磨。(　)

154. 平面加工的技术要求有:尺寸精度,相互位置精度及表面粗糙度。(　)

155. 平面力偶系数的平衡条件是:力偶系中各力的代数和等于零。(　)

156. 压力控制阀是用来控制液压系统的压力,以实现执行元件所需要的压力。(　)

157. 常用的孔加工方法有:钻、扩、铰、镗、拉、磨和光整等。(　)

158. 按照基准统一原则所选用的精基准,能用于多个表面的加工及多个工序加工,可以减少因基准变换带来的误差,提高加工精度。(　)

159. 用成形法刨削直齿圆锥齿轮的步骤是:刨出齿槽;粗刨齿形,精刨齿形。(　)

160. 精刨代刮是指刨削时,采用刃口平直的刨刀,以很低的切削速度和极小的切削深度,不进给或者采用很大的进给量,切去工件表面一层极薄的金属层。(　)

161. 为提高劳动生产率,应当进行技术革新以缩短辅助时间与准备终结时间。(　)

162. 低碳钢经过渗碳、淬火、回火处理后,其表面硬度可达 59HBS 以上。(　)

163. 大中型直流电机不允许直接启动,只能采用减压启动。(　)

164. 企业的时间定额管理是企业管理的重要基础工作之一。(　)

165. 机械防松装置可用在有振动和高速运转的机器中。(　)

166. 粗加工工序余量用查表确定。(　)

167. 第一道工序采用的是精基准。(　)

168. 采用硬质合金不重磨刨刀,节省了装刀、对刀和调整机床刻度的时间。(　)

169. 蜗杆传动中,由于啮合面相对滑动,齿面易产生发热和磨损。(　)

170. 超精加工可以纠正上道工序留下来的形状误差和位置误差。(　)

171. 产生加工硬化的原因主要是因为刀具刃口太钝而造成的。(　)

172. 在夹具中对工件进行定位,就是限制工件的自由度。(　　)

173. 刨削工件时,一般切出越程都大于切入越程。(　　)

174. 如果薄壁工件下面的缝隙是由于工件底面不平直而产生的,应该用铜皮垫实。(　　)

175. 刀具的前角越大,切削变形越小,产生的切削热也越少。(　　)

176. 尺寸公差和形位公差都是零件的几何要素。(　　)

177. 加工表面上残留面积越大,高度越高,则工件表面粗糙度越大。(　　)

178. 刨削V形槽时,先切出底部的直角形槽,是为了刨斜面有空刀位置。(　　)

179. 对直齿锥齿轮进行变位修正时通常两轮变位系数的绝对值相等,符号相反。(　　)

180. 仿形加工是刀具按照仿形装置进给对工件进行加工的方法。(　　)

181. 插床床鞍的加工工艺过程长,在刨床上加工的工序多,且后续加工工序也多以刨削过的表面为基准。(　　)

182. 插床工作台面的平面度,影响工件或夹具在工作台面上的装夹或安装精度。(　　)

五、简 答 题

1. 什么叫包容原则?什么叫最大实体原则?
2. 什么叫表面粗糙度?表面粗糙度对机器零件的使用性能有哪些影响?
3. 叙述刨削斜齿条时,齿距与其累积误差的测量方法并分析产生累积误差的原因。
4. 刨T形槽时常见的误差有哪些?
5. 什么是量仪的放大比?
6. 什么叫测量力?
7. 检验平面的平面度常用的方法有哪几种?
8. 什么叫进给脉冲当量?
9. 简述防止和消除刨削时强迫振动的方法。
10. 在龙门刨床上刨削大型燕尾斜镶条的角度面时,应特别注意哪些方面?
11. 说明检测龙门刨床侧刀架垂直移动对工作台面垂直度的方法。它对加工精度有什么影响?
12. 如何消除刨削时的自发振动?
13. 说明阅读分析机床传动系统图时的方法。
14. 在刨削大型燕尾斜镶条时,应保证哪些加工要求?
15. 联轴器和离合器有何相同点和不同点?
16. 试分析心轴、转轴、传动轴所受载荷。
17. 平面四杆机构中,曲柄存在的条件是什么?
18. 为什么要规定蜗杆特性系数?
19. 蜗杆传动正确啮合的条件是什么?
20. 轮系有何功用?
21. 试述液压传动的工作原理。
22. 溢流阀在系统中有何作用?
23. 差动液压缸有何特点?
24. 由于油泵原因造成系统没有压力或压力提不高的原因是什么?

25. 缩短辅助时间有哪些措施？

26. 采用成型法精刨直齿锥齿轮的右侧齿形，如图1所示。试问应该用什么方法进行调整？并在图中用箭头标出调整方向。

27. 直齿锥齿轮经啮合检查后，齿面接触斑点的分布位置如图2所示，指出缺陷状况及纠正方法。

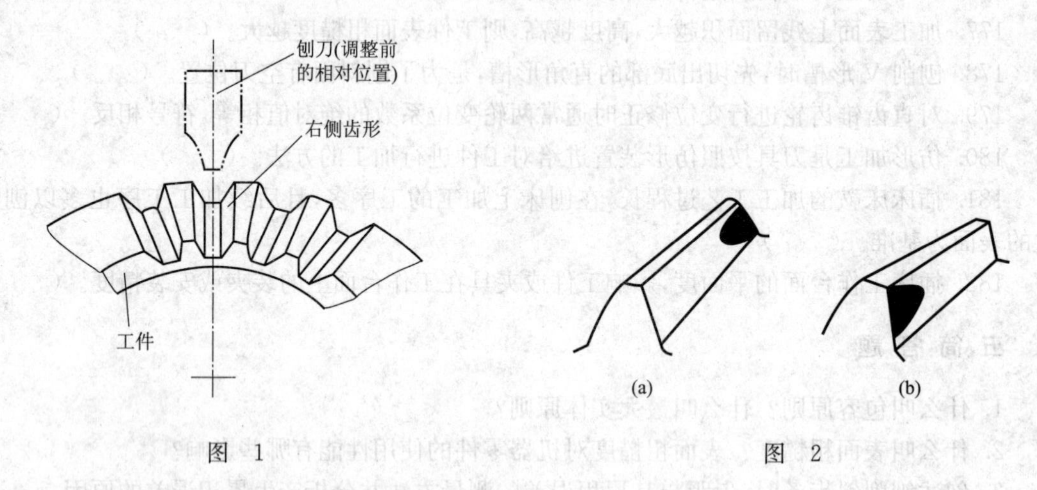

图 1　　　　图 2

28. 主轴箱体类零件工艺基准如何选择？

29. 用双平口钳装夹工件应注意什么？

30. 什么情况下采用专用夹具装夹工件？

31. 车床床身有何特点？

32. 用附加装置刨削曲线油槽，应注意什么？

33. 龙门刨床的精度检验包括哪些内容？

34. 龙门刨床的机床工作精度怎样进行检验？

35. 采用精刨代刮时对工件方面有何要求？

36. 单件生产、成批生产、大量生产各有什么特点？

37. 普通插床验收应有什么内容？

38. 液压泵正常工作的必备工作条件是什么？

39. 时间定额的组成是什么？

40. 选择精基准的原则是什么？

41. 刨削直齿锥齿轮，齿形误差大的原因是什么？

42. 精刨代刮时应注意什么？

43. 什么是基准位移误差？产生基准位移误差的原因是什么？采取什么措施可减小基准位移误差？

44. 多片式摩擦离合器有何特点？

45. 试述液压系统的组成及各部分的作用。

46. 缩短刨削基本时间有哪些措施？

47. 选择粗基准的原则是什么？

48. 刨削直齿锥齿轮时，齿面粗糙且产生波纹的主要原因是什么？

49. 用于精刨代刮的龙门刨床应该满足哪些基本要求？

50. 工序集中、工序分散的特点是什么？

51. 平面加工有哪些技术要求？

53. 机床夹具按其加工工种分类分为哪几种？

54. 热处理工序有哪几种？

55. 油液污染后对液压系统有何危害？

56. 直齿圆锥齿轮的齿厚怎样测量？

57. 光学合像水平仪的用途是什么？

58. 定位误差是指什么变动量？

59. 直齿圆锥齿的刨削原理是什么？

60. 劳动生产率怎么表示？

61. 加工薄壁零件时，为了减少切削力对变形的影响，一般采用哪些措施？

62. 流量控制阀的作用是什么？

63. 刨插削过程中的冲击力是怎样变化的？

64. 测微仪有哪几种？它与普通千分表有什么区别？

65. 有哪两种基本方法可实现工件的定位？

66. 怎样选择宽刃刨刀的几何角度？

67. 工序的单件时间定额怎样组成？

68. 加工薄壁零件时，为减小切削力对变形的影响，一般采用哪些措施？

69. 零件结构工艺性有哪些基本要求？

70. 水平仪的放大原理是什么？

六、综 合 题

1. 已知：$\phi50H7/k6$，$\phi50H7(^{+0.025}_{0})$，$\phi50R6(^{+0.018}_{+0.002})$

(1)画出孔、轴尺寸公差带图；

(2)计算：$X_{\max}$，$Y_{\max}$。

2. 如图 3 所示，解释形位公差代号的含义：

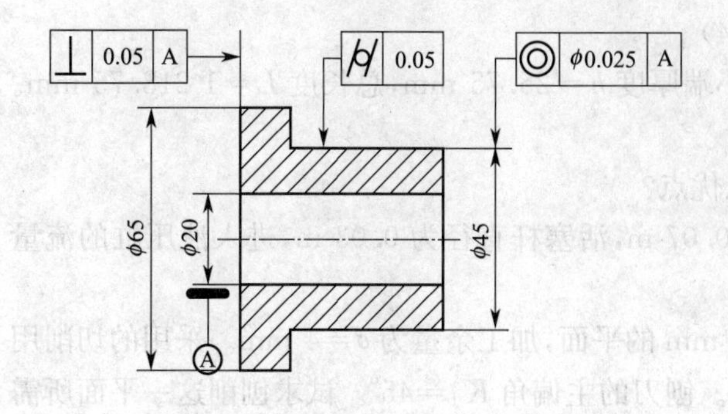

图 3

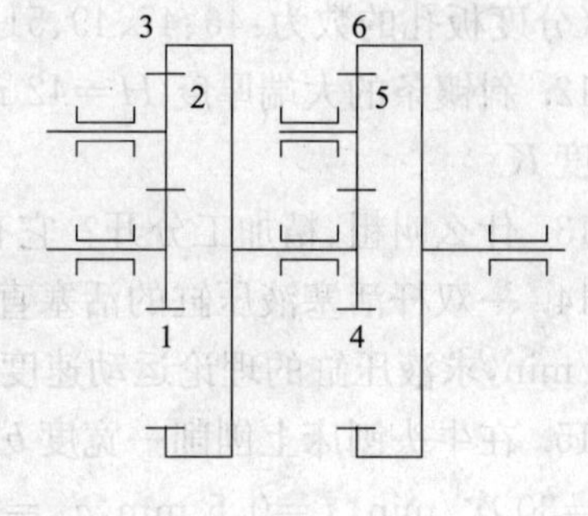

图 4

3. 已知：一标准直齿圆柱齿轮的顶圆直径 $d_a=130$ mm，齿数 $Z=24$。试求：该齿轮的模

数 m，分度圆直径 d，齿根圆直径 d_f，齿距 p。

4. 在图 4 轮系中，$Z_1=Z_2=Z_3=Z_4=Z_5=20$，又知齿轮 1、4 和 3、6 同轴线。试求传动比 $i_{1.6}$。

5. 如图 5 所示，采用 M 型三位四通电磁换向阀的锁紧、卸载回路。问在什么时候能锁紧液压缸？什么时候能使液压泵卸载？为什么？

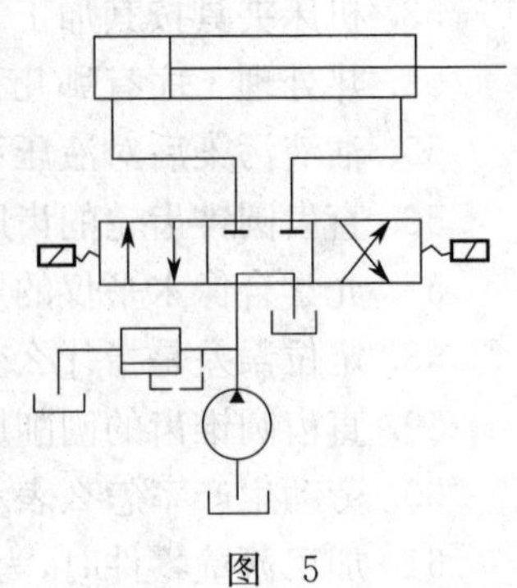
图 5

6. 双出杆活塞式液压缸，活塞直径 $D=0.18$ mm，活塞杆直径 $d=0.04$ m，当进入液压缸的流量 $Q=4.16\times10^{-4}$ m^3/s 时，试求往复运动的速度？

7. 某一液压系统的执行元件为单出杆活塞式液压缸，工作压力 $P=35\times10^5$ Pa，活塞直径 $D=90$ mm，活塞杆直径 $d=40$ mm，试求所能克服的阻力？

8. 根据 B6050 型牛头刨床主传动结构式：

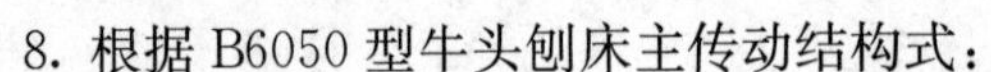

$$\text{电动机}(N=4\ \text{kW}),n=1\ 500\ \text{r/min}—\frac{\phi95}{\phi362}—\begin{bmatrix}\frac{25}{53}\\\frac{48}{30}\\\frac{52}{26}\end{bmatrix}—\begin{bmatrix}\frac{23}{57}\\\frac{31}{49}\\\frac{40}{40}\end{bmatrix}—\frac{23}{115}—\text{曲柄摇杆机构}—$$

滑沈。

试求：(1)滑枕每分钟的最大往复次数？(2)说出滑枕共有几级(档)往复行程次数？

9. 用 YG8 的硬质合金刨刀加工长×宽＝300 mm×100 mm 的铸铁平面，加工余量为 5 mm，选用 $v=25$ m/min，$f=0.67$ mm/往复行程，$t=3$ mm，两端越程为 30 mm，分两次走刀刨面，需要多少机动时间？T_a(a＝机动)＝Bi/nf(分)其中 B：工件上刨削宽度，i：走刀次数。

10. 在龙门刨床上进行以磨代刮加工，要求砂轮线速度 v 应大于 20 m/s，小于 30 m/s，现砂轮直径 $D=150$ mm，磨头转速 $n=2\ 600$ r/min，问转速选择是否恰当？

11. 用定数为 40 的分度头作分度工具，加工夹角为 77°的两条孔内键槽，请计算应如何分度？(分度板孔的数为：46、47、49、51、53、54)

12. 斜镶条的大端厚度 $H=42$ mm，小端厚度 $h=25.75$ mm，总长度 $L=1\ 218.75$ mm。求斜度 K。

13. 什么叫粗、精加工分开？它有什么优点？

14. 一双杆活塞液压缸的活塞直径为 0.07 m，活塞杆直径为 0.03 m，进入液压缸的流量 16 L/min，求液压缸的理论运动速度？

15. 在牛头刨床上刨削一宽度 $b=180$ mm 的平面，加工余量为 $\sigma=4$ mm。采用的切削用量 $n=30$ 次/min，$f=0.5$ mm，$a_P=2$ mm。刨刀的主偏角 $K_1=45°$。试求刨削这一平面所需要的基本时间。

16. 刨削齿形角 20°的斜齿条，用样板测量齿槽，测得齿顶与样板的间隙 σ 为 0.5 mm，试计算齿厚两侧面的加工余量 a。(cot20°＝2.747)。

17. 刨削一斜镶条，其大端厚度 $H=4.2$ mm，小端厚度 $h=25.75$ mm，总长 $L=812.75$ mm，求其斜度为多少？

18. 加工机床导轨面时，为什么要安排消除内应力工序？

19. 在 F11250 万能分度头上，选用简单分度法将工件分为 35 和 39 等份，计算每次分度时手柄摇的转数与孔数。

20. 刨削如图 6 所示尺寸的孔内单键槽时，进给距离 h 应为多少？

21. 按如图 7 所示，求斜镶条小端尺寸 h。

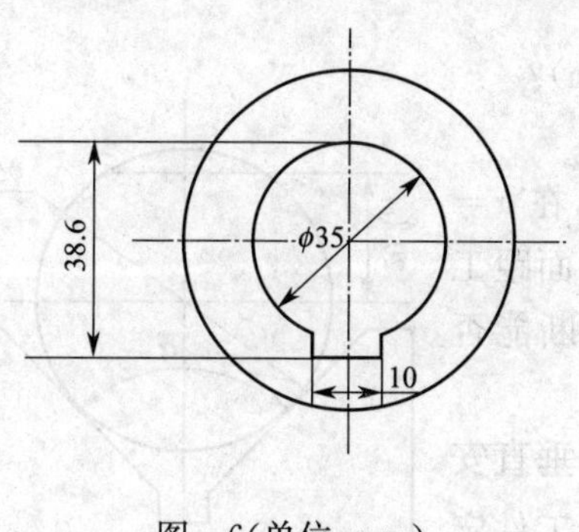

图 6(单位：mm)

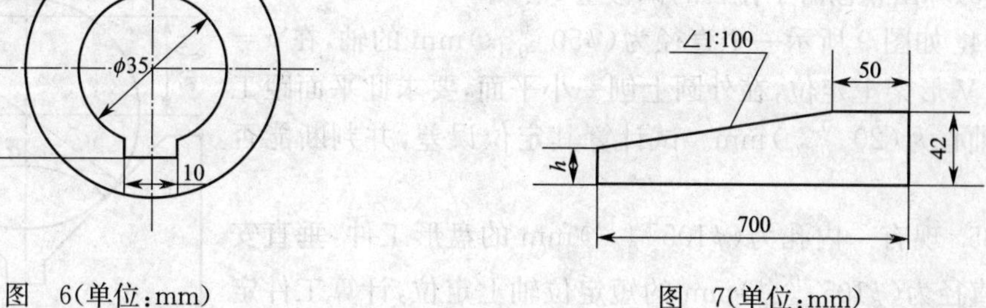

图 7(单位：mm)

22. 为什么珩磨削能获得较高的表面质量？

23. 如图 8 所示，现需在工件外圆上铣一小平面，要求此平面距工件中心为 $20_{-0.20}^{\ 0}$ mm，工件直径为 $\phi 50_{-0.12}^{\ 0}$ mm，工件在 $\alpha=90°$的 V 形块上定位，计算 $\Delta_{位移}$，若不考虑其他误差，判断能否加工。

24. 已知蜗杆传动模数 $m=3$ mm，蜗杆头数 $Z_1=2$，蜗杆直径系数(特性系数 $q=12$)，蜗轮齿数 $Z_2=60$，试计算全齿高 h，分度圆直径 d_1 和 d_2，齿距 p 和中心距 a。

25. 有一标准斜圆柱齿轮，已知法向模数 $m_n=3$，$Z=35$，右旋、螺旋角 $\beta=30°$。试求齿顶圆直径 d_e、分度圆 d、法向齿厚 S_n、端面模数 m_t 及端面压力角 α_t 各是多少？

26. 在液压系统中，液压缸的活塞面积 $A=0.2\ m^2$，当外界阻力 F 分别为 0、10^5 N、10^6 N 时，液压泵的输出压力各为多少(损失不计)？

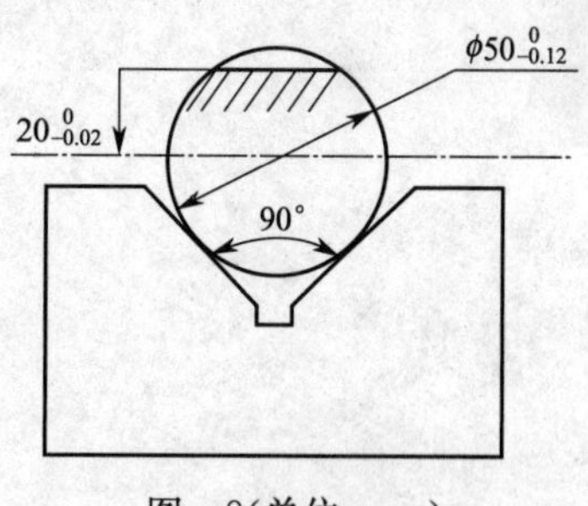

图 8(单位：mm)

27. 标准直齿锥齿轮副，模数 $m=3$ mm，轴交角 $\delta=90°$，两齿轮齿数 $Z_1=Z_2=30$，压力角 $\alpha=20°$，试计算该齿轮副的各部分尺寸(分度圆直径 d、全齿高 h、传动比 i)。

28. 现有一内孔为 $\phi 35_{+0.01}^{+0.03}$ mm 的套，安装在直径为 $\phi 35_{-0.05}^{-0.03}$ mm 的心轴上，用螺母轴向夹紧后磨削外圆，若心轴与磨床头架主轴的位置误差不计，计算工件磨削后，内、外圆表面可能出现的最大同轴度误差。

29. 在万能分度头上采用简单分度法将工件分为 35 等分，计算每次分度时手柄应摇过多少转？分度板应如何选用(分度头定数为 40；分度板孔数为：28、30、34、37、38、41、42、43)？

30. 用定数为 40 的分度头作为分度工具，加工夹角为 77°的两条孔内键槽，计算应如何分度(分度板孔数为：46、47、49、51、53、54)？

31. 在龙门刨上进行以磨代刮加工，要求砂轮线速度 v 应大于 20 m/s，小于 30 m/s，现砂轮直径 $D=150$ mm，磨头转速 $n=2\ 600$ r/min，问转速选择是否恰当？

32. 在牛头刨床上用仿型法刨削直齿锥齿轮，修刨大端齿槽两侧齿形面时，刨床工作台应横向移动一个偏移量 K。现加工一模数 $m=8$ mm，锥距 $R=160$ mm，齿面宽 $b=48$ mm 的直齿锥齿轮，工作台偏移量 K 应为多少？

33. 用仿形法刨削一直齿锥齿轮，模数 $m=8$ mm，齿数 $Z=45$，压力角 $\alpha=20°$，分锥角 $\delta=45°$，锥距 $R=100$ mm，齿宽 $b=35$ mm，要求：

(1)算出它的当量齿数 Z_v 和假想齿数 Z_c？

(2)算出刨刀的刀头宽度 W（精刨余量为 0.30 mm）？

(3)算出精刨时工作台的偏移量 K？

34. 如图 9 所示一个直径为($\phi50_{-0.12}^{\ 0}$)mm 的轴，在 $\alpha=90°$的 V 形架上定位，在外圆上刨一小平面，要求此平面距工件的轴心为($20_{-0.20}^{\ 0}$)mm。试计算其定位误差，并判断能否加工？

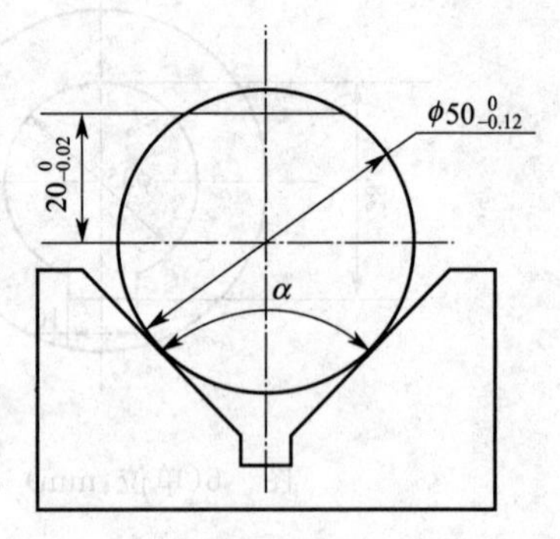

图 9(单位：mm)

35. 现有一内孔为($\phi105_{\ 0}^{+0.15}$)mm 的盘形工件，垂直安装在直径为($\phi105_{-0.10}^{-0.05}$)mm 的短定位轴上定位，计算工件定位时的基准位移误差 $\Delta_{位移}$。

刨插工(高级工)答案

一、填 空 题

1. 刨出齿槽　2. 最大实体边界　3. 表面位置精度　4. 提起
5. 杠杆百分表　6. 愈高　7. 人民铁路为人民　8. 不一定
9. 摩擦　10. 无级　11. 计算技术　12. 易改变程序
13. 点位控制　14. 平面度　15. 垂直　16. 精度
17. 水平　18. 重合　19. 工件变形　20. 没有垫实
21. 装夹变形　22. 差动分度法　23. 运动平稳性　24. 可移式
25. 摩擦式　26. 传动轴　27. 传递扭矩　28. 花键
29. 理想形状　30. 滑动摩擦轴承　31. 连架杆与机架中　32. 盘形凸轮
33. 齿轮与齿条　34. 模数　35. 周转轮系　36. 作用力
37. 执行部分　38. 执行元件　39. 柱塞式　40. 运动速度
41. 空行程　42. 调节装置　43. 流动方向　44. 顺序阀
45. 减压阀　46. 压力　47. 节流阀　48. 短路
49. 交流接触器　50. 液压阀　51. 劳动时间
52. 减少调换刀具时间　53. 装配式　54. 工作量大　55. 不加工表面
56. 最小　57. 导轨面　58. 测量力　59. 装夹
60. 变动量　61. 定位　62. 磨损　63. 尺寸精度
64. 夹具装夹　65. 定位　66. 正确位置　67. 定位位置
68. 展成法　69. 工作台偏移　70. 加工精度　71. 夹具轴线
72. 逆时针　73. 寿命短　74. 分度圆弦齿厚　75. 加工误差
76. 工作齿面上　77. 中部　78. 分度机构　79. 偏心量
80. V形导轨　81. 直线度　82. V形导轨角度不正确
83. 运动不正常　84. R_a1.6 μm～R_a0.4 μm　85. 刨刀
86. 直线度　87. 均匀一致　88. 最后一道　89. 定位支撑上
90. 较大的　91. 较小的　92. 煤油　93. 不易轧刀
94. W18Cr4V　95. 空运转　96. 脉冲当量　97. 消除内应力
98. 预备热处理　99. 切削速度　100. 背锥面　101. 灰口铸铁
102. 导轨　103. 静态　104. 运动　105. 工作精度
106. 中间位置　107. 只许内凹不许外凸　108. 最大差值
109. 0.02 mm　110. 2　111. 曲柄摇杆机构　112. 大端向小端
113. 导程角　114. 压力　115. 基准重合　116. 基准位移

117. 成形刀 118. 刨出齿槽 119. 导轨面 120. 精加工
121. 宽刃刨刀 122. 停车 123. 光整 124. 作用点
125. 压力、方向、流量 126. 低压配电器 127. 位置误差 128. 设计基准
129. 工件材料 130. 内应力 131. 劳动生产率 132. 大量生产
133. 一道 134. 人工时效 135. 安装水平 136. 组织
137. 斜楔夹紧 138. 运动 139. 储存能量 140. 摩擦式
141. 周期性 142. 扭簧 143. 基准 144. 单位时间
145. 以磨代刮 146. 工件容易变形 147. 精刨键槽 148. 运动精度
149. 进给量不均匀 150. 45 号钢 151. 磨 152. 测量精度高
153. 平均 154. 基准不符 155. 测量 156. 粗刨齿槽
157. 时效 158. 曲率半径 159. 线 160. 硬质合金
161. 成形刀 162. 加摆动机构 163. 钨钴类 164. 人字齿条
165. 展成法 166. 检验 167. 柴油或煤油 168. 工件材料
169. 冷作硬化 170. 工艺尺寸链 171. 封闭 172. 基面先行
173. 基本 174. 人体 175. 工艺 176. 体积
177. 上下往复 178. 齿坯 179. 检验 180. 形状
181. 简单 182. 绝对值 183. 过渡 184. 修好
185. 啮合 186. 垂直进给 187. 生产技术 188. 等于
189. 工艺文件 190. 合格 191. 0.4 192. 维修工人
193. 不同 194. 三 195. 均匀一致 196. 切削热
197. 内应力 198. 方向控制 199. 时间定额 200. 小于

二、单项选择题

1. B 2. C 3. C 4. B 5. A 6. A 7. B 8. B 9. B
10. A 11. A 12. B 13. C 14. A 15. A 16. B 17. C 18. A
19. B 20. B 21. A 22. C 23. A 24. D 25. C 26. B 27. B
28. B 29. B 30. C 31. A 32. A 33. B 34. B 35. A 36. B
37. B 38. C 39. B 40. A 41. B 42. B 43. C 44. C 45. B
46. A 47. C 48. B 49. A 50. B 51. C 52. B 53. B 54. B
55. B 56. B 57. C 58. B 59. C 60. C 61. B 62. B 63. B
64. A 65. A 66. B 67. C 68. B 69. A 70. B 71. C 72. B
73. A 74. C 75. B 76. A 77. A 78. C 79. A 80. C 81. C
82. B 83. A 84. A 85. A 86. A 87. B 88. B 89. B 90. B
91. A 92. A 93. A 94. B 95. B 96. A 97. A 98. A 99. A
100. C 101. B 102. A 103. B 104. C 105. B 106. B 107. A 108. B
109. A 110. B 111. C 112. B 113. A 114. A 115. C 116. C 117. B
118. A 119. B 120. B 121. B 122. B 123. A 124. B 125. A 126. B

127. B 128. A 129. B 130. B 131. B 132. A 133. B 134. C 135. A
136. A 137. B 138. B 139. A 140. B 141. A 142. A 143. C 144. B
145. B 146. C 147. B 148. A 149. A 150. B 151. A 152. B 153. B
154. B 155. A 156. A 157. B 158. A 159. A 160. A 161. B 162. C
163. B 164. A 165. C 166. B 167. B 168. B 169. B 170. C 171. C
172. B 173. C 174. B 175. A 176. B 177. A 178. A 179. A 180. A
181. B 182. A 183. A 184. A 185. A 186. B 187. B 188. A 189. B
190. A 191. C 192. B 193. A 194. C

三、多项选择题

1. ABC 2. ABD 3. ABCD 4. ABCD 5. ABC 6. AB 7. ABC
8. ABCD 9. ABCD 10. AB 11. AB 12. ABC 13. ABC 14. ABCD
15. AB 16. AC 17. ACD 18. ABCD 19. ABC 20. ABCD 21. ABCD
22. BCD 23. ABC 24. ACD 25. ABCD 26. ABCD 27. BCD 28. BCD
29. AD 30. AD 31. ABD 32. ABCD 33. ABD 34. ABC 35. ABC
36. ABCD 37. ABC 38. BCD 39. ABC 40. ACD 41. ABCD 42. ABCD
43. ACD 44. ABD 45. ACD 46. ABCD 47. ABCD 48. ABCD 49. AC
50. ABCD 51. AD 52. BCD 53. ABCD 54. AB 55. ABD 56. ABCD
57. ABCD 58. AC 59. ABCD 60. ABC 61. ABCD 62. ABD 63. ABC
64. AC 65. ABC 66. BCD 67. ABC 68. ABC 69. ABC 70. AB
71. ABCD 72. ABCD 73. ABCD 74. ABC 75. ABC 76. ABC 77. ABCD
78. ABCD 79. ABC 80. ABCD 81. BD 82. ABC 83. ABC 84. ABD
85. ABCD 86. BCD 87. ABC 88. BCD 89. ABC 90. ABC 91. ABD
92. ABCD 93. AC 94. ABD 95. ABD 96. BCD 97. ABCD 98. BC
99. ABC 100. ACD 101. AD 102. ABCD 103. ACD 104. AC 105. ABC
106. CD 107. CD 108. ACD 109. ABCD 110. ABCD 111. ABC 112. AC
113. ABCD 114. BCD 115. AD 116. ABC 117. AD 118. BC 119. AB
120. ABC 121. AC 122. ABCD 123. ABD 124. ABD 125. ABD 126. ACD
127. ABD 128. ABD 129. ABD 130. ACD 131. ABCD 132. AB 133. ABC
134. ABCD 135. ABCD 136. BCD 137. ACD 138. ABC 139. BD 140. CD
141. BCD 142. AD 143. ABC 144. ABD 145. ABCD 146. AC 147. ABC
148. BCD 149. ABD 150. AC 151. AD 152. BD 153. CD 154. BCD
155. ABCD 156. AC 157. ABCD 158. ABCD 159. ABCD 160. ABC 161. ABC
162. CD 163. ACD 164. ABC 165. ABCD 166. BCD 167. BCD 168. ABD
169. ABCD 170. ABCD 171. BCD 172. ABC 173. AC 174. ABC 175. ABCD
176. BCD 177. ABCD 178. AB 179. AB 180. CD 181. ABCD 182. ABC
183. BC 184. BD 185. CD 186. ABC 187. ABCD 188. ACD 189. AD
190. ABC 191. ABCD 192. AB

四、判断题

1.√ 2.× 3.× 4.√ 5.× 6.√ 7.√ 8.× 9.×
10.× 11.× 12.× 13.× 14.√ 15.× 16.√ 17.× 18.√
19.× 20.× 21.× 22.√ 23.√ 24.× 25.× 26.√ 27.×
28.√ 29.√ 30.× 31.× 32.√ 33.√ 34.× 35.√ 36.√
37.× 38.× 39.√ 40.√ 41.× 42.× 43.× 44.× 45.×
46.× 47.√ 48.√ 49.√ 50.× 51.× 52.× 53.√ 54.√
55.√ 56.√ 57.× 58.× 59.× 60.× 61.× 62.√ 63.√
64.× 65.√ 66.√ 67.× 68.√ 69.× 70.√ 71.√ 72.×
73.× 74.√ 75.× 76.× 77.√ 78.√ 79.× 80.√ 81.×
82.√ 83.× 84.× 85.× 86.√ 87.× 88.√ 89.× 90.√
91.√ 92.√ 93.× 94.√ 95.√ 96.√ 97.√ 98.√ 99.√
100.√ 101.√ 102.√ 103.× 104.√ 105.√ 106.√ 107.√ 108.√
109.× 110.√ 111.√ 112.√ 113.√ 114.√ 115.√ 116.√ 117.√
118.√ 119.√ 120.√ 121.√ 122.× 123.× 124.× 125.× 126.×
127.√ 128.× 129.× 130.√ 131.× 132.√ 133.√ 134.× 135.√
136.× 137.× 138.√ 139.√ 140.√ 141.√ 142.√ 143.√ 144.√
145.√ 146.√ 147.√ 148.× 149.× 150.√ 151.√ 152.√ 153.√
154.× 155.× 156.√ 157.√ 158.× 159.√ 160.√ 161.√ 162.×
163.√ 164.√ 165.√ 166.√ 167.× 168.√ 169.√ 170.× 171.√
172.√ 173.× 174.√ 175.× 176.× 177.√ 178.√ 179.√ 180.√
181.√ 182.√

五、简答题

1. 答:包容原则是要求实际要素处位于具有理想形状的包容面内的一种公差原则,而该理想形状的尺寸应为最大实体尺寸,即零件的实际要素上各点心须位于最大实体边界之内(2.5 分)。最大实体原则是当被测要素或(和)基准要素偏离最大实体状态时,而形状、定向、定位公差获得补偿值的一种公差原则(2.5 分)。

2. 答:把经机械加工之后的零件表面的微观几何形状误差即微小的峰谷高低程度称为表面粗糙度(2 分)。表面粗糙度对机器零件的配合性质、耐磨性、耐腐蚀性、疲劳强度均有密切的关系,所以零件表面粗糙度的大小直接影响机器或仪器的使用性能和寿命(3 分)。

3. 答:测量方法有两种:(1)用双半齿样板和跨齿样板测量(2.5 分);(2)用千分尺和测量圆柱测量。产生累积误差大的原因是分度精度差或刀具切进深度不准确(2.5 分)。

4. 答:刨 T 形槽时常见的误差有:(1)T 形槽与工件基准面不平行(1 分);(2)T 形槽左、右凹槽的顶面不在同一平面上(1.5 分);(3)T 形槽的两侧凹槽顶面宽度尺寸大小不相等(1.5 分);(4)T 形槽底部中间有浅槽(1 分)。

5. 答:放大比是仪器的指针(或示标)沿直线或角度的位移,与引起此位移的被测尺寸变动量之比(3分)。其数值也等于刻度间距与刻度值之比(2分)。

6. 答:测量力是指测量头与被测零件表面在测量时相接触的力(5分)。

7. 答:检验平面的平面度常用的方法有:(1)使用刀口直尺检查法(1分);(2)使用检验平板(或直尺)和塞尺检查法(1分);(3)使用百分法检查法(1分);(4)使用水平仪检查法(1分);(5)使用光学平直仪检查法(1分)。

8. 答:所谓进给脉冲是指数字控制机发给步进电机,并使它转过一定的角度的脉冲(4分)。而进给脉冲当量是指一个进给脉冲使机床工作台移动的距离(1分)。

9. 答:应采取如下方法:(1)尽量使工件的表面余量均匀(1分);(2)控制切削速度和换向速度(1分);(3)消除和减小机床部件间隙,提高工艺系统刚度(1分);(4)增强机床安装的牢固性(1分);(5)与其他强烈振动的设备隔离(1分)。

10. 答:不论用什么办法刨削斜镶条,在刨削两侧角度面时,特别要注意的是:镶条的基准平面要始终处在水平位置,否则两侧角度面的宽度尺寸就会不一致,使镶条成为废品(5分)。

11. 答:在工作台面上垂直于工作台行程方向放置一角尺,将百分表测头顶在角尺测量面上,移动侧刀架进行检验,百分表上读数的最大值是不垂直度的误差(4分)。这项精度将影响加工面与定位基准面的垂直度(1分)。

12. 答:消除方法有:(1)适当增加刀具的前角和后角,以减少切削过程中的摩擦(0.5分);(2)增大主偏角和减小刀尖圆弧半径,尽量采用弯头刀杆(0.5分);(3)安装刨刀时,刀杆不宜伸出过长(1分);(4)对于刚度差的薄形,细长形等工件,装夹时要垫实;在龙门刨床上加工高形工件时,压板应搭在较高位置,并在工件前后位置上用高螺丝挡撑牢(1分);(5)避免采用容易产生积屑瘤的切削用量(1分);(6)及时刃磨,使刀刃保持锋利(0.5分);(7)采用宽刃刀精刨时,切削深度不能过小,进给量要大(0.5分)。

13. 答:(1)首先找出传动链的首、末两端件,再找出联系首末两端的各个中间传动机构(2分)。(2)研究分析各传动链之间的传动方式和传动比;分析各传动齿轮、传动轴之间的连接关系(2分)。(3)分析整个运动的传动关系,列出传动结构式及运动平衡方程式,从而计算出该机床的各级速度(1分)。

14. 答:应保证如下加工要求:(1)与导轨相接触的两平面有良好的平直度和光洁度(1分);(2)刨削镶条斜面时,应保证斜度的精确性(2分);(3)刨削两侧角度面时,应保证角度面的方向和角度准确性(2分)。

15. 答:联轴器、离合器是机械传动中常用部件。联轴器用来连接具有同一轴线不需要断开运动的两根轴(3分)。离合器是用来连接具有同一轴线随时需要断开和接通运动的两根轴。有时还兼作安全保护器,防止过载损坏其他零件(2分)。

16. 答:(1)心轴:不受扭矩,只受弯矩(0.5分)。轴断面的弯曲应力为静应力或变应力(0.5分)。(2)传动轴:不受弯矩,只受扭矩(1分)。轴断面受剪切应力(1分)。(3)转轴:同时受弯矩和扭矩(1分)。轴断面受弯曲、剪切组合应力。轴转动应力为变应力(1分)。

17. 答:平面四杆机构中,曲柄存在的条件是:连架杆与机架中必有一个是最短杆(2.5分);最短杆与最长杆长度之和必小于或等于其余两杆长度之和(2.5分)。

18. 答:由于加工蜗轮的滚刀必须与蜗杆的形状相同,因此,对同一模数的蜗杆,有一种分度圆直径就需要一把切制蜗轮的滚刀,这样会使刀具的种类繁多(3 分)。为了减少滚刀的数目并便于标准化,对每一个模数规定 1～2 个蜗杆的分度圆直径 d_1。将蜗杆的分度圆直径 d_1 与其模数 m 的比值称为蜗杆的特性系数,用 q 表示(2 分)。

19. 答:蜗杆的轴向模数 m_{x1} 应等于蜗轮的端面模数 m_{t2},即 $m_{x1}=m_{t2}=m$;蜗杆的轴向压力角 α_{x1} 应等于蜗轮的端面压力角 α_{t2},即 $\alpha_{x1}=\alpha_{t2}=\alpha$(3 分)。另外,蜗杆的导程角 γ 应等于蜗轮分度圆柱上的螺旋角 β,且两者的旋向相同,即 $\gamma=\beta$(2 分)。

20. 答:可获得大的传动比(0.5 分);可以满足变速、变向、合成或分解运动的功能要求(0.5 分);可实现将两个独立运动合成为一个运动(2 分);或将一个主动件的转动按所需的比例分解为两个从动件的转动(2 分)。

21. 答:液压传动的工作原理是:以油液作为工作介质,依靠密封容积的变化来传递运动,依靠油液内部的压力来传递动力(5 分)。

22. 答:(1)作溢流阀用。如果系统由定量泵供油,则溢流阀和节流阀、负载并联,随着液压缸所需流量的不同,阀的溢流量也不同,但系统压力基本保持恒定(1 分)。(2)作安全阀用。由于采用了变量泵,可根据液压缸需要进行供油,在正常工作情况下,阀口关闭。当超载时,系统压力达到阀的调定压力时,阀口才打开,压力油通过阀口流回油箱,油压便不再升高,使之不超过压力调定值,起到安全保护作用(2 分)。(3)作减压阀用。在定量泵供油系统中,将溢流阀的远程控制口通过二位二通电磁阀和油箱连通。当电磁阀通电时,这段油路被接通,先导主阀心控制腔(弹簧腔)的油液流回油箱,压力接近于零,主阀心在另一端油压作用下使阀口开大,主油路卸荷减压(2 分)。

23. 答:(1)往复运动速度不等、推力不等。即无杆腔的速度低而推力大。这一特点常用于实现机床的工作进给和快速退回(2.5 分)。(2)能实现差动快进。差动缸快进,一般为空程运动,此时缸的推力很小,有利于提高工作效率(2.5 分)。

24. 答:(1)转向错误(0.5 分);(2)零件损坏(0.5 分);(3)运动件磨损,间隙过大,泄漏严重(2 分);(4)进油吸气,排油泄漏(2 分)。

25. 答:缩短工件的装卸时间:采用快速定位和夹紧的夹具;装卸工件的辅助时间与基本时间重叠;采用转位夹具或转位工作台(1 分)。减少装刀时间:采用硬质合金不重磨刨刀;采用装配式刨刀;减少调换刀具的时间(2 分)。减少测量工件的时间:在刨床或插床上设置定程挡铁;采用对刀装置对刀;利用机床刻度盘控制尺寸,都是减少工件测量时间的有效措施(2 分)。

26. 答:为了刨出收缩形的轮齿,采用工作台偏移与工件转动相结合的调整方法(1 分)。其中,工作台偏移量用计算式计算确定,工件转动量用试切法求得(1 分)。现要求刨削齿槽的右侧齿形,工作台应向右移动,同时工件沿逆时针方向转动,如图 1 所示(0.5 分)。(画出正确的箭头 2.5 分)

27. 答:如图 2 所示齿面接触斑点偏向小端,纠正方法是:工件架上翘,即增大切削角(2.5 分)。如图 2(b)所示齿面接触斑点偏向大端,纠正方法是:工件架下沉,即减少切削角(2.5 分)。

28. 答:(1)粗基准的选择。一般均以主轴铸孔和与主轴孔相距最远的支承孔及一端面为毛坯基准先加工箱体顶面。这符合"先面后孔"原则,而且以主轴铸孔等定位加工平面,再以加工过的平面为定位基准来加工主轴孔,能保证孔的余量均匀(2.5 分)。(2)精基准的选择。加工时精基准的选择一般有两种:一种是以箱体的顶面和两个定位为基准;另一种是以箱体的装

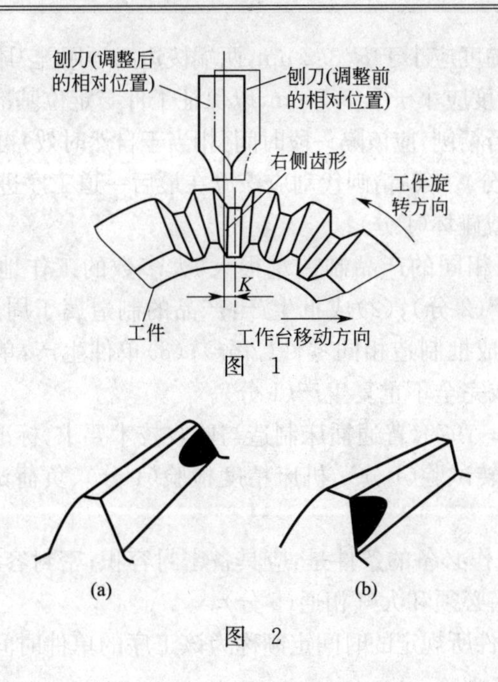

图 1

图 2

配基准为定位基准(2.5分)。

29. 答:对于形状复杂,且要求对称的工件,不便于用单平口钳装夹时,可采用双平口钳装夹(2分)。用双平口钳装夹工件,必须将两平口钳的固定钳口面校正在同一平面或相互平行面上;两平口钳钳口等高;当夹紧工件时,两平口钳的夹紧力必须均衡和对称(3分)。

30. 答:对于某些形状、尺寸和相互位置精度都要求高的工件、特别复杂形状的工件以及成批、大批生产的工件,利用一般安装方法,可能无法进行安装(2分),或者工件加工精度达不到图纸设计要求(2分),或者是生产率太低,对于这些工件均可采用专用夹具安装(1分)。

31. 答:床身是车床的主要部件之一。它支承车床所有部件和被加工工件的质量以及切削力,其他部件的相互位置精度、工作时的运动精度和工件的加工精度等都和它有直接关系,所以对床身的精度特别是床身导轨的精度有较高的要求(5分)。

32. 答:齿条的安装位置必须正确。齿条安装后,应检查齿轮齿条的啮合间隙,尤其是在前后两端处的啮合间隙应保证大致相等,否则将会造成卡死而损坏机件(3分)。安装工件时,位置要对准,否则将会造成油槽位置刨偏而导致废品(2分)。

33. 答:(1)工作台移动在垂直平面内的直线度(0.5分);(2)工作台移动时的倾斜度(0.5分);(3)工作台移动在水平面内的直线度(0.5分);(4)工作台相对工作台移动的平行度(0.5分);(5)中央T形槽对工作台移动的平行度(0.5分);(6)横梁移动时的倾斜度(0.5分);(7)垂直刀架水平移动的直线度(0.5分);(8)垂直刀架水平移动对工作台的平行度(0.5分);(9)侧刀架垂直移动对工作台面的垂直度(0.5分);(10)侧刀架垂直移动的直线度(0.5分)。

34. 答:机床的工作精度是在动态条件下,对试件进行加工时才能反映出来。机床的工作精度直接关系到加工件的加工质量,例如刨削平面的形状精度、位置精度和表面粗糙度都与它有关(5分)。

35. 答:(1)工件材料的组织、硬度要均匀一致。加工表面不应有砂眼、气孔、夹砂等铸造缺陷(0.5分)。(2)粗刨后,工件应进行严格的时效处理,以消除铸造内应力和切削应力(0.5分)。

(3)精刨前,加工表面的粗糙度应小于 $R_a 3.2\ \mu m$,两端棱边必须用锉刀倒角(1 分)。(4)工件的安装基准面要平整,表面粗糙度应小于 $R_a 3.2\ \mu m$,以保证工件与定位基准面有良好的接触(1 分)。(5)半精刨后,不能直接进行精刨,应该隔一段时间(相当于自然时效)再进行精刨,目的是为了消除工件表面的切削应力(1 分)。(6)精刨代刮应该放在最后一道工序进行,目的是为了防止工件在搬运、装夹时,产生变形或碰坏(1 分)。

36. 答:(1)大量生产:相同的产品制造量很大,大多数的工作地专门完成某一特定的工序,具有严格的生产"节拍"(2 分);(2)成批生产:产品的制造属于周期地分批轮换进行,工作地的工作对象也是周期地成批制造相同零件(2 分);(3)单件生产:单个地制造不同结构和不同尺寸的产品,很少重复或完全不重复生产(1 分)。

37. 答:按照 JB 2826—1979《普通插床制造与验收技术要求》标准规定,普通插床的验收,应该依此进行机床的空运转试验(1 分)、机床精度检验(1 分)、负荷试验(1 分)和机床工作精度检验等内容(2 分)。

38. 答:液压泵正常工作必备的条件是:应具备密封容积;密封容积能够交替变化;应具有配流装置;吸油过程中油箱必须和大气相通(5 分)。

39. 答:为刨削一个零件所规定的时间定额称为该工序的单件时间定额,用 T_d 表示(3 分),它由以下部分组成:

$$T_d=(T_j+T_f+T_{fw}+T_x+T_z)/n$$

式中 T_j——基本时间;
T_f——辅助时间;
T_{fw}——布置工作地时间;
T_x——休息与生理需要时间;
T_z——准备与终结时间(2 分)。

40. 答:精基准的选择原则:(1)精基准的选择应尽可能满足定位基准与设计基准重合的原则。也就是应尽可能选择零件图上确定被加工表面位置的表面(即设计基准)。为了比较容易地达到加工表面与设计基准的相对位置与精度,定位基准与设计基准、测量基准和装配基准四者都重合是最为理想的情况(1.5 分)。(2)定位基准的精度、形状和尺寸,应能保证工件定位的稳定可靠并便于工件的装夹和加工。否则,就会使工件的装夹复杂化,不但会使夹具的结构复杂,而且还会增加工件定位和夹紧的时间(1.5 分)。(3)如果工件的某一精基准可以比较方便地加工其他表面时,应尽可能在大多数工序中采用同一组精基准定位,也就是要尽可能符合"基准不变"或"基准统一"的原则,以避免由于基准改变所造成的定位累积误差,因而能达到较高的加工精度,并能简化工艺,使各工序所使用的夹具比较统一,从而可以减少夹具的设计和制造费用。由于基准统一,在一次安装中,可以加工较多的表面,当产量较大时,有利于采用高效率的专用设备,以提高生产效率(1.5 分)。

实际工作中,选择定位用精基准,必须根据实际情况进行分析比较,最后确定最有利的定位基准(0.5 分)。

41. 答:(1)仿形加工时,刨刀的曲线形状不正确(1 分);(2)安装刨刀时,对中差(1 分);(3)仿形加工时,偏移量和转动量控制不好(2 分);(4)用刨齿夹具时,滚动挂轮算错、拿错或装错(1 分)。

42. 答:(1)精刨前,在加工表面上,应该先涂上一层切削液,并使其充分渗透。在刨削过程中,切削液应连续喷射,不能间断,同时还应该注意加工表面上油层的均匀性,否则,在缺油之处将会产生切痕,从而影响加工表面的质量(1 分)。(2)精刨前机床应空运转一段时间,待机床导轨中的油膜、黏度稳定后,再进行切削。否则,会影响工件的直线度精度(1 分)。(3)在精刨过程中,不允许停车,也不允许中途换刀,否则,将会产生接刀刀痕,造成加工误差(1 分)。(4)在精刨铸铁件而不使用切削液的情况下,应严防机油滴洒在加工表面上,也不能用沾有油污的手去擦摸加工表面。因为铸铁有个特性,遇到机油后,表面会局部变硬,造成加工表面硬度不均匀。精刨后,沾过油的部位会略高出一些,从而影响加工精度和表面质量(2 分)。

43. 答:工件定位时,工件的定位基准在加工尺寸方向上的变动量,称为基准位移误差(0.5 分)。

产生基准位移误差的原因一般有以下几点:(1)工件定位表面的误差(1 分);(2)工件定位表面与定位元件间的间隙(1 分);(3)定位元件的制造误差及磨损(1 分);(4)定位机构的制造误差、间隙及磨损(1 分)。

提高定位元件和工件定位表面的精度,可有效地减小基准位移误差(0.5 分)。

44. 答:多片式摩擦离合器是靠接触面间的摩擦力来传递扭矩的。它具有以下优点:可以在任何速度下结合或分离(1 分);接合过程平稳、无冲击;过载时摩擦面打滑,可防止损坏其他零件(2 分);但不能精确保证两轴转速相同,不适用于传动比要求严格的场合(2 分)。

45. 答:一般液压传动系统可分为四个组成部分:(1)动力部分:通过各种类型的液压泵将机械能转换为液压能(1.5 分)。(2)执行部分:通过各种类型的液压缸及液压马达将液压能转换为机械能(1.5 分)。(3)控制部分:通过各种控制阀来控制系统的压力、方向、流量,以满足系统的工作需要(1 分)。(4)辅助部分:各种辅助元件,是将动力、执行、控制三部分连接成一个有效的系统(1 分)。

46. 答:缩短刨削时间的工艺措施主要有:提高切削用量(0.5 分);减小加工余量(0.5 分);合并工步进行多刀、多刃和多工件加工(2 分);改进刨削方法,减小或消除空行程时间等也是缩短刨削基本时间的有效措施(2 分)。

47. 答:(1)如果工件上有不需要加工的表面时,应选择不需要加工的表面作为粗基准(1 分);(2)如果工件有较多的表面需要加工时,应选择余量小和加工要求高的表面作为粗基准(1 分);(3)应选择平整、光洁、制造比较可靠、没有飞边、毛刺及浇冒口等缺陷的表面作为粗基准(1 分);(4)粗基准不能重复使用(2 分)。

48. 答:在牛头刨床上加工直齿锥齿轮时,齿面粗糙且产生波纹的主要原因有:(1)刨床滑枕导轨精度低,压板紧松不当(0.5 分);(2)刨刀伸出太长,刀杆刚性不足(0.5 分);(3)刨刀用钝(0.5 分);(4)刨削时,分度头主轴未固紧,或刨齿夹具的滑座架、回转座未固紧(2 分);(5)刨削用量大(0.5 分);(6)工件材料的热处理硬度不当(1 分)。

49. 答:用于精刨代刮的龙门刨床应满足:(1)机床要有较高的精度和足够的刚度(1.5 分);(2)机床要有较好的运动平稳性,工作台运行时应无爬行,换向时应无冲击。为了减少振动,刀架、拖板、拍板的配合间隙应调整到最小值(1.5 分);(3)机床的地基应设有避振沟,尤其是应该远离振动较大的设备(2 分)。

50. 答:工序集中的特点:(1)减少工件安装次数,这样既有利于保证加工表面之间的相互位置精度,又可减少装卸工件的辅助时间。(2)减少机床数量,并相应减少操作工人(2.5 分)。

工序分散的特点:(1)机床设备及工夹具比较简单,调整比较容易,能较快适应新的生产对象,生产工人易熟练操作技术。(2)有利于选择合理的切削用量,减少机动时间(2.5分)。

51. 答:平面加工的技术要求有:平面本身的形状精度和表面粗糙度(2.5分);平面与零件上其他表面的尺寸精度和相互位置精度(2.5分)。

52. 答:要求金属组织均匀、硬度差别不大,无砂眼和疏松等缺陷(5分)。

53. 答:可分为:钻床夹具、车床夹具、铣床夹具、磨床夹具、镗床夹具、拉床夹具、插床夹具、齿轮加工机床夹具(5分)。

54. 答:热处理工序是机床主轴加工的重要工序(1分),它包括:毛坯热处理(1分)、预备热处理(1分)、最终热处理(1分)和定性热处理(1分)。

55. 答:油液污染后,将导致液压元件的润滑卡死,小孔、缝隙堵塞,影响系统工作的可靠性,甚至使液压系统不能工作(2.5分),同时,油液中的机械杂质会使油膜破坏,恶化液压元件相对滑动表面的润滑,而使液压元件寿命大大缩短(2.5分)。

56. 答:直齿圆锥齿轮的齿厚尺寸应在齿轮的背锥面上测量(5分)。

57. 答:其主要用于测量工件的平面度、直线度和找正安装设备的正确位置,在精密机械加工中经常使用(5分)。

58. 答:定位误差是指一批工件定位时,工件的设计基准在加工尺寸方向上相对于夹具的最大变动量(5分)。

59. 答:直齿圆锥齿的刨削原理有两种:平台假想齿轮原理和平顶假想齿轮原理(5分)。

60. 答:劳动生产率可以用生产单件合格产品所消耗的劳动时间来表示(2.5分),也可以用单位时间内所生产的合格产品数量来表示(2.5分)。

61. 答:采取措施为:增大刀具主偏角和主前角,使刀刃较锋利(3分);对粗精加工分开进行(1分);内外圆表面同时加工(1分)。

62. 答:流量控制阀是靠改变节流器的流量,以达到调节液压无速度和液压马达速度的目的(5分)。

63. 答:刨插削过程中有冲击现象,这种冲击力将随切削速度、切削层面积和被加工材料硬度的增加而增加(5分)。

64. 答:测微仪有杠杆式测微仪和扭簧式测微仪两种(2分),与普通千分表相比,测微仪的量程小,测量精度高,因此,常用于精密测量(3分)。

65. 答:工件的定位:(1)可以用划针或百分表对工件进行找正(2.5分);(2)可以由工件上的定位表面与夹具定位元件接触而实现(2.5分)。

66. 答:用于精刨代刮的宽刃刨刀,一般采用较大的刃倾角(2分),其目的为了增加刀具的实际工作前角(1分),减小切削力和切削热(0.5分),同时,还可以使刀刃全长逐渐进入切削,使切削平稳(1.5分)。

67. 答:工序单件时间定额是由基本时间、辅助时间、布置工作的时间、休息与生理需要时间、准备与终结时间等部分组成(4分),其中基本时间和辅助时间合称为作业时间(1分)。

68. 答:一般采取措施为:使夹紧力尽可能在径向截面上分布均匀(1分),夹紧力的位置宜选在零件刚性较强的部位(1分),采取轴向夹紧工件的方法,在工件上制出加强刚性的辅助凸边(3分)。

69. 答:(1)便于达到零件图上规定的加工质量要求(1.5分);(2)便于采用高生产率的制造方法(1.5分);(3)有利于减少零件的加工劳动量(1分);(4)有利于缩短辅助时间(1分)。

70. 答:水平仪的放大原理是利用倾斜角度相同,曲率半径不同,而将被测量误差进行放大的(3 分)。因此,精度为 0.02 mm/1 000 mm 的水平仪(1 分)。若主水准器上的刻度间隔为 2 mm,那么,它的放大的倍数应等于 100 倍(1 分)。

六、综 合 题

1. 答:(1)画图,如图 3 所示(5 分)。

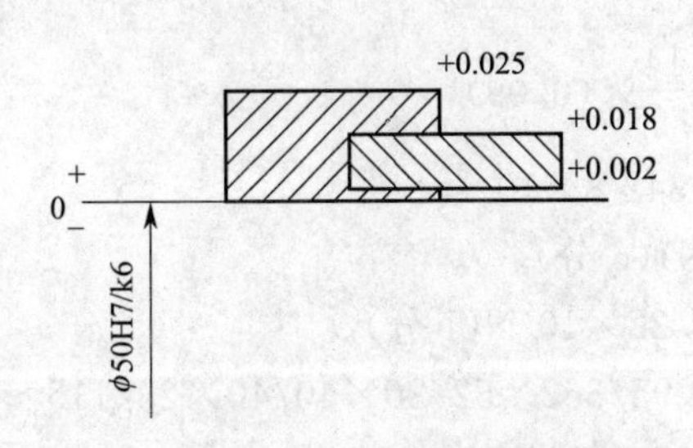

图 3

(2)$X_{max}=ES-e_i=+0.025-0.002=+0.023$(2 分)。

$Y_{max}=EI-e_s=0-0.018=-0.018$(3 分)。

2. 答:(1)$\phi65$ 左端面对 $\phi20$ 轴心线的垂直度允差值为 0.05 mm(4 分)。

(2)$\phi45$ 圆柱面的圆柱度公差值 0.05 mm(3 分)。

(3)$\phi45$ 轴心线对 $\phi20$ 轴心线同轴度公差值为 0.02 mm(3 分)。

3. 解:$m=\dfrac{d_a}{Z+2}=\dfrac{130}{24+2}=5(\text{mm})$(2 分)

$d=m\cdot Z=5\times24=120(\text{mm})$(2 分)

$d_f=m\cdot(Z-2.5)=5\times(24-2.5)=107.5(\text{mm})$(2 分)

$p=\pi\cdot m=3.14\times5=15.7(\text{mm})$ (2 分)

答:该齿轮的模数为 5 mm,分度圆直径为 120 mm,齿根圆直径为 107.5 mm,齿距为 15.7 mm(2 分)。

4. 解:$Z_3\cdot m=(Z_1+2Z_2)\cdot m$

$\therefore Z_3=Z_1+2Z_2=20+2\times20=60$(4 分)。

同理:$Z_6=60$

$i_{1.6}=\dfrac{n_1}{n_6}=(-1)^m\dfrac{Z_3\cdot Z_6}{Z_1\cdot Z_4}$

$=(-1)^2\dfrac{60\times60}{20\times20}=+9$ (4 分)。

答:传动比为+9(2 分)。

5. 答:(1)滑阀在中位时,锁紧液压缸(3 分)。

(2)滑阀在中位时,液压泵卸载(4 分)。

(3)因为由滑阀机能所决定(3 分)。

6. 解:$V=\dfrac{Q}{A}=\dfrac{4Q}{\pi(D^2-d^2)}$ (3 分)

$=\dfrac{4\times4.16\times10^{-4}}{3.14\times[(0.18)^2-(0.04)^2]}$

$=\dfrac{16.64\times10^{-4}}{0.096\ 712}=0.017\ 2(\text{m/s})$(6分)

答:往复运动的速度为0.017 2 m/s(1分)。

7. 解:$F_1=PA=P\cdot\dfrac{\pi}{4}D^2$(3分)

$=35\times10^5\times\dfrac{3.14}{4}\times(0.09)^2$

$=35\times10^5\times6.342\ 8\times10^{-3}$

$=2.22\times10^4(\text{N})$(6分)

答:所能克服的阻力为2.22×10^4N(1分)。

8. 答:(1)n最大1 500×95/362×52/26×40/40×23/115≈158(往复次数/分)按传动结构式可知该机床主运动为3×3=9挡速度。(5分)

(2)滑枕最大往复次数为158往复次数/分(3分);滑枕共有9挡往复行程次数(2分)。

9. 解:$n=v/0.001\ 7L=25/(0.001\ 7\times330)=44.56$(往返行程/分)(5分)。

T_a(a=机动)$=Bi/nf=(100\times2)/(0.67\times44.56)=7(\text{min})$(5分)。

答:机动时间约需7分钟。

10. 解:$v=\pi Dn/(1\ 000\times60)=(3.141\ 6\times150\times2\ 600)/(1\ 000\times60)=20.42(\text{m/s})$(7分)。

答:根据计算v大于20 m/s,小于30 m/s,磨头转速选择是恰当的(3分)。

11. 解:$n=\dfrac{\theta}{9^\circ}=\dfrac{77^\circ}{9^\circ}=8\dfrac{5}{9}=8\dfrac{30}{54}$(转)(7分)。

答:分度手柄转速8转,再在54孔圈上转过30个孔距数(3分)。

12. 解:$K=\dfrac{H-h}{L}=\dfrac{42-25.75}{1\ 218.75}=\dfrac{1}{50}$(9分)。

答:该镶条的斜度为1∶50(1分)。

13. 答:在确定零件的工艺流程时,将粗、精加工分阶段进行,各表面的粗加工结束后再进行精加工,尽可能不要将粗、精加工工序交叉进行,也不要在一台机床上既进行粗加工又进行精加工,这就是精粗加工分开。这样加工可以合理使用机床,并使粗加工时产生的变形及误差在精加工时得到修正,有利于提高加工精度,此外,还可提早发现裂纹,气孔等毛坯缺陷,及时终止加工。(10分)

14. 解:已知$D=0.07$ m,$d=0.03$ m,$Q=16$ L/min

运动速度 $v=\dfrac{4Q}{\pi(D^2-d^2)}\times10^{-3}=\dfrac{4\times16}{3.141\ 6\times(0.07^2-0.03^2)}\times10^{-3}$

$=5.092\ 9$ m/min(9分)

答:液压缸的理论运动速度为5.092 9 m/min(1分)。

15. 解:切入量I_1为$I_1>a_p\tan K_1=2\times\tan45^\circ=2(\text{mm})$(3分)。

∴I_1取3 mm,取$I_2=3$ mm(3分)。

$$T_i=\frac{(I_1+b+I_2)\sigma}{nfa_p}=\frac{(3+180+3)\times4}{30\times0.5\times2}=24.8(\text{min})\text{(3分)。}$$

答:刨削这一平面所需的基本时间 24.8 min(1 分)。

16. 解:已知 $\alpha=20°$,$\sigma=0.5$ mm,求加工余量 a

$$\alpha=\frac{\sigma}{\cot\alpha}=\frac{0.5}{\cot 20°}=\frac{0.5}{2.747}=0.18(\text{mm})(9\text{ 分})。$$

答:两侧面的加工余量为 0.18 mm(1 分)。

17. 解:已知 $H=42$ mm,$h=25.75$ mm,$L=812.75$ mm

由 $S=\frac{H-h}{L}=\frac{42-25.75}{812.75}=\frac{1}{50}$(9 分)。

答:该斜镶条的斜度比为 1∶50(1 分)。

18. 答:由于床身结构复杂,在铸造时各部分冷却速度不一致,因此,会引起收缩不均匀而产生内应力,床身冷却后,内应力处于暂时的平衡。当从毛坯表面上切去一层金属后,破坏了内应力的暂时平衡状态,即会引起内应力的重新分布,这就会造成床身变形,加工精度不稳定。因此,必须设法把内应力消除到最小程度(10 分)。

19. 解:将工件分成 35 等份时:

$$n=\frac{40}{Z}=\frac{40}{35}=1\frac{1}{7}=1\frac{4}{28}(\text{转})(3\text{ 分})。$$

即手柄在 28 孔圈转过 1 周后,再转过 4 个孔距数(3 分)。

将工件分成 39 等份时:

$$n=\frac{40}{Z}=\frac{40}{39}=1\frac{1}{39}(\text{转})(3\text{ 分})。$$

答:即手柄在 39 孔圈转过 1 周后,再转过 1 个孔距数(1 分)。

20. 解:已知 $d=35$ mm,$b=10$ mm,$E=38.6$ mm

$$h=E-\frac{d+\sqrt{d^2-b^2}}{2}=38.6-\frac{35+\sqrt{35^2-10^2}}{2}=4.33(\text{mm})(9\text{ 分})。$$

答:进给距 h 为 4.33 mm(1 分)。

21. 解:已知 $S=1∶100$,$H=42$ mm,$L_1=700$ mm,$L_2=50$ mm

$$L=L_1-L_2=700-50=650(\text{mm})(3\text{ 分})。$$

由 $S=\frac{H-h}{L}$

得 $h=H-SL=42-\frac{1}{100}\times650=35.5(\text{mm})$(6 分)。

答:即小端尺寸为 35.5 mm(1 分)。

22. 答:其原因有以下三点:(1)珩磨时砂条与工件壁的接触面比普通磨削时大,因而每颗磨粒上的负荷比磨削时小,加工表面的变形层很薄(4 分);(2)珩磨时的切削速度比普通磨削时低(3 分);(3)珩磨时注入大量切削液,及时冲走脱落的磨粒,还能使加工表面得到充分冷却,工件发热量小,不易烧伤(3 分)。

23. 解:已知 $\alpha=90°$,$d=\phi 50_{-0.12}^{\ 0}$

由 $20_{-0.20}^{\ 0}$ 知 $T=0-(-0.20)=0.20(\text{mm})$(1.5 分)。

$T_s=e_s-e_i=0-(-0.12)=0.12(\text{mm})$(1.5 分)。

$\Delta_{位移}=\dfrac{T_s}{2\sin\alpha/2}=\dfrac{0.12}{2\sin45^\circ}=\dfrac{0.12}{2\times0.707}=0.085(\mathrm{mm})<0.2\ \mathrm{mm}$(3 分)。

$\Delta_{位移}=0.085$ 表示工件中心在垂直方向上的最大位移量为 0.085 mm(3 分)。

此工件可以加工(1 分)。

24. 解:由 $h=h_a+h_s=m+1.2m=2.2m=2.2\times3=6.6(\mathrm{mm})$(2 分)。

$d_1=mq=3\times12=36(\mathrm{mm})$(2 分)。

$d_2=mZ_2=3\times60=180(\mathrm{mm})$(2 分)。

$p=\pi m=3.14\times3=9.42(\mathrm{mm})$(2 分)。

$a=\dfrac{1}{2}(d_1+d_2)=\dfrac{1}{2}(36+180)=108(\mathrm{mm})$(2 分)

答:全齿高为 6.6 mm,分度圆直径分别为 36 mm、180 mm,齿距为 9.42 mm,中心距为 108 mm。

25. 解:$d=m_n/\cos\beta\times Z=3/\cos30^\circ\times35=121.24(\mathrm{mm})$(2 分)。

$d_e=d+2m_n=121.24+2\times3=127.24(\mathrm{mm})$(2 分)。

$S_n=\pi m_n/2=3.14\times3/2=4.71(\mathrm{mm})$ (2 分)。

$m_t=m_n/\cos\beta=3/\cos30^\circ=3.464(\mathrm{mm})$ (2 分)。

$\alpha_t=\arctan[(\tan20^\circ)/\cos30^\circ]=22^\circ47'45''$(2 分)。

答:齿顶圆直径为 127.24 mm,分度圆直径为 121.24 mm,法向齿厚为 4.71 mm,端面模数为 3.464 mm,端面压力角 22°47′45″。

26. 解:当 $F=0$ 时,$P=F/A=0/0.2=0$ (2.5 分)。

当 $F=10^5\mathrm{N}$ 时,$P=F/A=10^5/0.2=5\times10^5(\mathrm{Pa})$(2.5 分)。

当 $F=10^6\mathrm{N}$ 时,$P=F/A=10^6/0.2=5(\mathrm{MPa})$(2.5 分)。

答:当 F 分别为 0、10^5 N、10^6 N 时,液压泵输出的压力各为 0、0.5×10^5 Pa 和 5MPa(2.5 分)。

27. 解:因为 $Z_1=Z_2=30$,所以,两齿轮几何尺寸相同,计算如下:

(1)分度圆直径 $d_f=mZ=3\times30=90(\mathrm{mm})$(3 分)。

(2)全齿高 $h=m(2f_0+C_0)=3\times2.25=6.75(\mathrm{mm})$(3 分)。

(3)传动比 $i_{21}=Z_2/Z_1=30/30=1$(3 分)。

答:分度圆直径为 90 mm,全齿高为 6.75 mm,传动比为 1(1 分)。

28. 解:显然,此工序为回转加工,加工后工件之最大同轴度误差就是 $\Delta_{位移}$(4 分)。

所以 $\Delta_{位移}=(T_h+T_s+X_{min})/2=(0.05+0.02+0.04)/2=0.055(\mathrm{mm})$(5 分)。

答:工件可能出现的最大同轴度误差为 0.055 mm(1 分)。

29. 解:$n=40/Z=40/35=1\dfrac{1}{7}=1\dfrac{4}{28}$转或$1\dfrac{6}{42}$转(5 分)。

若分度板选 28 孔,分度时需转过一圈零 4 个孔;或选用 42 孔,分度时需转过一圈零 6 个孔(5 分)。

30. 解:$n=\theta/9^\circ=77^\circ/9^\circ=8\dfrac{5}{9}$转$=8\dfrac{30}{54}$转(9 分)。

答:分度手柄转 8 圈,再在 54 孔圈上转过 30 个孔(1 分)。

31. 解:$v=\pi Dn/(1\,000\times60)=3.141\,6\times150\times2\,600/(1\,000\times60)=20.42(\mathrm{m/s})$(5 分)。

答:根据计算 v 大于 20 m/s,小于 30 m/s,磨头转速选择是恰当的(5 分)。

32. 解:$K=mb/(2R)=8\times48/(2\times160)=1.2$(mm)(5 分)。

答:工作台偏移量 $K=1.2$ mm(5 分)。

33. 解:分别按公式计算如下:

(1)当量齿数 Z_v 和假想齿轮齿数 Z_c

$Z_v=Z/\cos\delta=45/\cos45^\circ=63.640$

$Z_c=Z/\sin\delta=45/\sin45^\circ=63.640$(3 分)。

(2)刨刀的刀头宽度 W

$e_f\approx0.7m=0.7\times8=5.6$(mm)

$e_{fi}=(R-b)e_f/R=(100-35)\times5.6/100=3.64$(mm)

$W=3.64-0.30=3.34$(mm)(3 分)。

(3)精刨时的工作台偏称量 K

$K=mb/(2R)=8\times35/2\times100=1.4$(mm)(3 分)。

答:当量齿数 Z_v 和假想齿轮齿数 Z_c 都为 63.640;刀头宽度为 3.34 mm;工作台偏移量为 1.4 mm(1 分)。

34. 解:在 V 形架上刨小平面时

$\Delta_{位移}=T_s/(2\sin\alpha/2)=0.12/2\times\sin45^\circ$(5 分)。

$=0.12/(2\times0.7070)=0.085$(mm)(4 分)。

答:工件中心在垂直面上的最大位移量为 0.085 mm,而加工尺寸公差为 0.2 mm,故此工件可以加工(1 分)。

35. 解:此工件未进行单向靠紧定位,且属非回转加工(4 分),所以

$\Delta_{位移}=T_h+T_s+X_{min}=0.15+0.05+0.05=0.25$(mm)(5 分)。

答:孔的中心位置,在加工尺寸方向的最大位移误差为 0.25 mm(1 分)。

刨插工(初级工)技能操作考核框架

一、框架说明

1. 依据《国家职业标准》注,以及中国北车确定的“岗位个性服从于职业共性”的原则,提出刨插工(初级工)技能操作考核框架(以下简称:技能考核框架)。

2. 本职业等级技能操作考核评分采用百分制。即:满分为 100 分,60 分为及格,低于 60 分为不及格。

3. 实施“技能考核框架”时,考核制件(活动)命题可以选用本企业的加工件(活动项目),也可以结合实际另外组织命题。

4. 实施“技能考核框架”时,考核的时间和场地条件等应依据《国家职业标准》,并结合企业实际确定。

5. 实施“技能考核框架”时,其“职业功能”的分类按以下要求确定:

(1)“零件加工”属于本职业等级技能操作的核心职业活动,其项目代码为“E”。

(2)“工艺准备”、“精度检验及误差分析”、“维护与保养”属于本职业等级技能操作的辅助性活动,其代码为“D”和“F”。

6. 实施技能考核框架时,其鉴定项目和选考数量按以下要求确定:

(1)按照《国家职业标准》有关技能操作鉴定比重要求,本职业等级技能操作考核制件的鉴定项目应按“D”+“E”+“F”组合其考核配分比例相应为“D”占 20 分,“E”占 60 分,“F”占 20 分(其中“精度检验及误差分析”占 10 分,“维护与保养”占 10 分)。

(2)依据中国北车确定的“核心职业活动选取 2/3,并向上取整”的规定,在“E”类鉴定项目——“零件加工”的全部 12 项中,至少选取 8 项。

(3)依据中国北车确定的“其余‘鉴定项目’的数量可以任选”的规定,“D”和“F”类鉴定项目——“工艺准备”、“精度检验及误差分析”、“维护与保养”中,至少分别选取 1 项。

(4)依据中国北车确定的“确定‘选考数量’时,所涉及‘鉴定要素’的数量占比,应不低于对应‘鉴定项目’范围内‘鉴定要素’总数的 60%,并向上取整”的规定,考核制件的鉴定要素“选考数量”应按以下要求确定:

①在“D”类“鉴定项目”中,在已选定的至少 1 个鉴定项目中,至少选取已选鉴定项目所对应的全部鉴定要素的 60%项,并向上保留整数。

②在“E”类“鉴定项目”中,在已选定的至少 4 个鉴定项目所包含的全部鉴定要素中,至少选取总数的 60%项,并向上保留整数。

③在“F”类“鉴定项目”中,在已选定的至少 2 个鉴定项目中,至少选取已选鉴定项目所对应的全部鉴定要素的 60%项,并向上保留整数。

举例分析:

按照上述“第 6 条”要求,若命题时按最少数量选取,即:在“D”类鉴定项目中的选取了:

“读图与绘图”1项,在“E”类鉴定项目中选取了“刨削平面和平行面”、“刨或插削垂直面”、“刨或插削台阶”、“刨削T形槽”“刨或插削弧面”“刨削轴上键槽”“刨或插削斜面或V形槽”、“刨或插削直齿条”8项,在“F”类鉴定项目中分别选取“长、宽、厚及深度检验”、“刨、插床的维护与保养”2项,则:

此考核制件所涉及的“鉴定项目”总数为11项,具体包括:“读图与绘图”,“刨削平面和平行面”、“刨或插削垂直面”、“刨或插削台阶”、“刨削T形槽”“刨或插削弧面”“刨削轴上键槽”“刨或插削斜面或V形槽”,“刨或插削直齿条”、“长、宽、厚及深度检验”、“刨、插床的维护与保养”;

此考核制件所涉及的鉴定要素“选考数量”相应为37项,具体包括:“读图与绘图”鉴定项目包含的全部5个鉴定要素中的3项,“刨削平面和平行面”、“刨或插削垂直面”、“刨或插削台阶”、“刨削T形槽”“刨或插削弧面”“刨削轴上键槽”“刨或插削斜面或V形槽”、“刨或插削直齿条”8个鉴定项目包括的全部51个鉴定要素中的31项,“长、宽、厚及深度检验”鉴定项目包含的全部1个鉴定要素,“刨、插床的维护与保养”鉴定项目包含的全部3个鉴定要素中的2项。

7. 本职业等级技能操作需要两人及以上共同作业的,可由鉴定组织机构根据“必要、辅助”的原则,结合实际情况确定协助人员的数量。在整个操作过程中,协助人员只能起必要、简单的辅助作用。否则,每违反一次,至少扣减应考者的技能考核总成绩10分,直至取消其考试资格。

8. 实施“技能考核框架”时,应同时对应考者在质量、安全、工艺纪律、文明生产等方面行为进行考核。对于在技能操作考核过程中出现的违章作业现象,每违反一项(次)至少扣减技能考核总成绩10分,直至取消其考试资格。

注:按照中国北车规定,各《职业技能操作考核框架》的编制依据现行的《国家职业标准》或现行的《行业职业标准》或现行的《中国北车职业标准》的顺序执行。

二、刨插工(初级工)技能操作鉴定要素细目表

职业功能	鉴定项目				鉴定要素		
	项目代码	名称	鉴定比重(%)	选考方式	要素代码	名称	重要程度
工艺准备	D	读图与绘图	20	任选	001	能读懂刨、插对象的零件图	X
					002	能读懂与刨插床有关的机构的装配图	X
					003	能绘制简单工件的零件图	X
					004	能制定简单工件的刨、插顺序	X
					005	读懂在刨、插床加工零件的工艺过程	X
		夹具使用			001	能根据工件选用刨插床典型夹具或组合夹具	X
					002	能够正确安装调整刨、插床各类夹具	X
零件加工	E	刨削平面和平行面	60	至少选8项	001	正确识别有平面和平行面的零件图及技术要求	X
					002	正确选择基准面	X
					003	确定合理的定位和夹紧方式	X

续上表

职业功能	鉴定项目				鉴定要素		
	项目代码	名称	鉴定比重(%)	选考方式	要素代码	名称	重要程度
零件加工	E	刨削平面和平行面	60	至少选8项	004	正确选择刀具并合理选择切削用量	X
					005	刨削 300 mm×500 mm 平板,平面度误差在 0.04 mm 以内	X
					006	刨削长度在 1 000 mm 以内的垫铁,平行度误差在 0.05 mm 以内	X
					007	能保证表面粗糙度 $R_a3.2\ \mu m$	X
		刨或插削垂直面			001	正确识别有垂直面的零件图及技术要求	X
					002	正确选择基准面	X
					003	正确选择刀具并合理选择切削用量	X
					004	确定合理的定位和夹紧方式	X
					005	使用正确方式进行刨、插削	X
					006	刨、插削 300 mm×400 mm 弯板,垂直度误差在 0.05 mm 以内	X
					007	能保证表面粗糙度为 $R_a3.2\mu m$	X
		刨或插削台阶			001	正确识别有台阶的零件图及技术要求	X
					002	确定合理的定位和夹紧方式	X
					003	公差等级为 IT8	X
					004	能保证表面粗糙度 $R_a3.2$ 的保证	X
		刨削T形槽			001	正确识别有T形槽工件的零件图及技术要求	X
					002	确定合理的定位和夹紧方式	X
					003	正确刃磨刀具	X
					004	正确装夹工件并进行刨、插削	X
					005	T形槽两侧槽中心偏差不得大于 0.25 mm	X
					006	各水平面间、各垂直面间要分别平行、垂直,误差不大于 0.05 mm	X
					007	能保证表面粗糙度为 $R_a3.2\ \mu m$	X
		刨或插削燕尾槽、斜燕尾槽			001	正确识别燕尾槽、斜燕尾槽零件图及技术要求	X
					002	确定合理的定位和夹紧方式	X
					003	正确选择刀具	X
					004	尺寸公差等级:IT9 的保证	X
					005	能保证表面粗糙度为 $R_a3.2\ \mu m$	X
					006	能达到角度误差为±5″	X
		刨或插削斜面或V形槽			001	正确识别斜面和V形槽的零件图及技术要求	X
					002	正确选择刀具	X

续上表

职业功能	鉴定项目				鉴定要素		
	项目代码	名称	鉴定比重(%)	选考方式	要素代码	名称	重要程度
零件加工	E	刨或插削斜面或V形槽	60	至少选8项	003	能正确选用夹具和工装	X
					004	确定合理的定位和夹紧方式	X
					005	正确校正工件	X
					006	能保证表面粗糙度为 $R_a3.2\ \mu m$	X
					007	公差等级为IT12	X
					008	角度误差为±5″	X
		刨或插削弧面			001	正确识别弧面工件的零件图及技术要求	X
					002	确定合理的定位和夹紧方式	X
					003	正确刃磨刀具	X
					004	正确装夹工件并进行刨或插削	X
					005	弧面与样板相符	X
					006	能保证表面粗糙度 $R_a6.3\ \mu m$	X
		刨削轴上键槽			001	正确识别轴类的零件图及技术要求	X
					002	确定合理的定位和夹紧方式	X
					003	能正确选用夹具和工装	X
					004	正确使用刀具	X
					005	能加工 $\phi100$ mm、长500 mm轴上的键槽,公差等级为IT9	X
					006	加工后槽形正确,与轴线对称度误差在0.1 mm以内	X
					007	能保证表面粗糙度为 $R_a6.3\ \mu m$	X
		刨或插削孔内对称键槽			001	正确识别深孔键槽零件图及技术要求	X
					002	能正确选用夹具	X
					003	确定合理的定位和夹紧方式	X
					004	能保证表面粗糙度为 $R_a6.3\ \mu m$	X
					005	公差等级为IT9	X
					006	槽形正确,与轴线对称度误差在0.1 mm以内	X
					007	采用合理的量具和检测方法对槽宽、深度等进行检测	X
		用龙门刨床刨削平面、平行面和垂直面			001	正确识别有平面、垂直面和平行面的大型工件的零件图及技术要求	X
					002	正确选择基准面	X
					003	确定合理的定位和夹紧方式	X
					004	正确选择刀具并合理选择切削用量	X
					005	刨削1 500 mm×1 000 mm平板,平面度误差在0.08 mm以内	X
					006	刨削1 000 mm以内平垫铁,平行度误差在0.05 mm以内	X

续上表

职业功能	鉴定项目				鉴定要素		
	项目代码	名称	鉴定比重(%)	选考方式	要素代码	名称	重要程度
零件加工	E	用龙门刨床刨削平面、平行面和垂直面	60	至少选8项	007	刨削1 000 mm×500 mm以内的弯板，垂直度误差在0.05 mm以内	X
					008	能保证表面粗糙度为$R_a 6.3$ μm	X
		插削内多角形孔			001	正确识别内多角形孔工件的零件图及技术要求	X
					002	正确选择基准面	X
					003	确定合理的定位和夹紧方式	X
					004	加工后，孔形正确，与样板相符	X
					005	角度误差为±5″	X
					006	公差等级为IT9	X
					007	能保证表面粗糙度为$R_a 6.3$ μm	X
		刨或插削直齿条			001	正确识别直齿条的零件图及技术要求	X
					002	正确选择基准面	X
					003	确定合理的定位和夹紧方式	X
					004	齿形正确，齿距与样板相符	X
					005	能保证表面粗糙度为$R_a 6.3$ μm	X
精度检验及误差分析	F	长、宽、厚及深度检验	10	任选	001	能用游标卡尺、千分尺、游标深度尺测量工件的长、宽、厚及深度	Y
		角度、齿形及弧面的检验			001	用万能角度尺或样板检查燕尾槽、V形槽的角度	Y
					002	用样板检验齿条的齿距及齿形	Y
					003	用样板检验误差在0.5 mm以内的曲线形工件	Y
		直线度，平面度检验			001	能用千分表检验直线度平面度	Y
		平行度、垂直度、对称度检验			001	运用百分表等在平台上测量精度等级较低工件的平行度、垂直度、及键槽的对称度	Y
维护与保养		刨、插床的维护与保养	10		001	能根据加工需要对机床进行调整	Y
					002	能及时发现机床的一般故障并通知有关部门进行排除	Y
					003	能在加工前对刨、插床进行常规检查	Y
		常用量具使用及保养			001	深度游标卡齿、高度游标卡尺、齿厚卡尺、公法线千分尺、百分表、万能角度尺等量具量仪的使用方法	Y
					002	了解常用量具、量仪的维护知识与保养方法，能够正确对常用量具、量仪进行维护和保养	Y

注：重要程度中X表示核心要素，Y表示一般要素，Z表示辅助要素。下同。

刨插工(初级工)技能操作考核样题与分析

职业名称：________________

考核等级：________________

存档编号：________________

考核站名称：________________

鉴定责任人：________________

命题责任人：________________

主管负责人：________________

中国北车股份有限公司劳动工资部制

职业技能鉴定技能操作考核制件图示或内容

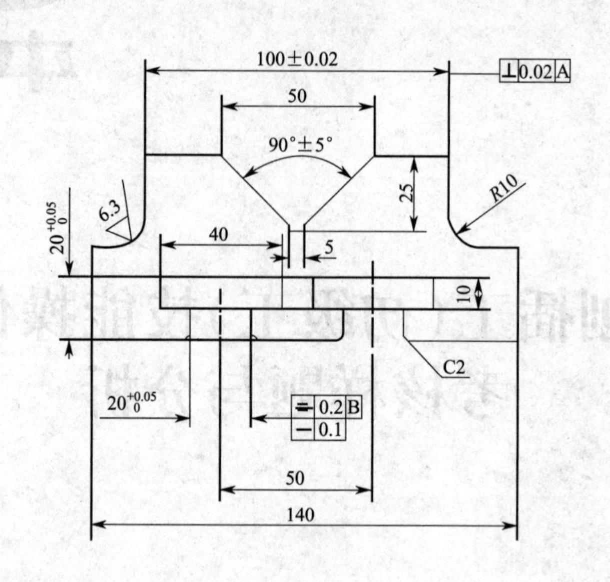

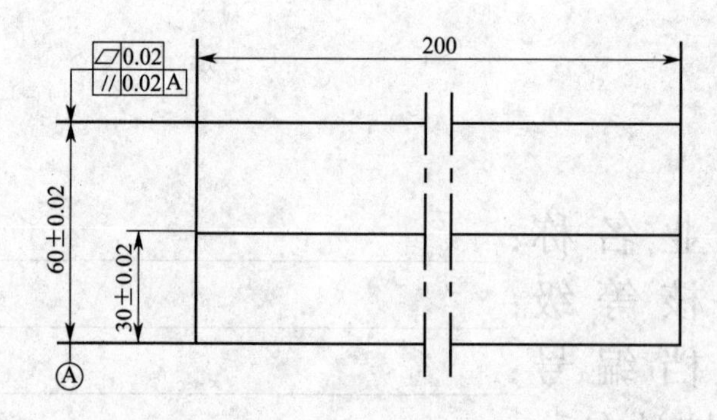

其余 3.2

技术要求:

1.未注倒角C0.5。

2.不准使用纱布、锉刀修光。

单位:mm

职业名称	刨插工
考核等级	初级工
试题名称	平板
材质等信息	45 号钢 205×145×65

职业技能鉴定技能操作考核制件图示或内容

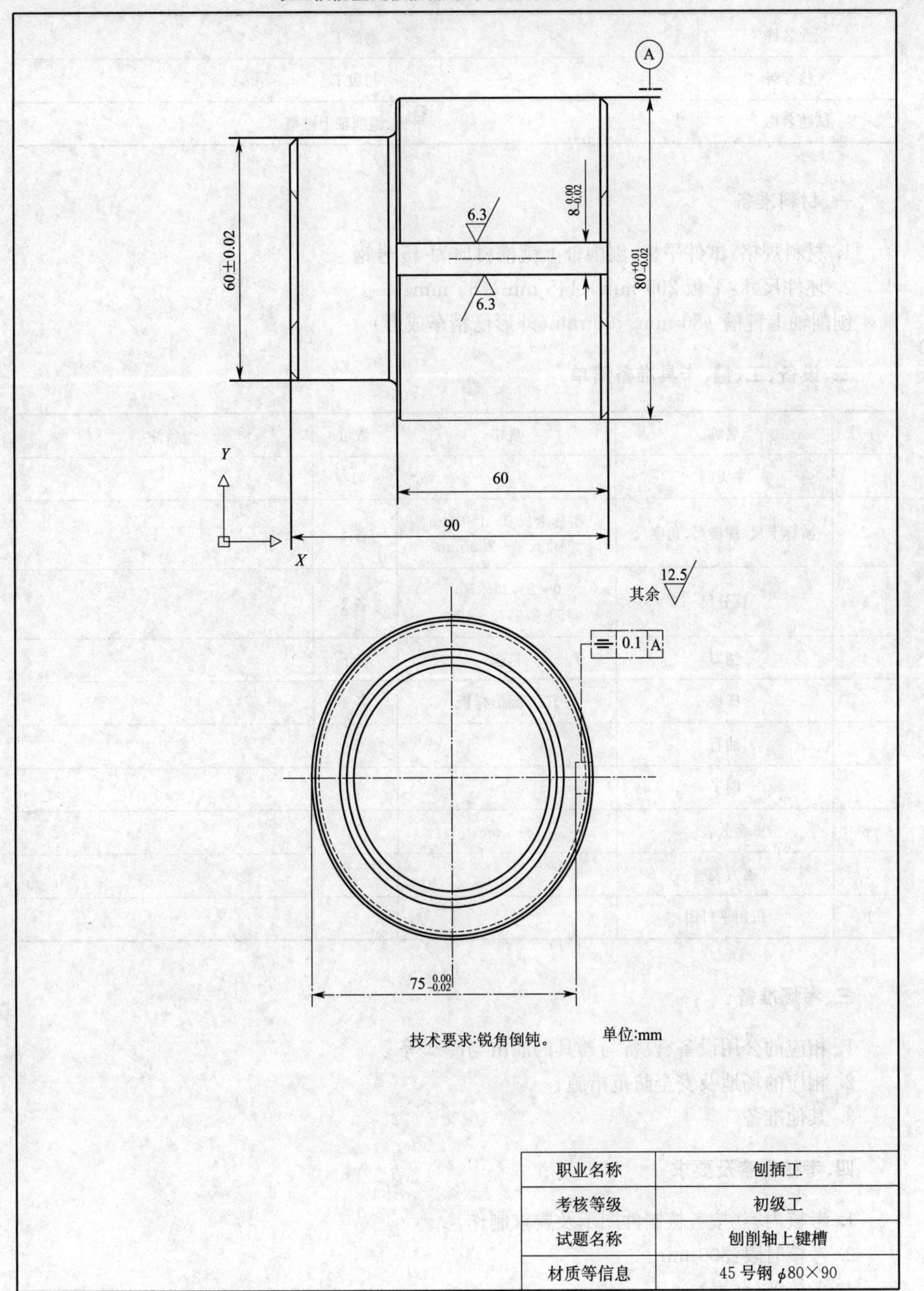

技术要求:锐角倒钝。 单位:mm

职业名称	刨插工
考核等级	初级工
试题名称	刨削轴上键槽
材质等信息	45 号钢 ϕ80×90

职业技能鉴定技能操作考核准备单

职业名称	刨插工
考核等级	初级工
试题名称	平板、刨削轴上键槽

一、材料准备

1. 材料规格：试件平板、刨削轴上键槽材质为45号钢
2. 坯件尺寸：平板 205 mm×145 mm×65 mm

刨削轴上键槽 ϕ80 mm×90 mm(外形已精车成形)

二、设备、工、量、卡具准备清单

序号	名称	规格	数量	备注
1	牛头刨		1	
2	游标卡尺、深度尺、角度尺	游标卡尺 0～150 mm 深度尺 0～200 mm	各1	
3	百分尺	0～25,25～50, 50～75,75～100	各1	
4	刨刀	自选	若干	
5	样板	*R*10 圆形样板	各1	
6	油石		1	磨刀用
7	刷子		1	
8	百分表	0～5 mm		
9	磁力表座		1	
10	机用平口钳		1	

三、考场准备

1. 相应的公用设备、设备与器具的润滑与冷却等
2. 相应的场地及安全防范措施
3. 其他准备

四、考核内容及要求

1. 考核内容(按考核制件图示及要求制作)
2. 考核时限：300 min
3. 考核评分(表)

职业名称	刨插工		考核等级	初级工	
试题名称	平板、刨削轴上键槽		考核时限	300 min	
鉴定项目	考核内容	配分	评分标准	扣分说明	得分
读图与绘图	读懂刨、插对象的三视图	2	不合格不得分		
	读懂零件图中的技术要求	2	不合格不得分		
	能读懂与刨插床有关的机构工作原理	2	不合格不得分		
	能读懂装配要求	2	不合格不得分		
	能制定简单工件的加工顺序	2	不合格不得分		
	能确定简单工件的各部位的加工余量	2	不合格不得分		
	能读懂工件的加工顺序	2	不合格不得分		
	能严格执行加工工艺	2	不合格不得分		
夹具使用	正确安装刨、插床夹具	2	不合格不得分		
	调整并校正夹具与工作台行程的位置关系	2	不合格不得分		
刨削平面和平行面	识别有平面和平行面的零件图相关尺寸	0.5	不合格不得分		
	识别有平面和平行面的零件图的技术要求	0.5	不合格不得分		
	根据零件图要求确定粗基准	0.5	不合格不得分		
	根据零件图要求确定精基准	0.5	不合格不得分		
	根据选定的基准确定定位方式	0.5	不合格不得分		
	根据确定的定位方式夹紧工件	0.5	不合格不得分		
	根据加工方式选择刀具	0.5	不合格不得分		
	根据加工方式调整切削用量	0.5	不合格不得分		
	划分粗精加工阶段	1	不合格不得分		
	根据粗精加工阶段适当调整夹紧力	1	不合格不得分		
	用百分表检验平面度	1	超差 0.02 mm 扣 0.5 分		
	加工基准平面	1	不合格不得分		
	以基准平面为精基准,加工以基准平面平行的关联面	1	不合格不得分		
	用百分表检验平行度	1	超差 0.02 mm 扣 0.5 分		
	精加工时合理设定切削用量	0.5	降一级扣 0.5 分		
	保持刀具锋利	0.5	不合格不得分		
刨或插削垂直面	识别有垂直面的零件图相关尺寸	0.5	不合格不得分		
	识别有垂直面的零件图的技术要求	0.5	不合格不得分		
	根据零件图要求确定粗基准	0.5	不合格不得分		
	根据零件图要求确定精基准	0.5	不合格不得分		
	根据加工方式选择刀具	0.5	不合格不得分		

续上表

鉴定项目	考核内容	配分	评分标准	扣分说明	得分
刨或插削垂直面	根据加工方式调整切削用量	0.5	不合格不得分		
	根据选定的基准确定定位方式	0.5	不合格不得分		
	根据确定的定位方式夹紧工件	0.5	不合格不得分		
	对刀并试切	1	不合格不得分		
	检查切削深度,合适后进行加工	1	不合格不得分		
	用百分表检验垂直度度	1	超差 0.02 mm 扣 0.5 分		
	精加工时合理设定切削用量	0.5	降一级扣 0.5 分		
	保持刀具锋利	0.5	不合格不得分		
刨或插削台阶	识别有台阶的零件图相关尺寸	0.5	不合格不得分		
	识别有台阶的零件图的技术要求	0.5	不合格不得分		
	根据选定的基准确定定位方式	0.5	不合格不得分		
	根据确定的定位方式夹紧工件	0.5	不合格不得分		
	根据不同的基本尺寸确定公差范围	0.5	超差 0.02 mm 扣 0.5 分		
	保证基本尺寸的极限偏差	0.5	超差 0.02 mm 扣 0.5 分		
	精加工时合理设定切削用量	0.5	降一级扣 0.5 分		
	保持刀具锋利	0.5	不合格不得分		
刨削 T 形槽	识别 T 形槽的零件图相关尺寸	0.5	不合格不得分		
	识别 T 形槽的零件图的技术要求	0.5	不合格不得分		
	根据选定的基准确定定位方式	0.5	不合格不得分		
	根据确定的定位方式夹紧工件	0.5	不合格不得分		
	正确刃磨切槽刀	0.5	不合格不得分		
	正确刃磨左右偏刀	0.5	不合格不得分		
	使用切断刀刨直槽	1	不合格不得分		
	使用左右偏刀刨凹槽	1	不合格不得分		
	按图样要求划出 T 形槽的加工线	1	超差 0.02 mm 扣 0.5 分		
	按划线找正工件	1	不合格不得分		
	运用百分表检验各水平面间的误差	1	超差 0.02 mm 扣 0.5 分		
	运用百分表检验各垂直面间的误差	1	超差 0.02 mm 扣 0.5 分		
	精加工时合理设定切削用量	0.5	降一级扣 0.5 分		
	保持刀具锋利	0.5	不合格不得分		
刨或插削斜面或 V 形槽	识别斜面和 V 形槽的零件图相关尺寸	0.5	不合格不得分		
	识别斜面和 V 形槽的零件图的技术要求	0.5	不合格不得分		

续上表

鉴定项目	考核内容	配分	评分标准	扣分说明	得分
刨或插削斜面或V形槽	选择样板刀加工	0.5	不合格不得分		
	选择偏刀加工	0.5	不合格不得分		
	使用平口钳装夹	1	不合格不得分		
	使用斜垫铁装夹	1	不合格不得分		
	根据选定的基准确定定位方式	0.5	不合格不得分		
	根据确定的定位方式夹紧工件	0.5	不合格不得分		
	运用划线方式校正	0.5	不合格不得分		
	运用百分表校正	0.5	不合格不得分		
	精加工时合理设定切削用量	0.5	降一级扣0.5分		
	保持刀具锋利	0.5	不合格不得分		
	根据不同的基本尺寸确定公差范围	0.5	超差0.02 mm扣0.5分		
	保证基本尺寸的极限偏差	0.5	超差0.02 mm扣0.5分		
	运用百分表检验倾斜度	1	超差2′不得分		
	运用角度尺检验角度	1	超差2′不得分		
刨削轴上键槽	识别轴上键槽的零件图相关尺寸	0.5	不合格不得分		
	识别轴上键槽的零件图的技术要求	0.5	不合格不得分		
	根据选定的基准确定定位方式	0.5	不合格不得分		
	根据确定的定位方式夹紧工件	0.5	不合格不得分		
	使用分度装置	1	不合格不得分		
	使用V形架	0.5	不合格不得分		
	正确刃磨刀具	0.5	不合格不得分		
	正确安装刀具	0.5	不合格不得分		
	根据不同的基本尺寸确定公差范围	1	超差0.02 mm扣0.5分		
	保证基本尺寸的极限偏差	1	超差0.02 mm扣0.5分		
	运用百分表检验槽与轴线的对称度误差	0.5	超差0.02 mm扣0.5分		
	使用样板检验	0.5	大于0.4 mm不得分		
	精加工时合理设定切削用量	0.5	降一级扣0.5分		
	保持刀具锋利	0.5	不合格不得分		
刨或插削直齿条	正确识别直齿条的零件图及技术要求	0.5	不合格不得分		

续上表

鉴定项目	考核内容	配分	评分标准	扣分说明	得分
刨或插削弧面	识别弧面的零件图相关尺寸	0.5	不合格不得分		
	识别弧面的零件图的技术要求	0.5	不合格不得分		
	根据选定的基准确定定位方式	0.5	不合格不得分		
	根据确定的定位方式夹紧工件	0.5	不合格不得分		
	使用样板刃磨成型刀	0.5	不合格不得分		
	正确刃磨圆头刀	0.5	不合格不得分		
	按划线加工弧面	1	不合格不得分		
	用成型刀加工弧面	1	不合格不得分		
	用比较法检验	1	大于0.4 mm不得分		
	用光隙法检验	1	大于0.4 mm不得分		
	精加工时合理设定切削用量	0.5	降一级扣0.5分		
	保持刀具锋利	0.5	不合格不得分		
长、宽、厚及深度检验	清除量具测量面并校正零位	1	不合格不得分		
	测量工件的长、宽、厚及深度	1	超差0.1 mm扣0.5分		
角度、齿形及弧面的检验	清除量具测量面并校正零位	1	不合格不得分		
	使用样板进行比较法检验或用光隙法检验角度	1	大于0.4 mm不得分		
	检验齿距的方法	1	大于0.4 mm不得分		
	检验齿形的方法	1	大于0.4 mm不得分		
	使用样板进行比较法检验	0.5	大于0.4 mm不得分		
	使用样板用光隙法检验	0.5	大于0.4 mm不得分		
平行度、垂直度、对称度检验	运用百分表检验平行度	1	超差0.02 mm扣0.5分		
	运用百分表检验垂直度	1	超差0.02 mm扣0.5分		
	运用百分表检验键槽的对称度	1	超差0.02 mm扣0.5分		
刨、插床的维护与保养	根据加工需要对机床各运动副间隙调整	2	不合格不得分		
	调整滑枕、横梁等上下左右位置运动	2	不合格不得分		
	检查机床油路、电气正常	2	不合格不得分		
	开机试运行，机床运行平稳、良好	2	不合格不得分		
常用量具使用及保养	常用量具、量仪的维护	1	不合格不得分		
	常用量具、量仪的保养	1	不合格不得分		

续上表

鉴定项目	考核内容	配分	评分标准	扣分说明	得分
质量、安全、工艺纪律、文明生产等综合考核项目	考核时限	不限	超时停止操作		
	工艺纪律	不限	依据企业有关工艺纪律管理规定执行,每违反一次扣10分		
	劳动保护	不限	依据企业有关劳动保护管理规定执行,每违反一次扣10分		
	文明生产	不限	依据企业有关文明生产管理规定执行,每违反一次扣10分		
	安全生产	不限	依据企业有关安全生产管理规定执行,每违反一次扣10分,有重大安全事故,取消成绩		

职业技能鉴定技能考核制件(内容)分析

职业名称	刨插工
考核等级	初级工
试题名称	平板、刨削轴上键槽
职业标准依据	《国家职业标准》

试题中鉴定项目及鉴定要素的分析与确定

分析事项 \ 鉴定项目分类	基本技能“D”	专业技能“E”	相关技能“F”	合计	数量与占比说明
鉴定项目总数	2	12	6	20	核心技能“E”满足鉴定项目占比高于2/3的要求
选取的鉴定项目数量	2	8	5	15	
选取的鉴定项目数量占比	100%	66.7%	83.3%	75%	
对应选取鉴定项目所包含的鉴定要素总数	7	51	10	68	鉴定要素数量占比大于60%
选取的鉴定要素数量	5	47	8	60	
选取的鉴定要素数量占比	71.4%	92.2%	80%	88%	

所选取鉴定项目及相应鉴定要素分解与说明

鉴定项目类别	鉴定项目名称	国家职业标准规定比重(%)	《框架》中鉴定要素名称	本命题中具体鉴定要素分解	配分	评分标准	考核难点说明
D	读图与绘图	20	能读懂刨、插对象的零件图	读懂刨、插对象的三视图	2	不合格不得分	零件表达方法
				读懂零件图中的技术要求	2	不合格不得分	技术要求含义
			能读懂与刨插床有关的机构的装配图	能读懂与刨插床有关的机构工作原理	2	不合格不得分	刨、插床主要结构
				能读懂装配要求	2	不合格不得分	装配关系
			能制定简单工件的刨、插顺序	能制定简单工件的加工顺序	2	不合格不得分	加工阶段的划分
				能确定简单工件的各部位的加工余量	2	不合格不得分	加工余量的确定
			读懂在刨、插床加工零件的工艺过程	能读懂工件的加工顺序	2	不合格不得分	加工阶段的划分
				能严格执行加工工艺	2	不合格不得分	加工工艺
	夹具使用		能够正确安装调整刨、插床各类夹具	正确安装刨、插床夹具	2	不合格不得分	夹具种类
				调整并校正夹具与工作台行程的位置关系	2	不合格不得分	机床夹具的校正
E	刨削平面和平行面	60	正确识别有平面和平行面的零件图及技术要求	识别有平面和平行面的零件图相关尺寸	0.5	不合格不得分	零件图表达方法
				识别有平面和平行面的零件图的技术要求	0.5	不合格不得分	技术要求的含义
			正确选择基准面	根据零件图要求确定粗基准	0.5	不合格不得分	粗基准选择原则
				根据零件图要求确定精基准	0.5	不合格不得分	精基准选择原则

续上表

鉴定项目类别	鉴定项目名称	国家职业标准规定比重(%)	《框架》中鉴定要素名称	本命题中具体鉴定要素分解	配分	评分标准	考核难点说明
E	刨削平面和平行面	60	确定合理的定位和夹紧方式	根据选定的基准确定定位方式	0.5	不合格不得分	六点定位原理
				根据确定的定位方式夹紧工件	0.5	不合格不得分	夹紧方式种类
			正确选择刀具并合理选择切削用量	根据加工方式选择刀具	0.5	不合格不得分	刀具的几何参数
				根据加工方式调整切削用量	0.5	不合格不得分	切削用量的选择
			刨削 300 mm×500 mm 平板，平面度误差在 0.04 mm 以内	划分粗精加工阶段	1	不合格不得分	粗精加工阶段划分
				根据粗精加工阶段适当调整夹紧力	1	不合格不得分	因夹紧力影响加工精度的解决方法
				用百分表检验平面度	1	超差 0.02 mm 扣 0.5 分	百分表使用和测量
			刨削长度在 1 000 mm 以内的垫铁，平行度误差在 0.05 mm 以内	加工基准平面	1	不合格不得分	平面的加工方法
				以基准平面为精基准，加工以基准平面平行的关联面	1	不合格不得分	基准
				用百分表检验平行度	1	超差 0.02 mm 扣 0.5 分	百分表检验平行度
			能保证表面粗糙度 $R_a3.2\ \mu m$	精加工时合理设定切削用量	0.5	降一级扣 0.5 分	切削用量设定方法
				保持刀具锋利	0.5	不合格不得分	刀具刃磨
	刨或插削垂直面		正确识别有垂直面的零件图及技术要求	识别有垂直面的零件图相关尺寸	0.5	不合格不得分	零件图表达方法
				识别有垂直面的零件图的技术要求	0.5	不合格不得分	零件图技术要求
			正确选择基准面	根据零件图要求确定粗基准	0.5	不合格不得分	粗基准选择原则
				根据零件图要求确定精基准	0.5	不合格不得分	精基准选择原则
			正确选择刀具并合理选择切削用量	根据加工方式选择刀具	0.5	不合格不得分	刀具的几何参数
				根据加工方式调整切削用量	0.5	不合格不得分	切削用量的选择
			确定合理的定位和夹紧方式	根据选定的基准确定定位方式	0.5	不合格不得分	六点定位原理
				根据确定的定位方式夹紧工件	0.5	不合格不得分	夹紧方式种类
			使用正确方式进行刨、插削	对刀并试切	1	不合格不得分	对刀方法
				检查切削深度，合适后进行加工	1	不合格不得分	垂直面加工方法

续上表

鉴定项目类别	鉴定项目名称	国家职业标准规定比重(%)	《框架》中鉴定要素名称	本命题中具体鉴定要素分解	配分	评分标准	考核难点说明
E	刨或插削垂直面	60	刨、插削 300 mm×400 mm 弯板，垂直度误差在 0.05 mm 以内	用百分表检验垂直度	1	超差 0.02 mm 扣 0.5 分	百分表检验垂直度
			能保证表面粗糙度为 $R_a3.2\ \mu m$	精加工时合理设定切削用量	0.5	降一级扣 0.5 分	切削用量设定方法
				保持刀具锋利	0.5	不合格不得分	刀具刃磨
	刨或插削台阶		正确识别有台阶的零件图及技术要求	识别有台阶的零件图相关尺寸	0.5	不合格不得分	零件图表达方法
				识别有台阶的零件图的技术要求	0.5	不合格不得分	零件图的技术要求
			确定合理的定位和夹紧方式	根据选定的基准确定定位方式	0.5	不合格不得分	六点定位原理
				根据确定的定位方式夹紧工件	0.5	不合格不得分	夹紧方式种类
			公差等级为 IT8	根据不同的基本尺寸确定公差范围	0.5	超差 0.02 mm 扣 0.5 分	公差配合
				保证基本尺寸的极限偏差	0.5	超差 0.02 mm 扣 0.5 分	公差配合
			能保证表面粗糙度 $R_a3.2$ 的保证	精加工时合理设定切削用量	0.5	降一级扣 0.5 分	切削用量设定方法
				保持刀具锋利	0.5	不合格不得分	刀具刃磨
	刨削 T 形槽		正确识别有 T 形槽工件的零件图及技术要求	识别 T 形槽的零件图相关尺寸	0.5	不合格不得分	零件图表达方法
				识别 T 形槽的零件图的技术要求	0.5	不合格不得分	零件技术要求
			确定合理的定位和夹紧方式	根据选定的基准确定定位方式	0.5	不合格不得分	六点定位原理
				根据确定的定位方式夹紧工件	0.5	不合格不得分	夹紧方式种类
			正确刃磨刀具	正确刃磨切槽刀	0.5	不合格不得分	刃磨切槽刀方法
				正确刃磨左右偏刀	0.5	不合格不得分	刃磨左右偏刀时的几何参数
			正确装夹工件并进行刨、插削	使用切断刀刨直槽	1	不合格不得分	切断刀刨直槽
				使用左右偏刀刨凹槽	1	不合格不得分	左右偏刀刨凹槽
			T 形槽两侧槽中心偏差不得大于 0.25 mm	按图样要求划出 T 形槽的加工线	1	超差 0.02 mm 扣 0.5 分	加工线方法及关联要素
				按划线找正工件	1	不合格不得分	找正工件
			各水平面间、各垂直面间要分别平行、垂直，误差不大于 0.05 mm	运用百分表检验各水平面间的误差	1	超差 0.02 mm 扣 0.5 分	平行度误差检验
				运用百分表检验各垂直面间的误差	1	超差 0.02 mm 扣 0.5 分	垂直度误差检验

续上表

鉴定项目类别	鉴定项目名称	国家职业标准规定比重(%)	《框架》中鉴定要素名称	本命题中具体鉴定要素分解	配分	评分标准	考核难点说明
E	刨削T形槽	60	能保证表面粗糙度为 $R_a3.2\ \mu m$	精加工时合理设定切削用量	0.5	降一级扣0.5分	切削用量设定方法
				保持刀具锋利	0.5	不合格不得分	刀具刃磨
	刨或插削斜面或V形槽		正确识别斜面和V形槽的零件图及技术要求	识别斜面和V形槽的零件图相关尺寸	0.5	不合格不得分	零件图表达方法
				识别斜面和V形槽的零件图的技术要求	0.5	不合格不得分	加工斜面和V形槽零件技术要求
			正确选择刀具	选择样板刀加工	0.5	不合格不得分	样板刀的刃磨方法
				选择偏刀加工	0.5	不合格不得分	偏刀的使用方法
			能正确选用夹具和工装	使用平口钳装夹	1	不合格不得分	平口钳使用方法
				使用斜垫铁装夹	1	不合格不得分	斜垫铁使用方法
			确定合理的定位和夹紧方式	根据选定的基准确定定位方式	0.5	不合格不得分	六点定位原理
				根据确定的定位方式夹紧工件	0.5	不合格不得分	夹紧方式种类
			正确校正工件	运用划线方式校正	0.5	不合格不得分	确定各表面的余量和位置
				运用百分表校正	0.5	不合格不得分	百分表使用
			能保证表面粗糙度为 $R_a3.2\ \mu m$	精加工时合理设定切削用量	0.5	降一级扣0.5分	切削用量设定方法
				保持刀具锋利	0.5	不合格不得分	刀具刃磨
			公差等级为IT12	根据不同的基本尺寸确定公差范围	0.5	超差0.02 mm扣0.5分	公差配合
				保证基本尺寸的极限偏差	0.5	超差0.02 mm扣0.5分	公差配合
			角度误差为±5″	运用百分表检验倾斜度	1	超差2′不得分	倾斜度检验方法
				运用角度尺检验角度	1	超差2′不得分	角度尺使用方法
	刨削轴上键槽		正确识别轴类的零件图及技术要求	识别轴上键槽的零件图相关尺寸	0.5	不合格不得分	键槽在三视图中的表达方法
				识别轴上键槽的零件图的技术要求	0.5	不合格不得分	加工键槽时的技术要求

续上表

鉴定项目类别	鉴定项目名称	国家职业标准规定比重(%)	《框架》中鉴定要素名称	本命题中具体鉴定要素分解	配分	评分标准	考核难点说明
E	刨削轴上键槽	60	确定合理的定位和夹紧方式	根据选定的基准确定定位方式	0.5	不合格不得分	六点定位原理
				根据确定的定位方式夹紧工件	0.5	不合格不得分	夹紧方式种类
			能正确选用夹具	使用分度装置	1	不合格不得分	分度方法
				使用V形架	0.5	不合格不得分	装夹时深度误差的计算
			正确使用刀具	正确刃磨刀具	0.5	不合格不得分	刀具的几何参数
				正确安装刀具	0.5	不合格不得分	刀具的越出位置
			能加工 ϕ100 mm、长500 mm 轴上的键槽，公差等级为IT9	根据不同的基本尺寸确定公差范围	1	超差 0.02 mm 扣 0.5 分	公差配合的相关知识
				保证基本尺寸的极限偏差	1	超差 0.02 mm 扣 0.5 分	公差配合
			加工后槽形正确，与轴线对称度误差在0.1 mm以内	运用百分表检验槽与轴线的对称度误差	0.5	超差 0.02 mm 扣 0.5 分	对称度的检验方法
				使用样板检验	0.5	大于 0.4 mm 不得分	样板光隙法的使用
			能保证表面粗糙度为 $R_a6.3\ \mu m$	精加工时合理设定切削用量	0.5	降一级扣 0.5 分	切削用量设定方法
				保持刀具锋利	0.5	不合格不得分	刀具刃磨
	刨或插削直齿条		正确识别直齿条的零件图及技术要求	正确识别直齿条的零件图及技术要求	0.5	不合格不得分	技术要求
	刨或插削弧面		正确识别弧面工件的零件图及技术要求	识别弧面的零件图相关尺寸	0.5	不合格不得分	零件图的表达方法
				识别弧面的零件图的技术要求	0.5	不合格不得分	零件技术要求
			确定合理的定位和夹紧方式	根据选定的基准确定定位方式	0.5	不合格不得分	六点定位原理
				根据确定的定位方式夹紧工件	0.5	不合格不得分	夹紧方式种类
			正确刃磨刀具	使用样板刃磨成型刀	0.5	不合格不得分	使用样板光隙法刃磨成型刀
				正确刃磨圆头刀	0.5	不合格不得分	圆头刀的刃磨方法
			正确装夹工件并进行刨或插削	按划线加工弧面	1	不合格不得分	手动垂直进给和横向自动进给的配合
				用成型刀加工弧面	1	不合格不得分	成型刀刨曲面的注意事项

续上表

鉴定项目类别	鉴定项目名称	国家职业标准规定比重(%)	《框架》中鉴定要素名称	本命题中具体鉴定要素分解	配分	评分标准	考核难点说明
E	刨或插削弧面	60	弧面与样板相符	用比较法检验	1	大于 0.4 mm 不得分	比较法的测量误差
				用光隙法检验	1	大于 0.4 mm 不得分	光隙法的检验方法
			能保证表面粗糙度 $R_a6.3\ \mu m$	精加工时合理设定切削用量	0.5	降一级扣 0.5 分	切削用量设定方法
				保持刀具锋利	0.5	不合格不得分	刀具刃磨
F	长、宽、厚及深度检验	10	能用游标卡尺、千分尺、游标深度尺测量工件的长、宽、厚及深度	清除量具测量面并校正零位	1	不合格不得分	量具的使用说明
				测量工件的长、宽、厚及深度	1	超差 0.1 mm 扣 0.5 分	量具的刻线原理
	角度、齿形及弧面的检验		用万能角度尺或样板检查燕尾槽、V 形槽的角度	清除量具测量面并校正零位	1	不合格不得分	量具的使用说明
				使用样板进行比较法检验或用光隙法检验角度	1	大于 0.4 mm 不得分	比较法和光隙法使用方法
			用样板检验齿条的齿距及齿形	检验齿距的方法	1	大于 0.4 mm 不得分	齿距单面样板检验和跨齿样板检验齿距累计误差
				检验齿形的方法	1	大于 0.4 mm 不得分	凸形或凹形单齿双面样板检验齿形
			用样板检验误差在 0.5mm 以内的曲线形工件	使用样板进行比较法检验	0.5	大于 0.4 mm 不得分	比较法的测量误差
				使用样板用光隙法检验	0.5	大于 0.4 mm 不得分	光隙法的检验方法
	平行度、垂直度、对称度检验		运用百分表等在平台上测量精度等级较低工件的平行度、垂直度、及键槽的对称度	运用百分表检验平行度	1	超差 0.02 mm 扣 0.5 分	运用百分表平行度的方法
				运用百分表检验垂直度	1	超差 0.02 mm 扣 0.5 分	运用百分表垂直度方法
				运用百分表检验键槽的对称度	1	超差 0.02 mm 扣 0.5 分	键槽的对称度检验方法
	刨、插床的维护与保养	10	能根据加工需要对机床进行调整	根据加工需要对机床各运动副间隙调整	2	不合格不得分	运动副间隙的测量
				调整滑枕、横梁等上下左右位置运动	2	不合格不得分	机床的主要结构

续上表

鉴定项目类别	鉴定项目名称	国家职业标准规定比重(%)	《框架》中鉴定要素名称	本命题中具体鉴定要素分解	配分	评分标准	考核难点说明
F	刨、插床的维护与保养	10	能在加工前对刨、插床进行常规检查	检查机床油路、电气正常	2	不合格不得分	了解刨、插床简单的润滑、电气系统使用规则和维护保养方法
				开机试运行,机床运行平稳、良好	2	不合格不得分	
	常用量具使用及保养		了解常用量具、量仪的维护知识与保养方法,能够正确对常用量具、量仪进行维护和保养	常用量具、量仪的维护	1	不合格不得分	常用量具、量仪定期检验
				常用量具、量仪的保养	1	不合格不得分	常用量具、量仪的保养
质量、安全、工艺纪律、文明生产等综合考核项目				考核时限	不限	超时停止操作	
				工艺纪律	不限	依据企业有关工艺纪律管理规定执行,每违反一次扣10分	
				劳动保护	不限	依据企业有关劳动保护管理规定执行,每违反一次扣10分	
				文明生产	不限	依据企业有关文明生产管理规定执行,每违反一次扣10分	
				安全生产	不限	依据企业有关安全生产管理规定执行,每违反一次扣10分,有重大安全事故,取消成绩	

刨插工(中级工)技能操作考核框架

一、框架说明

1. 依据《国家职业标准》注，以及中国北车确定的“岗位个性服从于职业共性”的原则，提出刨插工(中级工)技能操作考核框架(以下简称:技能考核框架)。

2. 本职业等级技能操作考核评分采用百分制。即:满分为100分，60分为及格，低于60分为不及格。

3. 实施“技能考核框架”时，考核制件(活动)命题可以选用本企业的加工件(活动项目)，也可以结合实际另外组织命题。

4. 实施“技能考核框架”时，考核的时间和场地条件等应依据《国家职业标准》，并结合企业实际确定。

5. 实施“技能考核框架”时，其“职业功能”的分类按以下要求确定:

(1)“零件加工”属于本职业等级技能操作的核心职业活动，其项目代码为“E”。

(2)“工艺准备”、“精度检验及误差分析”、“维护与保养”属于本职业等级技能操作的辅助性活动，其代码为“D”和“F”。

6. 实施技能考核框架时，其鉴定项目和选考数量按以下要求确定:

(1)按照《国家职业标准》有关技能操作鉴定比重要求，本职业等级技能操作考核制件的鉴定项目应按“D”+“E”+“F”组合其考核配分比例相应为“D”占10分，“E”占70分，“F”占20分(其中“精度检验及误差分析”占10分，“维护与保养”占10分)。

(2)依据中国北车确定的“核心职业活动选取2/3，并向上取整”的规定，在“E”类鉴定项目——“零件加工”的全部5项中，至少选取4项。

(3)依据中国北车确定的“其余‘鉴定项目’的数量可以任选”的规定，“D”和“F”类鉴定项目——“工艺准备”、“精度检验及误差分析”、“维护与保养”中，至少分别选取1项。

(4)依据中国北车确定的“确定‘选考数量’时，所涉及‘鉴定要素’的数量占比，应不低于对应‘鉴定项目’范围内‘鉴定要素’总数的60%，并向上取整”的规定，考核制件的鉴定要素“选考数量”应按以下要求确定:

①在“D”类“鉴定项目”中，在已选定的至少1个鉴定项目中，至少选取已选鉴定项目所对应的全部鉴定要素的60%项，并向上保留整数。

②在“E”类“鉴定项目”中，在已选定的至少4个鉴定项目所包含的全部鉴定要素中，至少选取总数的60%项，并向上保留整数。

③在“F”类“鉴定项目”中，在已选定的至少2个鉴定项目所包含的全部鉴定要素中，至少选取总数的60%项，并向上保留整数。

举例分析:

按照上述“第6条”要求，若命题时按最少数量选取，即:在“D”类鉴定项目中的选取了“读图与绘图"1 项，在"E"类鉴定项目中选取了"直齿圆柱齿轮"、"燕尾导轨镶条"、"加工圆形或弧形工件"、"插削深孔键槽"4 项，在"F"类鉴定项目中分别选取了"长、宽、厚及深度检验""刨、插床的维护与保养"2 项，则：

此考核制件所涉及的"鉴定项目"总数为 7 项，具体包括："读图与绘图"，"直齿圆柱齿轮"、"燕尾导轨镶条"、"加工圆形或弧形工件"、"插削深孔键槽"，"长、宽、厚及深度检验"、"刨、插床的维护与保养"；

此考核制件所涉及的鉴定要素"选考数量"相应为 24 项，具体包括："读图与绘图"鉴定项目包含的全部 5 个鉴定要素中的 3 项，"加工直齿圆柱齿轮"、"燕尾导轨镶条"、"加工圆形或弧形工件"、"插削深孔键槽"4 个鉴定项目包括的全部 29 个鉴定要素中的 18 项，"长、宽、厚及深度检验"鉴定项目包含的全部 1 个鉴定要素，"刨、插床的维护与保养"鉴定项目包含的全部 3 个鉴定要素中的 2 项。

7. 本职业等级技能操作需要两人及以上共同作业的，可由鉴定组织机构根据"必要、辅助"的原则，结合实际情况确定协助人员的数量。在整个操作过程中，协助人员只能起必要、简单的辅助作用。否则，每违反一次，至少扣减应考者的技能考核总成绩 10 分，直至取消其考试资格。

8. 实施"技能考核框架"时，应同时对应考者在质量、安全、工艺纪律、文明生产等方面行为进行考核。对于在技能操作考核过程中出现的违章作业现象，每违反一项(次)至少扣减技能考核总成绩 10 分，直至取消其考试资格。

注：按照中国北车规定，各《职业技能操作考核框架》的编制依据现行的《国家职业标准》或现行的《行业职业标准》或现行的《中国北车职业标准》的顺序执行。

二、刨插工(中级工)技能操作鉴定要素细目表

职业功能	鉴定项目				鉴定要素		
	项目代码	名称	鉴定比重(%)	选考方式	要素代码	名称	重要程度
工艺准备	D	读图与绘图	10	任选	001	能读懂齿轮，有槽工件，镗床工作台等较复杂的零件图	X
					002	能读懂与刨插床有关的机构的装配图	X
					003	能绘制简单工件的零件图	X
					004	能制定直齿圆柱齿轮，弧形工件，深孔键槽等零件的工艺过程	X
					005	读懂在刨、插床加工零件的工艺过程	X
		夹具使用			001	能根据工件选用刨插床典型夹具或组合夹具	X
					002	能够正确安装和调整刨、插床各类夹具	X
零件加工	E	燕尾导轨镶条	70	至少选4项	001	正确识别燕尾导轨镶条的零件图及技术要求	X
					002	确定合理的定位和夹紧方式	X
					003	正确计算斜面的角度	X
					004	确定各刨、插削方法相应的工件装夹找正方法	X
					005	正确选择刀具并合理选择切削用量	X

续上表

职业功能	鉴定项目				鉴定要素		
	项目代码	名　称	鉴定比重(%)	选考方式	要素代码	名　称	重要程度
零件加工	E	燕尾导轨镶条	70	至少选4项	006	正确装夹工件并进行刨、插削	X
					007	使用万能角度尺等测量斜面	X
					008	涂色检查接触面不少于60%	X
					009	能保证表面粗糙度为 $R_a3.2\ \mu m$	X
		直齿圆柱齿轮			001	正确识别直齿圆柱齿轮零件图及技术要求	X
					002	确定合理的定位和夹紧方式	X
					003	正确使用分度头加工工件	X
					004	正确刃磨刀具	X
					005	尺寸公差等级:IT9的保证	X
					006	用样板检查手段进行测量齿轮正确	X
					007	能保证表面粗糙度 $R_a6.3\ \mu m$	X
		加工圆形或弧形工件			001	正确识别圆形或弧形工件零件图及技术要求	X
					002	确定合理的定位和夹紧方式	X
					003	正确刃磨刀具	X
					004	正确装夹工件并进行刨、插削	X
					005	用样板检查,误差在0.15 mm以内	X
					006	能保证表面粗糙度 $R_a6.3\ \mu m$	X
		插削深孔键槽			001	正确识别深孔键槽零件图及技术要求	X
					002	能正确选用夹具	X
					003	确定合理的定位和夹紧方式	X
					004	正确选择刀具并合理选择切削用量	X
					005	尺寸公差等级:IT9的保证	X
					006	对称度0.06的保证	X
					007	能保证表面粗糙度 $R_a3.2\ \mu m$	X
		精刨机床工作台导轨(如镗床)			001	正确识别机床工作台导轨零件图及技术要求	X
					002	正确区分零件关键要素、基准要素、关联要素	X
					003	能用平面刨刀精刨机床工作台导轨各部位	X
					004	能正确选用夹具和工装	X
					005	确定合理的定位和夹紧方式,避免破坏工件外表面、避免应定位造成的加工误差	X
					006	正确校正工件	X
					007	平行度0.02垂直度0.02的保证	X
					008	能保证表面粗糙度 $R_a3.2\ \mu m$	X
					009	采用合理的量具和检测方法对槽宽、深度、对称度等进行检测	X

续上表

职业功能	鉴定项目				鉴定要素		
	项目代码	名称	鉴定比重(%)	选考方式	要素代码	名称	重要程度
精度检验及误差分析	F	长、宽、厚及深度检验	10	任选	001	能用游标卡尺、千分尺、游标深度尺测量工件的长、宽、厚及深度	Y
		角度，齿形及弧面的检验			001	能用万能角度尺、正弦规测量角度工件	Y
					002	用样板检验直齿圆柱齿轮	Y
					003	用样板检验误差在0.5 mm以内的曲线形工件	Y
		直线度，平面度检验			001	能用千分表检验直线度、平面度	Y
		平行度、垂直度、对称度检验			001	运用千分表等检验，精度等级为IT6以上工件的平行度，垂直度	Y
					002	用涂色法检验导轨镶条	Y
维护与保养		刨、插床的维护与保养	10		001	能针对工作需要对机床进行调整	Y
					002	能及时发现机床的一般故障并通知有关部门进行排除	Y
					003	能在加工前对刨、插床进行常规检查	Y
		常用量具使用及保养			001	深度游标卡齿、高度游标卡尺、齿厚卡尺、公法线千分尺、百分表、万能角度尺等量具量仪的使用方法	Y
					002	了解常用量具、量仪的维护知识与保养方法，能够正确对常用量具、量仪进行维护和保养	Y

刨插工(中级工)技能操作考核样题与分析

职 业 名 称：____________________

考 核 等 级：____________________

存 档 编 号：____________________

考核站名称：____________________

鉴定责任人：____________________

命题责任人：____________________

主管负责人：____________________

中国北车股份有限公司劳动工资部制

职业技能鉴定技能操作考核制件图示或内容

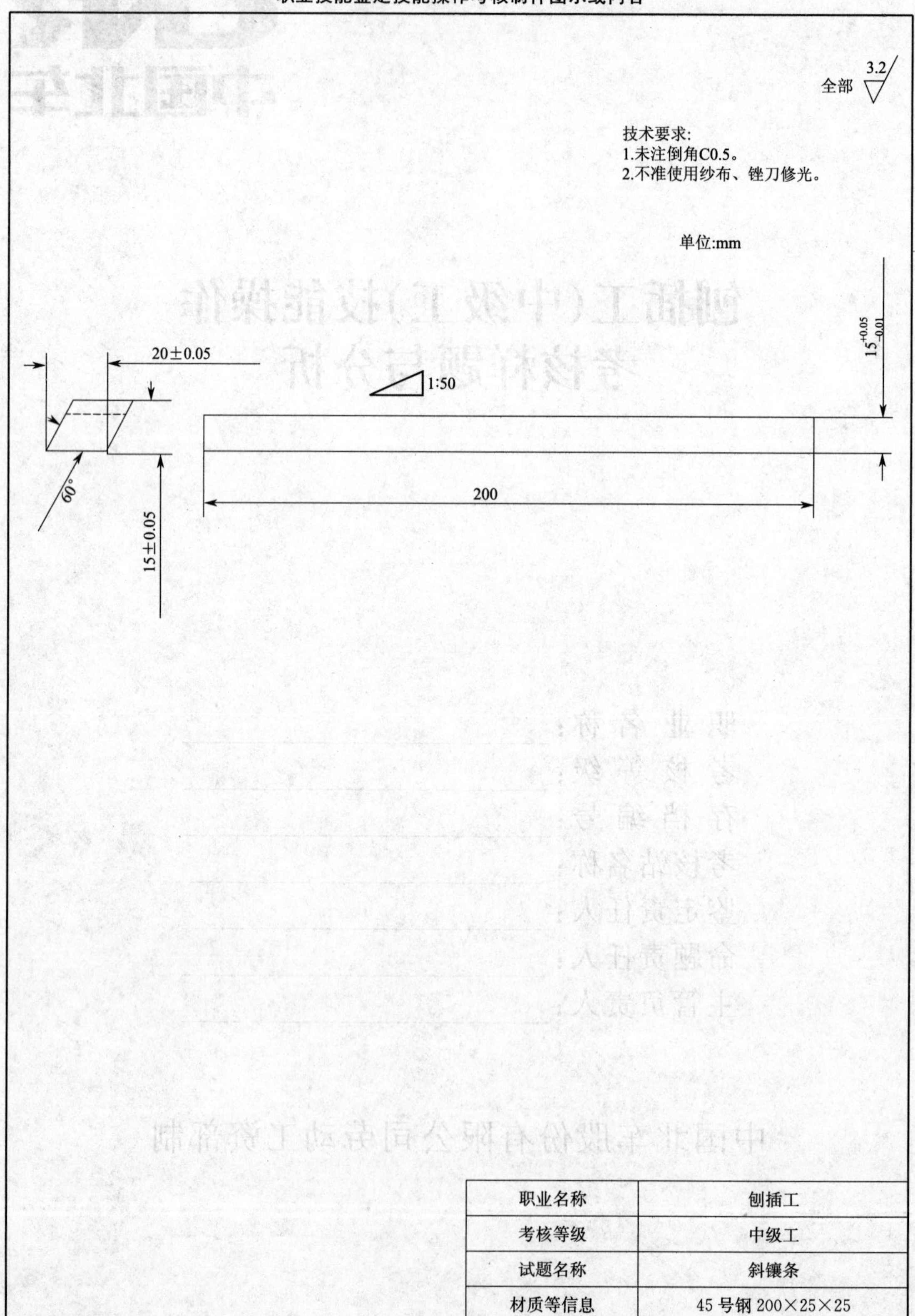

职业名称	刨插工
考核等级	中级工
试题名称	斜镶条
材质等信息	45 号钢 200×25×25

职业技能鉴定技能操作考核制件图示或内容

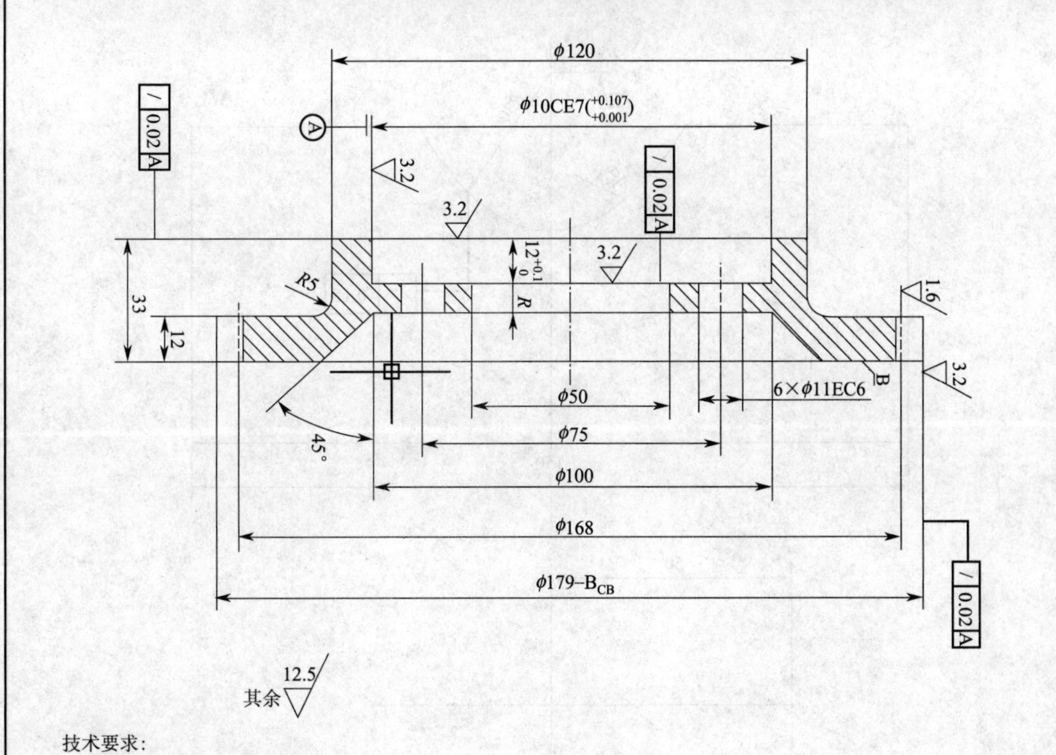

技术要求:

1.调质后240～280HB。

2.齿轮表面淬火后45～50HRC,高度1～1.5。

3.未注明的倒角为C1。

单位:mm

职业名称	刨插工
考核等级	中级工
试题名称	齿轮 M3 Z56
材质等信息	45 号钢　ϕ179×33

职业技能鉴定技能操作考核制件图示或内容

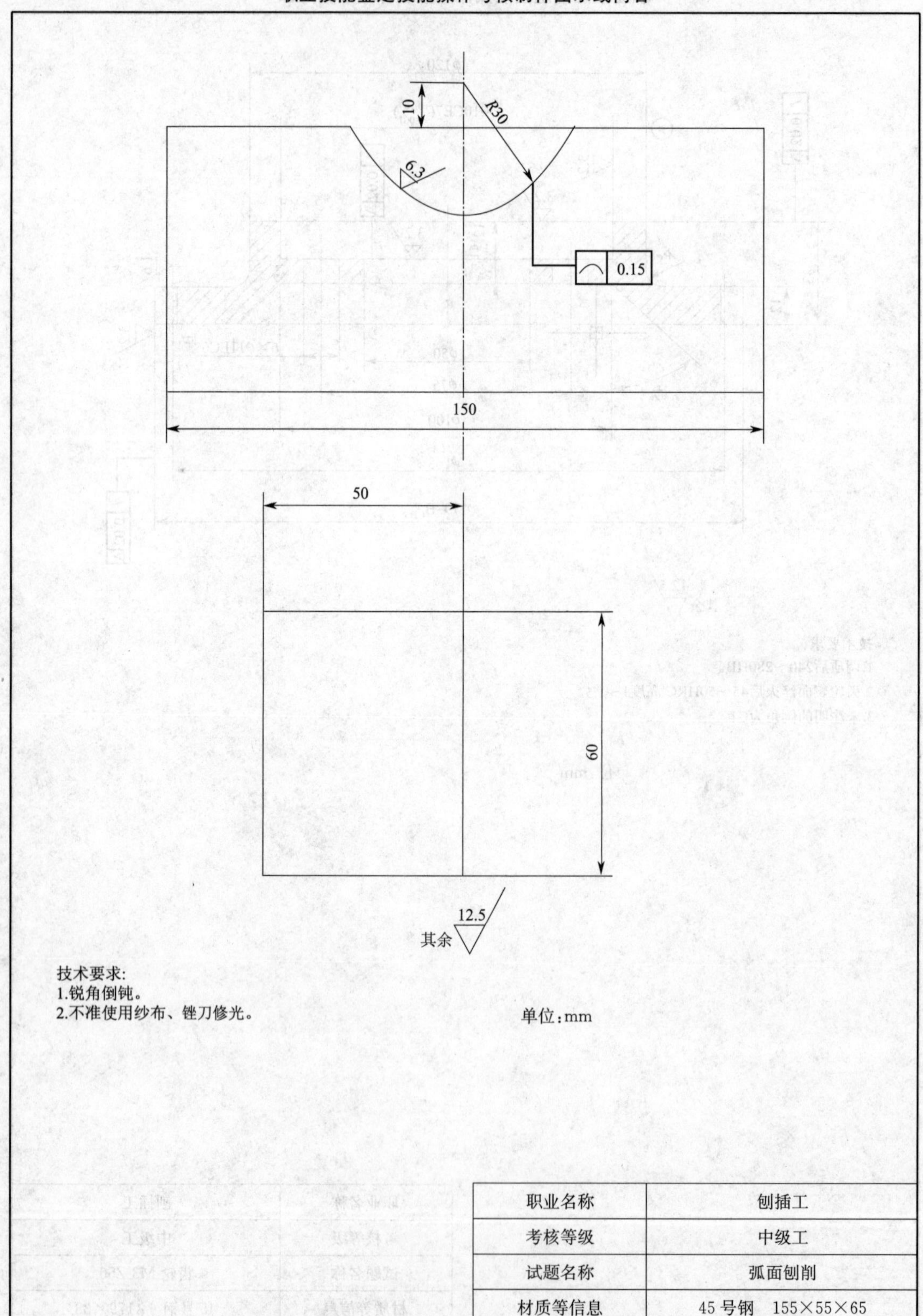

技术要求:
1.锐角倒钝。
2.不准使用纱布、锉刀修光。

单位:mm

职业名称	刨插工
考核等级	中级工
试题名称	弧面刨削
材质等信息	45 号钢　155×55×65

职业技能鉴定技能操作考核制件图示或内容

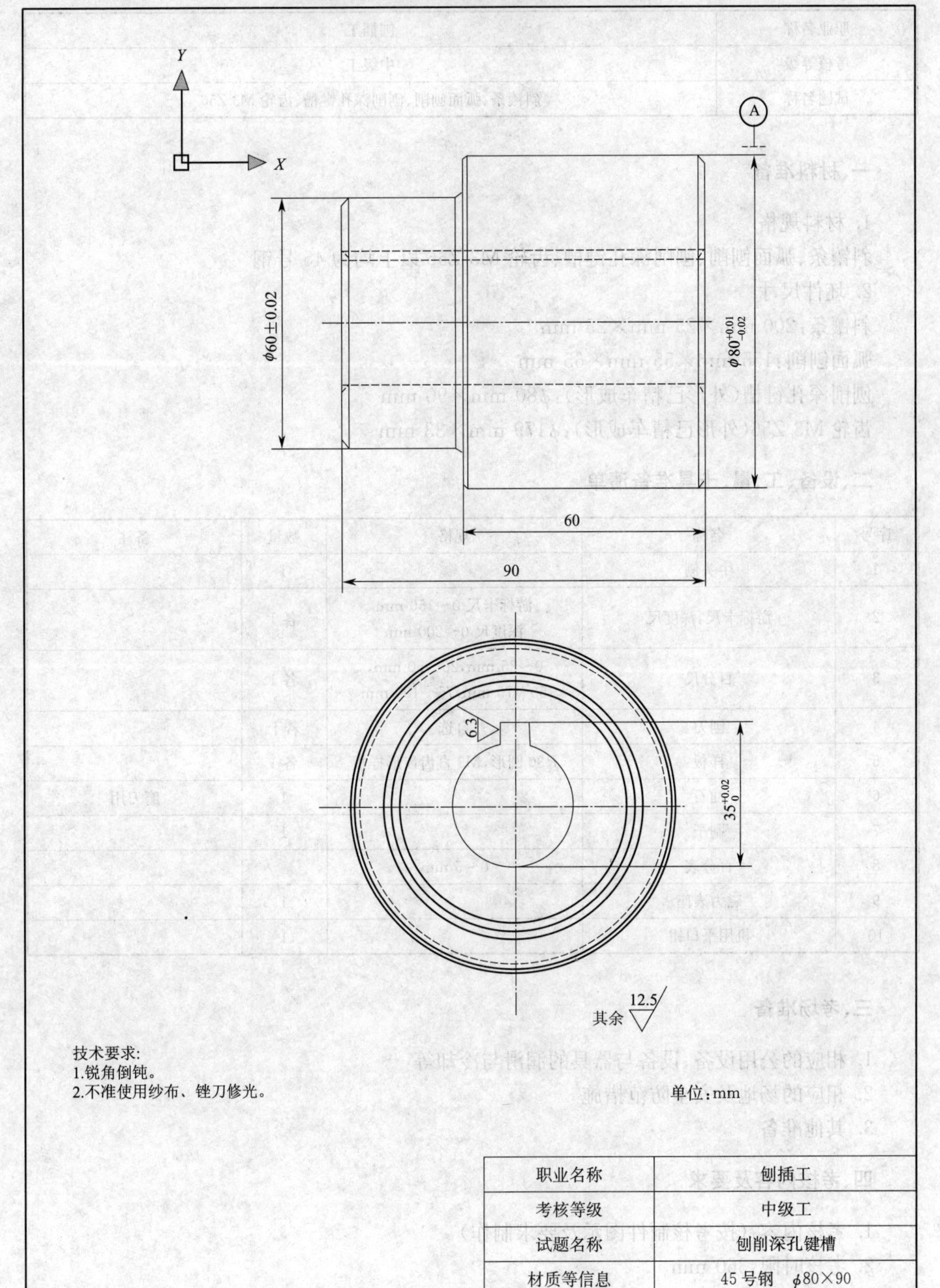

职业技能鉴定技能操作考核准备单

职业名称	刨插工
考核等级	中级工
试题名称	斜镶条、弧面刨削、刨削深孔键槽、齿轮 M3 Z56

一、材料准备

1. 材料规格

斜镶条、弧面刨削、刨削深孔键槽、齿轮 M3 Z56 以上均为 45 号钢

2. 坯件尺寸

斜镶条：200 mm×25 mm×25 mm

弧面刨削：155 mm×55 mm×65 mm

刨削深孔键槽(外形已精车成形)：ϕ80 mm×90 mm

齿轮 M3 Z56(外形已精车成形)：ϕ179 mm×33 mm

二、设备、工、量、卡具准备清单

序号	名称	规格	数量	备注
1	牛头刨		1	
2	游标卡尺，深度尺	游标卡尺 0～150 mm 深度尺 0～200 mm	各 1	
3	百分尺	0～25 mm，25～50 mm， 50～75 mm，75～100 mm	各 1	
4	刨刀	自选	若干	
5	样板	R30 圆形，M3 直齿齿形样板	各 1	
6	油石		1	磨刀用
7	刷子		1	
8	百分表	0～5 mm		
9	磁力表座		1	
10	机用平口钳		1	

三、考场准备

1. 相应的公用设备、设备与器具的润滑与冷却等

2. 相应的场地及安全防范措施

3. 其他准备

四、考核内容及要求

1. 考核内容：(按考核制件图示及要求制作)

2. 考核时限：360 min

3. 考核评分(表)

职业名称	刨插工		考核等级	中级工	
试题名称	斜镶条、弧面刨削、刨削深孔键槽、齿轮 M3 Z56		考核时限	360 min	
鉴定项目	考核内容	配分	评分标准	扣分说明	得分
读图与绘图	零件图的尺寸标注方法	1	不合格不得分		
	形位公差,表面粗糙度的标注方法	2	不合格不得分		
	能绘制简单工件的零件图	1	不合格不得分		
	能读懂与刨插床有关的机构工作原理	1	不合格不得分		
	能读懂装配要求	1	不合格不得分		
夹具使用	能读懂工件的加工顺序	1	不合格不得分		
	能严格执行加工工艺	1	不合格不得分		
	正确安装刨、插床夹具	1	不合格不得分		
	调整并校正夹具与工作台行程的位置关系	1	不合格不得分		
燕尾导轨镶条	识别燕尾导轨镶条的零件图	1	不合格不得分		
	识别燕尾导轨镶条的零件图中的技术要求	1	不合格不得分		
	根据选定的基准确定定位方式	1	不合格不得分		
	根据确定的定位方式夹紧工件	1	不合格不得分		
	斜度的计算方法	2	不合格不得分		
	斜度的表示方法	2	不合格不得分		
	用正弦刨夹具装夹工件	1	不合格不得分		
	平口钳装夹工件	1	不合格不得分		
	根据加工方式选择刀具	1	不合格不得分		
	根据加工方式调整切削用量	1	不合格不得分		
	确定刨削余量	2	不合格不得分		
	划分粗精加工	1	不合格不得分		
	清除量具测量面并校正零位	1	不合格不得分		
	准确读出读数	1	超差 0.1 mm 扣 0.5 分		
	正确涂抹红丹粉	1	不合格不得分		
	用标准量规配合	1	少于 60%不得分		
	精加工时合理设定切削用量	2	降一级扣 1 分		
	保持刀具锋利	1	不合格不得分		
直齿圆柱齿轮	识别直齿圆柱齿轮零件图	1	不合格不得分		
	识别直齿圆柱齿轮零件图的技术要求	1	不合格不得分		
	根据选定的基准确定定位方式	1	不合格不得分		
	根据确定的定位方式夹紧工件	1	不合格不得分		
	在分度头上分度	1	不合格不得分		
	分度头的装夹	1	不合格不得分		
	使用样板刃磨成型刀	2	不合格不得分		

续上表

鉴定项目	考核内容	配分	评分标准	扣分说明	得分
直齿圆柱齿轮	按照齿廓的形状刃磨	2	不合格不得分		
	根据不同的基本尺寸确定公差范围	1	超差 0.02 mm 扣 0.5 分		
	保证基本尺寸的极限偏差	1	超差 0.02 mm 扣 0.5 分		
	检验齿距的方法	1	超差 0.05 mm 扣 0.5 分		
	检验齿形的方法	1	超差 0.05 mm 扣 0.5 分		
	精加工时合理设定切削用量	2	降一级扣 1 分		
	保持刀具锋利	1	不合格不得分		
加工圆形或弧形零件	识别圆形或弧形工件零件图	1	不合格不得分		
	识别圆形或弧形工件零件图的技术要求	1	不合格不得分		
	根据选定的基准确定定位方式	1	不合格不得分		
	根据确定的定位方式夹紧工件	1	不合格不得分		
	使用样板刃磨成型刀	2	不合格不得分		
	正确刃磨圆头刀	2	不合格不得分		
	按划线加工弧面	2	不合格不得分		
	用成型刀加工弧面	2	不合格不得分		
	用比较法检验	1	大于 0.15 m 不得分		
	用光隙法检验	1	大于 0.15 m 不得分		
	精加工时合理设定切削用量	2	降一级扣 1 分		
	保持刀具锋利	1	不合格不得分		
插削深孔键槽	识别深孔键槽零件图	1	不合格不得分		
	识别深孔键槽零件图的技术要求	1	不合格不得分		
	分度头装夹	1	不合格不得分		
	V 形铁装夹	1	不合格不得分		
	根据选定的基准确定定位方式	1	不合格不得分		
	根据确定的定位方式夹紧工件	1	不合格不得分		
	根据加工方式选择刀具	1	不合格不得分		
	根据加工方式调整切削用量	1	不合格不得分		
	根据不同的基本尺寸确定公差范围	1	超差 0.02 mm 扣 0.5 分		
	保证基本尺寸的极限偏差	1	超差 0.02 mm 扣 0.5 分		
	使用百分表检验	1	超差 0.02 mm 扣 0.5 分		
	正确选择精基准	1	超差 0.02 mm 扣 0.5 分		
	精加工时合理设定切削用量	1	降一级扣 0.5 分		
	保持刀具锋利	1	不合格不得分		
长、宽、厚及深度检验	清除量具测量面并校正零位	1	不合格不得分		
	测量工件的长、宽、厚及深度	1	不合格不得分		

续上表

鉴定项目	考核内容	配分	评分标准	扣分说明	得分
角度,齿形及弧面的检验	万能角度尺测量角度	1	超差2′扣1分		
	使用正弦规测量斜度	1	超差0.02 mm扣1分		
	检验齿距的方法	1	超差0.02 mm扣1分		
	检验齿形的方法	1	超差0.02 mm扣1分		
	使用样板进行比较法检验	1	大于0.4 mm不得分		
	使用样板用光隙法检验	1	大于0.4 mm不得分		
直线度,平面度检验	用千分表检验直线度	1	超差0.02 mm扣1分		
	用百分表检验平面度	1	超差0.02 mm扣1分		
刨、插床的维护与保养	根据加工需要对机床各运动副间隙调整	2	不合格不得分		
	液压刨床的压力调整	2	不合格不得分		
	刨、插床的常见故障现象	2	不合格不得分		
	一般故障的应急处理	2	不合格不得分		
常用量具使用及保养	常用量具、量仪的维护	1	不合格不得分		
	常用量具、量仪的保养	1	不合格不得分		
质量、安全、工艺纪律、文明生产等综合考核项目	考核时限	不限	超时停止操作		
	工艺纪律	不限	依据企业有关工艺纪律管理规定执行,每违反一次扣10分		
	劳动保护	不限	依据企业有关劳动保护管理规定执行,每违反一次扣10分		
	文明生产	不限	依据企业有关文明生产管理规定执行,每违反一次扣10分		
	安全生产	不限	依据企业有关安全生产管理规定执行,每违反一次扣10分,有重大安全事故,取消成绩		

职业技能鉴定技能考核制件(内容)分析

职业名称	刨插工
考核等级	中级工
试题名称	斜镶条、弧面刨削、刨削深孔键槽、齿轮 M3 Z56
职业标准依据	《国家职业标准》

试题中鉴定项目及鉴定要素的分析与确定

分析事项 \ 鉴定项目分类	基本技能“D”	专业技能“E”	相关技能“F”	合计	数量与占比说明
鉴定项目总数	2	5	6	13	核心技能“E”满足鉴定项目占比高于 2/3 的要求
选取的鉴定项目数量	2	4	5	11	
选取的鉴定项目数量占比	100%	80%	83.3%	84.6%	
对应选取鉴定项目所包含的鉴定要素总数	7	29	10	46	鉴定要素数量占比大于 60%
选取的鉴定要素数量	5	29	8	42	
选取的鉴定要素数量占比	71.4%	100%	80%	91.3%	

所选取鉴定项目及相应鉴定要素分解与说明

鉴定项目类别	鉴定项目名称	国家职业标准规定比重(%)	《框架》中鉴定要素名称	本命题中具体鉴定要素分解	配分	评分标准	考核难点说明
D	读图与绘图	10	能读懂齿轮,有槽工件,镗床工作台等较复杂的零件图	零件图的尺寸标注方法	1	不合格不得分	投影规律投影作图
				形位公差,表面粗糙度的标注方法	2	不合格不得分	常用零件规定画法
			能绘制简单工件的零件图	能绘制简单工件的零件图	1	不合格不得分	
			能读懂与刨插床有关的机构的装配图	能读懂与刨插床有关的机构工作原理	1	不合格不得分	机件的表达方法
				能读懂装配要求	1	不合格不得分	各部件间的相对位置关系
	夹具使用		读懂在刨、插床加工零件的工艺过程	能读懂工件的加工顺序	1	不合格不得分	加工阶段划分
				能严格执行加工工艺	1	不合格不得分	加工工艺的含义
			能够正确安装和调整刨、插床各类夹具	正确安装刨、插床夹具	1	不合格不得分	机床夹具的种类
				调整并校正夹具与工作台行程的位置关系	1	不合格不得分	校正夹具的方法
E	燕尾导轨镶条	70	正确识别燕尾导轨镶条的零件图及技术要求	识别燕尾导轨镶条的零件图	1	不合格不得分	零件图的表达方法
				识别燕尾导轨镶条的零件图中的技术要求	1	不合格不得分	分析技术要求

续上表

鉴定项目类别	鉴定项目名称	国家职业标准规定比重(%)	《框架》中鉴定要素名称	本命题中具体鉴定要素分解	配分	评分标准	考核难点说明
E	燕尾导轨镶条	70	确定合理的定位和夹紧方式	根据选定的基准确定定位方式	1	不合格不得分	六点定位原理
				根据确定的定位方式夹紧工件	1	不合格不得分	夹紧方式种类
			正确计算斜面的角度	斜度的计算方法	2	不合格不得分	将斜度转换为角度
				斜度的表示方法	2	不合格不得分	斜度比值表示方法与长度尺寸表示方法
			确定各刨、插削方法相应的工件装夹找正方法	用正弦刨夹具装夹工件	1	不合格不得分	用正弦刨夹具原理
				平口钳装夹工件	1	不合格不得分	装夹工件方法
			正确选择刀具并合理选择切削用量	根据加工方式选择刀具	1	不合格不得分	刀具的几何参数
				根据加工方式调整切削用量	1	不合格不得分	切削用量选择原则
			正确装夹工件并进行刨、插削	确定刨削余量	2	不合格不得分	刨削余量公式计算
				划分粗精加工	1	不合格不得分	粗加工去除应力,精加工保证尺寸
			使用万能角度尺等测量斜面	清除量具测量面并校正零位	1	不合格不得分	量具的使用方法
				准确读出读数	1	超差 0.1 mm 扣 0.5 分	量具的刻线原理
			涂色检查接触面不少于 60%	正确涂抹红丹粉	1	不合格不得分	涂抹红丹粉方法
				用标准量规配合	1	少于 60% 不得分	标准量规使用方法
			能保证表面粗糙度为 $R_a 3.2\ \mu m$	精加工时合理设定切削用量	2	降一级扣 1 分	切削用量设定
				保持刀具锋利	1	不合格不得分	刀具的刃磨
	直齿圆柱齿轮		正确识别直齿圆柱齿轮零件图及技术要求	识别直齿圆柱齿轮零件图	1	不合格不得分	零件图的表达方法
				识别直齿圆柱齿轮零件图的技术要求	1	不合格不得分	分析技术要求
			确定合理的定位和夹紧方式	根据选定的基准确定定位方式	1	不合格不得分	六点定位原理
				根据确定的定位方式夹紧工件	1	不合格不得分	夹紧方式种类

续上表

鉴定项目类别	鉴定项目名称	国家职业标准规定比重(%)	《框架》中鉴定要素名称	本命题中具体鉴定要素分解	配分	评分标准	考核难点说明
E	直齿圆柱齿轮	70	正确使用分度头加工工件	在分度头上分度	1	不合格不得分	分度头分度计算
				分度头的装夹	1	不合格不得分	分度头的使用方法
			正确刃磨刀具	使用样板刃磨成型刀	2	不合格不得分	刃磨成型刀
				按照齿廓的形状刃磨	2	不合格不得分	分析齿廓的形状
			尺寸公差等级:IT9的保证	根据不同的基本尺寸确定公差范围	1	超差 0.02 mm扣 0.5 分	公差配合
				保证基本尺寸的极限偏差	1	超差 0.02 mm扣 0.5 分	公差配合知识
			用样板检查手段进行测量齿轮正确	检验齿距的方法	1	超差 0.05 mm扣 0.5 分	齿距单面样板检验和跨齿样板检验齿距累计误差
				检验齿形的方法	1	超差 0.05 mm扣 0.5 分	凸形或凹形单齿双面样板检验齿形
			能保证表面粗糙度 $R_a6.3\ \mu m$	精加工时合理设定切削用量	2	降一级扣 1 分	切削用量设定方法
				保持刀具锋利	1	不合格不得分	刀具刃磨
	加工圆形或弧形零件		正确识别圆形或弧形工件零件图及技术要求	识别圆形或弧形工件零件图	1	不合格不得分	圆形或弧形零件的表达方法
				识别圆形或弧形工件零件图的技术要求	1	不合格不得分	分析技术要求
			确定合理的定位和夹紧方式	根据选定的基准确定定位方式	1	不合格不得分	六点定位原理
				根据确定的定位方式夹紧工件	1	不合格不得分	夹紧方式种类
			正确刃磨刀具	使用样板刃磨成型刀	2	不合格不得分	使用样板光隙法刃磨成型刀
				正确刃磨圆头刀	2	不合格不得分	圆头刀的刃磨方法
			正确装夹工件并进行刨、插削	按划线加工弧面	2	不合格不得分	手动垂直进给和横向自动进给的配合
				用成型刀加工弧面	2	不合格不得分	成型刀刨曲面的注意事项
			用样板检查,误差在 0.15 mm 以内	用比较法检验	1	大于 0.15 m 不得分	比较法的测量误差
				用光隙法检验	1	大于 0.15 m 不得分	光隙法的检验方法

续上表

鉴定项目类别	鉴定项目名称	国家职业标准规定比重(%)	《框架》中鉴定要素名称	本命题中具体鉴定要素分解	配分	评分标准	考核难点说明
E	加工圆形或弧形零件	70	能保证表面粗糙度 R_a6.3 μm	精加工时合理设定切削用量	2	降一级扣1分	精加工时设定切削用量方法
				保持刀具锋利	1	不合格不得分	刀具刃磨
	插削深孔键槽		正确识别深孔键槽零件图及技术要求	识别深孔键槽零件图	1	不合格不得分	零件图的表达方法
				识别深孔键槽零件图的技术要求	1	不合格不得分	分析深孔键槽的技术要求
			能正确选用夹具	分度头装夹	1	不合格不得分	分度方法
				V形铁装夹	1	不合格不得分	使用V形铁时工件划线方法
			确定合理的定位和夹紧方式	根据选定的基准确定定位方式	1	不合格不得分	六点定位原理
				根据确定的定位方式夹紧工件	1	不合格不得分	夹紧方式种类
			正确选择刀具并合理选择切削用量	根据加工方式选择刀具	1	不合格不得分	刀具的几何参数
				根据加工方式调整切削用量	1	不合格不得分	切削用量的选择原则
			尺寸公差等级:IT9的保证	根据不同的基本尺寸确定公差范围	1	超差0.02 mm扣0.5分	公差配合知识
				保证基本尺寸的极限偏差	1	超差0.02 mm扣0.5分	公差配合知识
			对称度0.06的保证	使用百分表检验	1	超差0.02 mm扣0.5分	百分表的使用方法
				正确选择精基准	1	超差0.02 mm扣0.5分	精基准的选择原则
			能保证表面粗糙度 R_a3.2 μm	精加工时合理设定切削用量	1	降一级扣0.5分	精加工时设定切削用量方法
				保持刀具锋利	1	不合格不得分	刀具的刃磨
F	长、宽、厚及深度检验	10	能用游标卡尺、千分尺、游标深度尺测量工件的长、宽、厚及深度	清除量具测量面并校正零位	1	不合格不得分	量具的使用说明
				测量工件的长、宽、厚及深度	1	不合格不得分	量具的刻线原理
	角度,齿形及弧面的检验		能用万能角度尺、正弦规测量角度工件	万能角度尺测量角度	1	超差2′扣0.5分	万能角度尺使用方法及刻线原理
				使用正弦规测量斜度	1	超差0.02 mm扣0.5分	标准量规的选择方法
			用样板检验直齿圆柱齿轮	检验齿距的方法	1	超差0.02 mm扣1分	齿距单面样板检验和跨齿样板检验齿距累计误差

续上表

鉴定项目类别	鉴定项目名称	国家职业标准规定比重(%)	《框架》中鉴定要素名称	本命题中具体鉴定要素分解	配分	评分标准	考核难点说明
F	角度，齿形及弧面的检验	10	用样板检验直齿圆柱齿轮	检验齿形的方法	1	超差 0.02 mm 扣 1 分	凸形或凹形单齿双面样板检验齿形
			用样板检验误差在 0.5 mm 以内的曲线形工件	使用样板进行比较法检验	1	大于 0.4 mm 不得分	比较法的测量误差
				使用样板用光隙法检验	1	大于 0.4 mm 不得分	光隙法的检验方法
	直线度，平面度检验		直线度，平面度检验	用千分表检验直线度	1	超差 0.02 mm 扣 1 分	千分表构造及刻线原理
				用百分表检验平面度	1	超差 0.02 mm 扣 1 分	百分表、构造及刻线原理
	刨、插床的维护与保养	10	能针对工作需要对机床进行调整	根据加工需要对机床各运动副间隙调整	2	不合格不得分	常用刨、插床机构的调整
				液压刨床的压力调整	2	不合格不得分	刨、插床典型结构
			能及时发现机床的一般故障并通知有关部门进行排除	刨、插床的常见故障现象	2	不合格不得分	定期维护保养机床
				一般故障的应急处理	2	不合格不得分	协助维修机床
	常用量具使用及保养		了解常用量具、量仪的维护知识与保养方法，能够正确对常用量具、量仪进行维护和保养	常用量具、量仪的维护	1	不合格不得分	常用量具、量仪定期检验
				常用量具、量仪的保养	1	不合格不得分	常用量具、量仪保养方法
质量、安全、工艺纪律、文明生产等综合考核项目				考核时限	不限	超时停止操作	
				工艺纪律	不限	依据企业有关工艺纪律管理规定执行，每违反一次扣 10 分	
				劳动保护	不限	依据企业有关劳动保护管理规定执行，每违反一次扣 10 分	
				文明生产	不限	依据企业有关文明生产管理规定执行，每违反一次扣 10 分	
				安全生产	不限	依据企业有关安全生产管理规定执行，每违反一次扣 10 分，有重大安全事故，取消成绩	

刨插工(高级工)技能操作考核框架

一、框架说明

1. 依据《国家职业标准》注,以及中国北车确定的"岗位个性服从于职业共性"的原则,提出刨插工(高级工)技能操作考核框架(以下简称:技能考核框架)。

2. 本职业等级技能操作考核评分采用百分制。即:满分为 100 分,60 分为及格,低于 60 分为不及格。

3. 实施"技能考核框架"时,考核制件(活动)命题可以选用本企业的加工件(活动项目),也可以结合实际另外组织命题。

4. 实施"技能考核框架"时,考核的时间和场地条件等应依据《国家职业标准》,并结合企业实际确定。

5. 实施"技能考核框架"时,其"职业功能"的分类按以下要求确定:

(1)"零件加工"等属于本职业等级技能操作的核心职业活动,其项目代码为"E"。

(2)"工艺准备"、"精度检验及误差分析"、"设备维护与保养"属于本职业等级技能操作的辅助性活动,其代码为"D"和"F"。

6. 实施技能考核框架时,其鉴定项目和选考数量按以下要求确定:

(1)按照《国家职业标准》有关技能操作鉴定比重要求,本职业等级技能操作考核制件的鉴定项目应按"D"+"E"+"F"组合其考核配分比例相应为"D"占 10 分,"E"占 75 分,"F"占 15 分(其中"精度检验及误差分析"占 10 分,"设备维护与保养"占 5 分)。

(2)依据中国北车确定的"核心职业活动选取 2/3,并向上取整"的规定,在"E"类鉴定项目——"零件加工"的全部 6 项中,至少选取 4 项。

(3)依据中国北车确定的"其余'鉴定项目'的数量可以任选"的规定,"D"和"F"类鉴定项目——"工艺准备"、"精度检验及误差分析"、"设备维护与保养"中,至少分别选取 1 项。

(4)依据中国北车确定的"确定'选考数量'时,所涉及'鉴定要素'的数量占比,应不低于对应'鉴定项目'范围内'鉴定要素'总数的 60%,并向上取整"的规定,考核制件的鉴定要素"选考数量"应按以下要求确定:

①在"D"类"鉴定项目"中,在已选定的至少 1 个鉴定项目中,至少选取已选鉴定项目所对应的全部鉴定要素的 60%项,并向上保留整数。

②在"E"类"鉴定项目"中,在已选定的至少 4 个鉴定项目所包含的全部鉴定要素中,至少选取总数的 60%项,并向上保留整数。

③在"F"类"鉴定项目"中,在已选定的至少 2 个鉴定项目中,至少选取已选鉴定项目所对应的全部鉴定要素的 60%项,并向上保留整数。

举例分析:

按照上述“第6条”要求，若命题时按最少数量选取，即：在“D”类鉴定项目中的选取了“制定加工工艺”1项，在“E”类鉴定项目中选取了“刨削直齿锥齿轮”、“加工上下燕尾导轨”、“加工曲线油槽”、“刨、插削多弧面”4项，在“F”类鉴定项目中分别选取了“长、宽、厚及深度检验”、“加工工具、设备的维护与保养”2项，则：

此考核制件所涉及的“鉴定项目”总数为7项，具体包括：“制定加工工艺”，“刨削直齿锥齿轮”、“加工上下燕尾导轨”、“加工曲线油槽”、“刨、插削多弧面”，“长、宽、厚及深度检验”，“加工工具设备的维护与保养”；

此考核制件所涉及的鉴定要素“选考数量”相应为25项，具体包括：“制定加工工艺”鉴定项目包含的全部3个鉴定要素中的2项，“刨削直齿锥齿轮”、“加工上下燕尾导轨”、“加工曲线油槽”、“刨、插削多弧面”4个鉴定项目包括的全部31个鉴定要素中的19项，“长、宽、厚及深度检验”鉴定项目包含的全部2个鉴定要素中的2项，“加工工具、设备的维护与保养”鉴定项目包含的全部3个鉴定要素中的2项。

7. 本职业等级技能操作需要两人及以上共同作业的，可由鉴定组织机构根据“必要、辅助”的原则，结合实际情况确定协助人员的数量。在整个操作过程中，协助人员只能起必要、简单的辅助作用。否则，每违反一次，至少扣减应考者的技能考核总成绩10分，直至取消其考试资格。

8. 实施“技能考核框架”时，应同时对应考者在质量、安全、工艺纪律、文明生产等方面行为进行考核。对于在技能操作考核过程中出现的违章作业现象，每违反一项(次)至少扣减技能考核总成绩10分，直至取消其考试资格。

注：按照中国北车规定，各《职业技能操作考核框架》的编制依据现行的《国家职业标准》或现行的《行业职业标准》或现行的《中国北车职业标准》的顺序执行。

二、刨插工(高级工)技能操作鉴定要素细目表

职业功能	鉴定项目				鉴定要素		
	项目代码	名　称	鉴定比重(%)	选考方式	要素代码	名　称	重要程度
工艺准备	D	识图与绘图	10	任选	001	能读懂复杂、畸形、精密工件的零件图	X
					002	能绘制齿轮、凸轮等较复杂的零件图	X
					003	能读懂一般机械的装配图和液压传动图	X
		制定加工工艺			001	能制定简单零件的加工工艺规程	X
					002	能制定多弧面等复杂零件的工艺过程	X
					003	能装夹和调整复杂零件和不规则零件	X
零件加工	E	刨削直齿锥齿轮	75	至少选4项	001	正确识别零件图及技术要求	X
					002	确定合理的加工工序余量	X
					003	确定合理的切削用量	X
					004	正确定位及夹持方法	X
					005	正确刃磨加工刀具	X
					006	加工后表面粗糙度为 $R_a 3.2\ \mu m$	X

续上表

职业功能	鉴定项目				鉴定要素		
	项目代码	名　称	鉴定比重(%)	选考方式	要素代码	名　称	重要程度
零件加工	E	刨削直齿锥齿轮	75	至少选4项	007	使用分度头正确进行分度	X
					008	正确使用锥齿轮刨削方法进行加工	X
					009	正确使用量具进行检验	X
		加工上下燕尾导轨			001	正确识别燕尾导轨的零件图及技术要求	X
					002	确定合理的定位和夹紧方式	X
					003	确定合理的切削用量	X
					004	正确选择刀具	X
					005	正确装夹工件并进行刨、插削	X
					006	加工后达到表面粗糙度为 $R_a3.2\ \mu m$	X
					007	公差等级 IT8	X
					008	平行度误差和燕尾基面垂直度误差在 1 000 mm 内不大于 0.03 mm	X
		加工曲线油槽			001	正确识别曲线油槽的零件图及技术要求	X
					002	确定合理的加工工序余量	X
					003	确定合理的切削用量	X
					004	确定合理的加工工序	X
					005	合理选择各工序基准	X
					006	正确选用加工刀具等	X
					007	正确的方法加工曲线油槽	X
		精刨代刮大型导轨			001	正确识别机床导轨零件图及技术要求识别	X
					002	正确区分机床导轨关键要素、基准要素、关联要素	X
					003	确定合理的加工工序余量	X
					004	确定合理的切削用量	X
					005	确定合理的加工工序	X
					006	合理选择各工序基准	X
					007	正确选用加工刀具	X
					008	能使用万能角度尺或角度样板透光测量锥面，检测角度的正确	X
					009	合理确定所有加工要素的加工次序	X
					010	表面粗糙度为 $R_a3.2\ \mu m$	X
					011	平行度及垂直度误差在 1 000 mm 内不大于 0.02 mm	X
					012	识别产品材料缺陷，进行不合格品分类处理	X
		刨、插削多弧面			001	正确识别多弧面的零件图及技术要求	X
					002	按划线加工圆弧曲面	X
					003	使用附加装置加工曲面	X

续上表

职业功能	鉴定项目				鉴定要素		
	项目代码	名称	鉴定比重(%)	选考方式	要素代码	名称	重要程度
零件加工	E	刨、插削多弧面		至少选4项	004	用曲线样板或半径规能刃磨内、外圆弧曲面的刀具	X
					005	用成形圆弧刀对光滑曲面进行加工	X
					006	确定合理的切削用量	X
					007	表面粗糙度为 $R_a3.2\ \mu m$	X
		刨、插削多片凸轮轴			001	正确识别凸轮轴零件图及技术要求	X
					002	确定合理的加工工序余量	X
					003	确定合理的切削用量	X
					004	确定合理的加工工序	X
					005	划线找正	X
					006	正确选用加工工具、刀具、量具等	X
					007	表面粗糙度为 $R_a3.2\ \mu m$	X
					008	正确使用样板等量具进行检验	X
精度检验及误差分析	F	长、宽、厚及深度检验	10	任选	001	根据测量结果确定零件精度	X
					002	根据测量结果分析产生误差的原因	X
		角度、齿形及弧面检验			001	用样板检查凸轮曲线	X
					002	用齿轮卡尺、公法线千分尺对齿轮正确测量	X
		直线度、平面度检验			001	用水平仪测量大型导轨的直线度	X
					002	正确取点检验平面度	X
		平行度、垂直度、对称度检验			001	分析平行度误差超差原因	X
					002	分析垂直度误差超差原因	X
					003	分析对称度误差超差原因	X
设备的维护与保养		加工工具、设备的维护与保养	5		001	能排除刨、插床的一般机械故障	X
					002	根据说明书，对新刨、插床进行试车和验收	X
					003	能针对工作需要对机床进行调整	X
		常用量具的使用及保养			001	掌握高度尺、万能角度尺、深度尺、千分尺等量具的结构、刻度原理及使用方法	X
					002	了解常用量具、量仪的维护知识与保养方法，能够正确对常用量具、量仪进行维护和保养	X

刨插工(高级工)技能操作考核样题与分析

职 业 名 称：________________

考 核 等 级：________________

存 档 编 号：________________

考核站名称：________________

鉴定责任人：________________

命题责任人：________________

主管负责人：________________

中国北车股份有限公司劳动工资部制

职业技能鉴定技能操作考核制件图示或内容

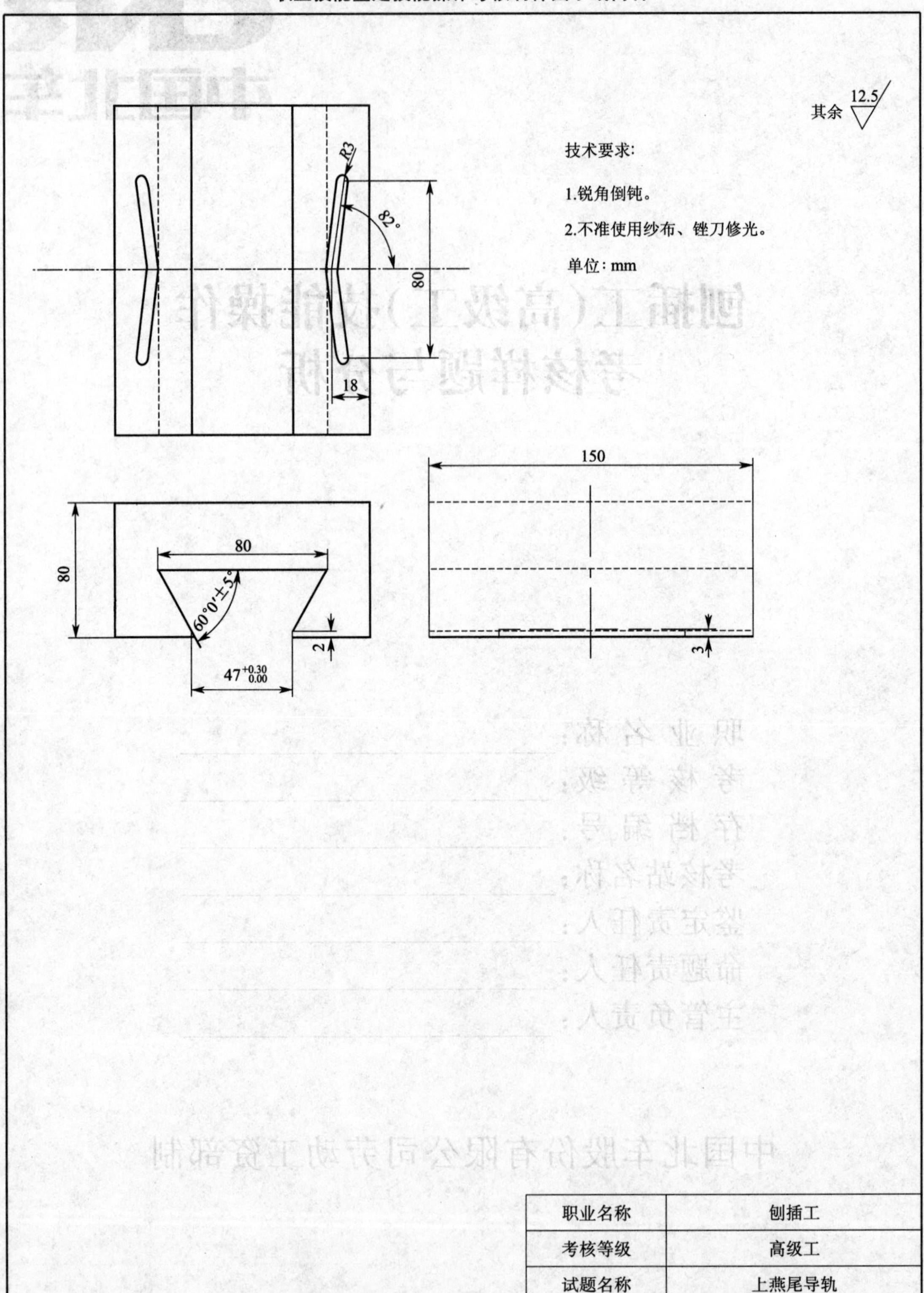

职业名称	刨插工
考核等级	高级工
试题名称	上燕尾导轨
材质等信息	45 号钢 155×125×65

职业技能鉴定技能操作考核制件图示或内容

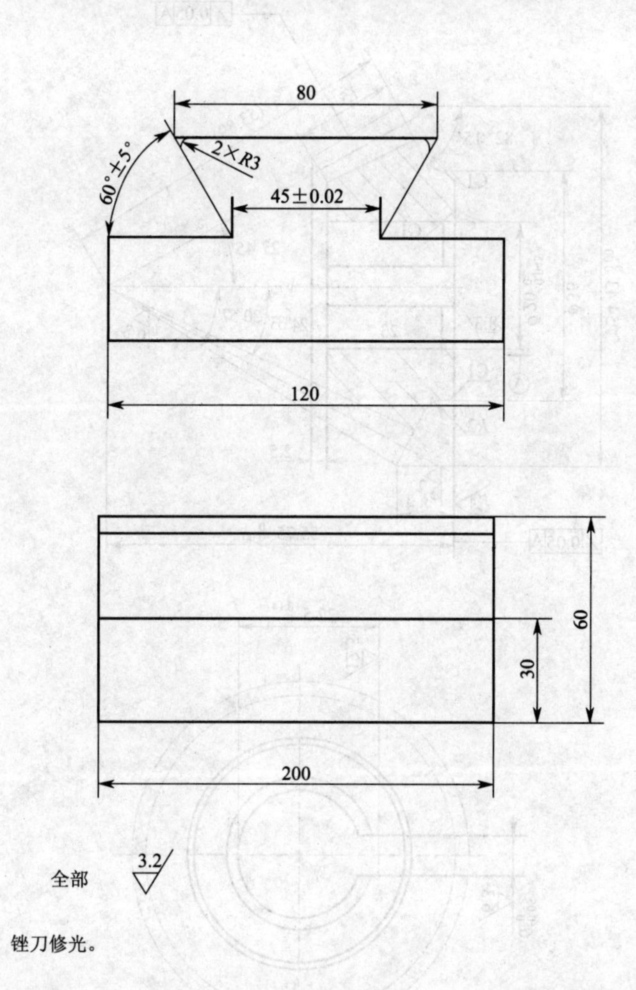

技术要求：全部 3.2

1.未注倒角C0.5。

2.不准使用纱布、锉刀修光。

单位：mm

职业名称	刨插工
考核等级	高级工
试题名称	燕尾导轨下
材质等信息	45 号钢 210×125×65

职业技能鉴定技能操作考核制件图示或内容

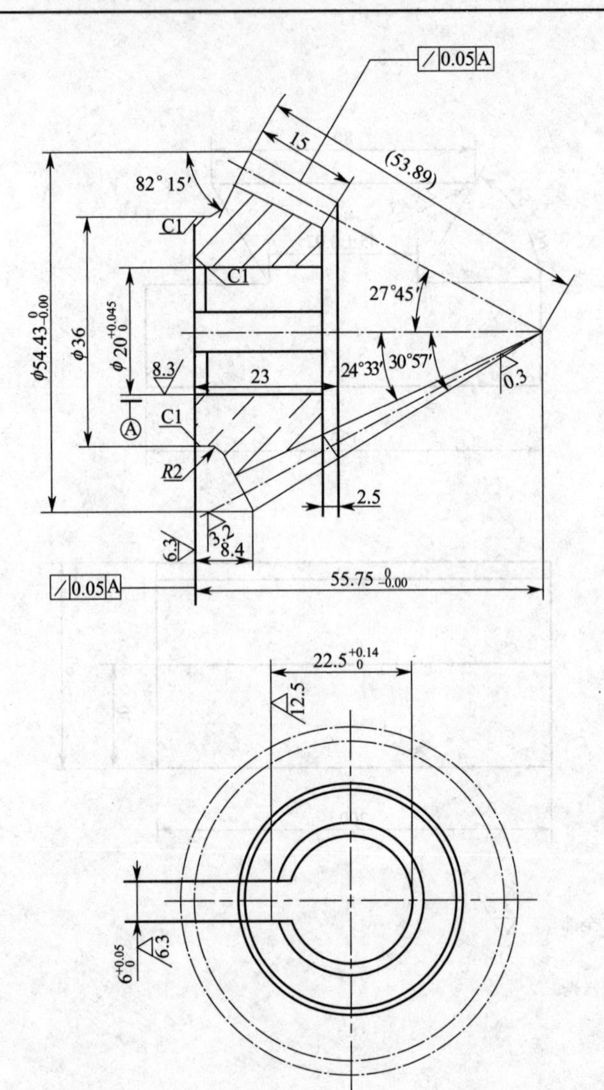

技术要求：测试后 240～270HB

其余 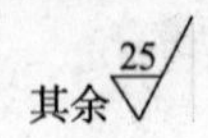

单位：mm

职业名称	刨插工
考核等级	高级工
试题名称	锥齿轮
材质等信息	45 号钢 φ54×23

职业技能鉴定技能操作考核制件图示或内容

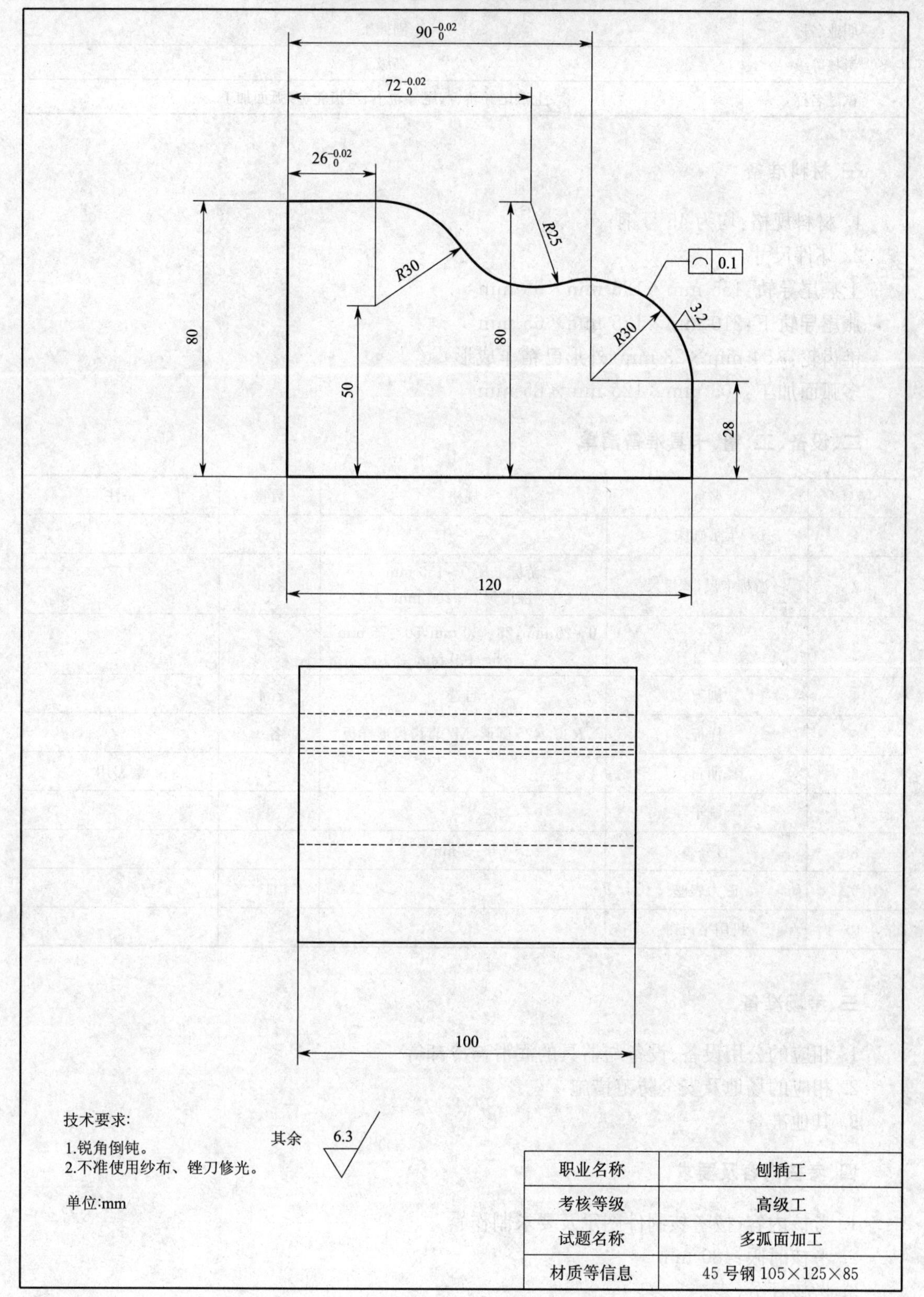

职业技能鉴定技能操作考核准备单

职业名称	刨插工
考核等级	高级工
试题名称	上燕尾导轨、燕尾导轨下、锥齿轮、多弧面加工

一、材料准备

1. 材料规格：均为 45 号钢

2. 坯件尺寸：

上燕尾导轨：155 mm×125 mm×65 mm

燕尾导轨下：210 mm×125 mm×65 mm

锥齿轮：ϕ54 mm×23 mm(外形已精车成形)

多弧面加工：105 mm×125 mm×85 mm

二、设备、工、量、卡具准备清单

序号	名称	规格	数量	备注
1	牛头刨床		1 台	
2	游标卡尺，深度尺	游标卡尺 0～150 mm 深度尺 0～200 mm	各 1	
3	百分尺	0～25 mm，25～50 mm，50～75 mm，75～100 mm	各 1	
4	刨刀	自选	若干	
5	样板	R30，R25 圆形，M2 直齿齿形样板	各 1	
6	油石		1	磨刀用
7	刷子		1	
8	百分表	0～5 mm		
9	磁力表座		1	
10	机用平口钳		1	

三、考场准备

1. 相应的公用设备、设备与器具的润滑与冷却等

2. 相应的场地及安全防范措施

3. 其他准备

四、考核内容及要求

1. 考核内容(按考核制件图示及要求制作)

2. 考核时限：480 min

3. 考核评分(表)

职业名称	刨插工		考核等级	高级工	
试题名称	上燕尾导轨、燕尾导轨下、锥齿轮、多弧面加工		考核时限	480 min	
鉴定项目	考核内容	配分	评分标准	扣分说明	得分
制定加工工艺	一般机械零件加工工艺规程的制定方法	1	不合格不得分		
	工件的加工工序要求	2	不合格不得分		
	加工各个型面相互间及上下工序或工步间的技术要求	2	不合格不得分		
	根据图纸和工艺的加工要求确定工、夹、量具的种类	2	不合格不得分		
	各种复杂、畸形精密工件的装夹方法	1	不合格不得分		
	复杂零件定位基准选择	2	不合格不得分		
刨削直齿锥齿轮	识别直齿锥齿轮零件图	1	不合格不得分		
	识别直齿锥齿轮零件图的技术要求	1	不合格不得分		
	确定粗加工的加工余量	1	不合格不得分		
	确定精加工的加工余量	1	不合格不得分		
	根据加工方式选择刀具	1	不合格不得分		
	根据加工方式调整切削用量	2	不合格不得分		
	根据选定的基准确定定位方式	1	不合格不得分		
	使用分度装置装夹	1	不合格不得分		
	使用样板刃磨成型刀	1	不合格不得分		
	按照齿廓的形状刃磨	1	不合格不得分		
	精加工时合理设定切削用量	2	降一级扣1分		
	保持刀具锋利	1	不合格不得分		
	在分度头上分度	1	不合格不得分		
	分度头的装夹工件	1	不合格不得分		
	粗加工锥齿轮齿廓	1	不合格不得分		
	精加工锥齿轮齿廓	1	不合格不得分		
	清除量具测量面并校正零位	1	不合格不得分		
	测量齿厚及齿轮公法线	2	超差0.02 mm扣1分		
加工上下燕尾导轨	识别燕尾导轨的零件图	1	不合格不得分		
	识别燕尾导轨的零件图中的技术要求	1	不合格不得分		
	根据选定的基准确定定位方式	1	不合格不得分		
	根据确定的定位方式夹紧工件	1	不合格不得分		
	根据加工方式选择刀具	1	不合格不得分		
	根据加工方式调整切削用量	2	不合格不得分		
	划分粗精加工	1	不合格不得分		
	确定刨削余量	2	不合格不得分		
	精加工时合理设定切削用量	2	降一级扣1分		
	保持刀具锋利	1	不合格不得分		
	根据不同的基本尺寸确定公差范围	2	超差0.02 mm扣1分		

续上表

鉴定项目	考核内容	配分	评分标准	扣分说明	得分
加工上下燕尾导轨	保证基本尺寸的极限偏差	2	超差 0.02 mm 扣 1 分		
	使用百分表测量平度误差	2	超差 0.02 mm 扣 1 分		
	使用百分表测量垂直度误差	2	超差 0.02 mm 扣 1 分		
刨、插削多弧面	识别多弧面的零件图	1	不合格不得分		
	识别多弧面的零件图中的技术要求	1	不合格不得分		
	手动控制横向进给加工	2	不合格不得分		
	横向自动进给,手动垂直进给	2	不合格不得分		
	用靠模板方法加工成形曲面	1	不合格不得分		
	用蜗轮副加工成形曲面	1	不合格不得分		
	用连杆装置加工曲面	1	不合格不得分		
	用曲线样板或半径规刃磨内圆弧曲面的刀具	1	不合格不得分		
	用曲线样板或半径规刃磨外圆弧曲面的刀具	1	不合格不得分		
	使用菱棱形样板刀加工曲面	1	不合格不得分		
	使用圆形样板刀加工曲面	1	不合格不得分		
	根据加工方式选择刀具	1	不合格不得分		
	根据加工方式调整切削用量	1	不合格不得分		
	精加工时合理设定切削用量	2	降一级扣 1 分		
	保持刀具锋利	1	不合格不得分		
加工曲线油槽	识别曲线油槽的零件图	1	不合格不得分		
	识别曲线油槽的零件图中的技术要求	1	不合格不得分		
	确定粗加工的加工余量	1	不合格不得分		
	确定精加工的加工余量	1	不合格不得分		
	划分粗精加工	1	不合格不得分		
	确定刨削余量	2	不合格不得分		
	根据加工方式选择刀具	1	不合格不得分		
	根据加工方式调整切削用量	2	不合格不得分		
	正确选择粗基准	1	不合格不得分		
	正确选择精基准	1	不合格不得分		
	正确在毛坯上划线	1	不合格不得分		
	按图样要求倾斜角度	2	超差 5″扣 1 分		
长、宽、厚及深度检验	对工件的尺寸精度、表面质量及形位公差进行综合评定	0.5	超差 0.02 mm 扣 0.5 分		
	对加工后的零件进行质量分析	0.5	超差 0.02 mm 扣 0.5 分		
	对产生误差提出解决方案	0.5	超差 0.02 mm 扣 0.5 分		
角度、齿形及弧面检验	使用样板用光隙法检验	0.5	超差 0.02 mm 扣 0.5 分		
	了解凸轮工作原理	0.5	超差 0.02 mm 扣 0.5 分		
	清除量具测量面并校正零位	0.5	超差 0.02 mm 扣 0.5 分		
	测量齿厚及齿轮公法线	1	超差 0.02 mm 扣 0.5 分		

续上表

鉴定项目	考核内容	配分	评分标准	扣分说明	得分
直线度、平面度检验	在导轨上划分段落,分段测量,测量数据记录在坐标纸上连线	1	超差 0.02 mm 扣 0.5 分		
	采用对角线或网格布线法取点测量	1	超差 0.02 mm 扣 0.5 分		
平行度、垂直度、对称度检验	装夹不正确或工作台与滑枕不平行	1	超差 0.02 mm 扣 0.5 分		
	刀具不锋利,产生让刀现象	0.5	超差 0.02 mm 扣 0.5 分		
	平口钳钳口与工件间有异物钳身及钳口	0.5	超差 0.02 mm 扣 0.5 分		
	钳身滑动面及固定钳口不垂直	1	超差 0.02 mm 扣 0.5 分		
	定位基准不重合	1	超差 0.02 mm 扣 0.5 分		
加工工具、设备的维护与保养	刨、插床的常见故障现象	0.5	不合格不得分		
	一般故障的应急处理	0.5	不合格不得分		
	对机床的几何精度的检验	1	不合格不得分		
	对机床的工作精度的检验	1	不合格不得分		
	根据加工需要对机床各运动副间隙调整	0.5	不合格不得分		
	液压刨床的压力调整	0.5	不合格不得分		
常用量具的使用及保养	常用量具、量仪的维护	0.5	不合格不得分		
	常用量具、量仪的保养	0.5	不合格不得分		
质量、安全、工艺纪律、文明生产等综合考核项目	考核时限	不限	超时停止操作		
	工艺纪律	不限	依据企业有关工艺纪律管理规定执行,每违反一次扣 10 分		
	劳动保护	不限	依据企业有关劳动保护管理规定执行,每违反一次扣 10 分		
	文明生产	不限	依据企业有关文明生产管理规定执行,每违反一次扣 10 分		
	安全生产	不限	依据企业有关安全生产管理规定执行,每违反一次扣 10 分,有重大安全事故,取消成绩		

职业技能鉴定技能考核制件(内容)分析

职业名称	刨插工
考核等级	高级工
试题名称	上燕尾导轨、燕尾导轨下、锥齿轮、多弧面加工
职业标准依据	《国家职业标准》

试题中鉴定项目及鉴定要素的分析与确定

分析事项 \ 鉴定项目分类	基本技能"D"	专业技能"E"	相关技能"F"	合计	数量与占比说明
鉴定项目总数	2	6	6	14	
选取的鉴定项目数量	1	4	6	11	核心技能"E"满足鉴定项目占比高于2/3的要求
选取的鉴定项目数量占比	50%	66.7%	100%	78.6%	
对应选取鉴定项目所包含的鉴定要素总数	3	31	14	48	
选取的鉴定要素数量	3	30	13	46	鉴定要素数量占比大于60%
选取的鉴定要素数量占比	100%	96.7%	92.9%	95.8%	

所选取鉴定项目及鉴定要素分解

鉴定项目类别	鉴定项目名称	国家职业标准规定比重(%)	《框架》中鉴定要素名称	本命题中具体鉴定要素分解	配分	评分标准	考核难点说明
D	制定加工工艺	10	能制定简单零件的加工工艺规程	一般机械零件加工工艺规程的制定方法	1	不合格不得分	加工工艺的含义
				工件的加工工序要求	2	不合格不得分	划分加工阶段的意义
			能制定多弧面等复杂零件的工艺过程	加工各个型面相互间及上下工序或工步间的技术要求	2	不合格不得分	大型、畸形、复杂零件的刨插工艺
				根据图纸和工艺的加工要求确定工、夹、量具的种类	2	不合格不得分	确定加工、装夹方案和测量方法
			能装夹和调整复杂零件和不规则零件	各种复杂、畸形精密工件的装夹方法	1	不合格不得分	合理使用刨、插床通用夹具、组合夹具
				复杂零件定位基准选择	2	不合格不得分	工件六点定位原理及合理的定位方法
E	刨削直齿锥齿轮	75	正确识别零件图及技术要求	识别直齿锥齿轮零件图	1	不合格不得分	直齿锥齿轮零件图的表达方法
				识别直齿锥齿轮零件图的技术要求	1	不合格不得分	分析直齿锥齿轮的技术要求
			确定合理的加工工序余量	确定粗加工的加工余量	1	不合格不得分	粗加工工序余量的确定原则
				确定精加工的加工余量	1	不合格不得分	精加工工序余量的确定原则

续上表

鉴定项目类别	鉴定项目名称	国家职业标准规定比重(%)	《框架》中鉴定要素名称	本命题中具体鉴定要素分解	配分	评分标准	考核难点说明
E	刨削直齿锥齿轮	75	确定合理的切削用量	根据加工方式选择刀具	1	不合格不得分	刀具的几何参数
				根据加工方式调整切削用量	2	不合格不得分	切削用量的选择原则
			正确定位及夹持方法	根据选定的基准确定定位方式	1	不合格不得分	六点定位原理
				使用分度装置装夹	1	不合格不得分	分度装置分度原理
			正确刃磨加工刀具	使用样板刃磨成型刀	1	不合格不得分	使用样板光隙法刃磨成型刀
				按照齿廓的形状刃磨	1	不合格不得分	分析齿廓的形状
			加工后表面粗糙度为 $R_a3.2\ \mu m$	精加工时合理设定切削用量	2	降一级扣1分	精加工时设定切削用量方法
				保持刀具锋利	1	不合格不得分	刀具的刃磨
			使用分度头正确进行分度	在分度头上分度	1	不合格不得分	分度头分度计算
				分度头的装夹工件	1	不合格不得分	分度头的使用方法
			正确使用锥齿轮刨削方法进行加工	粗加工锥齿轮齿廓	1	不合格不得分	粗加工锥齿轮齿廓的方法
				精加工锥齿轮齿廓	1	不合格不得分	精加工锥齿轮齿廓的方法
			正确使用量具进行检验	清除量具测量面并校正零位	1	不合格不得分	齿轮卡尺、公法线千分尺的使用方法
				测量齿厚及齿轮公法线	2	超差0.02 mm扣1分	齿轮卡尺、公法线千分尺的刻线原理
	加工上下燕尾导轨		正确识别燕尾导轨的零件图及技术要求	识别燕尾导轨的零件图	1	不合格不得分	燕尾导轨零件图的表达方法
				识别燕尾导轨的零件图中的技术要求	1	不合格不得分	分析燕尾导轨的技术要求
			确定合理的定位和夹紧方式	根据选定的基准确定定位方式	1	不合格不得分	六点定位原理
				根据确定的定位方式夹紧工件	1	不合格不得分	夹紧方式的种类
			确定合理的切削用量	根据加工方式选择刀具	1	不合格不得分	刀具的几何参数
				根据加工方式调整切削用量	2	不合格不得分	切削用量的选择原则
			正确装夹工件并进行刨、插削	划分粗精加工	1	不合格不得分	刨削余量公式计算
				确定刨削余量	2	不合格不得分	粗加工去除应力，精加工保证尺寸

续上表

鉴定项目类别	鉴定项目名称	国家职业标准规定比重(%)	《框架》中鉴定要素名称	本命题中具体鉴定要素分解	配分	评分标准	考核难点说明
E	加工上下燕尾导轨	75	加工后达到表面粗糙度为 $R_a3.2\ \mu m$	精加工时合理设定切削用量	2	降一级扣1分	精加工时设定切削用量方法
				保持刀具锋利	1	不合格不得分	刀具的刃磨
			公差等级IT8	根据不同的基本尺寸确定公差范围	2	超差0.02 mm扣1分	公差配合的相关知识
				保证基本尺寸的极限偏差	2	超差0.02 mm扣1分	公差配合的相关知识
			平行度误差和燕尾基面垂直度误差在1 000 mm内不大于0.03 mm	使用百分表测量平度误差	2	超差0.02 mm扣1分	百分表的使用方法
				使用百分表测量垂直度误差	2	超差0.02 mm扣1分	测量平度误差垂直度误差方法
	刨、插削多弧面		正确识别多弧面的零件图及技术要求	识别多弧面的零件图	1	不合格不得分	多弧面零件图的表达方法
				识别多弧面的零件图中的技术要求	1	不合格不得分	分析多弧面零件的技术要求
			按划线加工圆弧曲面	手动控制横向进给加工	2	不合格不得分	正确划线,划分粗、精加工
				横向自动进给,手动垂直进给	2	不合格不得分	分析曲面各点的斜率
			使用附加装置加工曲面	用靠模板方法加工成形曲面	1	不合格不得分	靠模板装置安装与调整方法
				用蜗轮副加工成形曲面	1	不合格不得分	蜗轮副装置安装与调整
				用连杆装置加工曲面	1	不合格不得分	连杆装置安装与调整
			用曲线样板或半径规能刃磨内、外圆弧曲面的刀具	用曲线样板或半径规刃磨内圆弧曲面的刀具	1	不合格不得分	用光隙法刃磨
				用曲线样板或半径规刃磨外圆弧曲面的刀具	1	不合格不得分	用光隙法刃磨
			用成形圆弧刀对光滑曲面进行加工	使用菱棱形样板刀加工曲面	1	不合格不得分	棱形样板刀使用方法
				使用圆形样板刀加工曲面	1	不合格不得分	圆形样板刀使用方法
			确定合理的切削用量	根据加工方式选择刀具	1	不合格不得分	刀具的几何参数
				根据加工方式调整切削用量	1	不合格不得分	切削用量的选择原则
			表面粗糙度为 $R_a3.2\ \mu m$	精加工时合理设定切削用量	2	降一级扣1分	精加工时设定切削用量方法
				保持刀具锋利	1	不合格不得分	刀具的刃磨
	加工曲线油槽		正确识别曲线油槽零件图及技术要求	识别曲线油槽的零件图	1	不合格不得分	曲线油槽零件图的表达方法
				识别曲线油槽的零件图中的技术要求	1	不合格不得分	分析曲线油槽的技术要求
			确定合理的加工工序余量	确定粗加工的加工余量	1	不合格不得分	粗加工工序余量的确定原则

续上表

鉴定项目类别	鉴定项目名称	国家职业标准规定比重(%)	《框架》中鉴定要素名称	本命题中具体鉴定要素分解	配分	评分标准	考核难点说明
E	加工曲线油槽	75	确定合理的加工工序余量	确定精加工的加工余量	1	不合格不得分	精加工工序余量的确定原则
			确定合理的加工工序	划分粗精加工	1	不合格不得分	刨削余量公式计算
				确定刨削余量	2	不合格不得分	精加工保证尺寸
			确定合理的切削用量	根据加工方式选择刀具	1	不合格不得分	刀具的几何参数
				根据加工方式调整切削用量	2	不合格不得分	切削用量的选择原则
			合理选择各工序基准	正确选择粗基准	1	不合格不得分	粗基准选择原则
				正确选择精基准	1	不合格不得分	精基准选择原则
			正确的方法加工曲线油槽	正确在毛坯上划线	1	不合格不得分	划线的方法
				按图样要求倾斜角度	2	超差5′扣1分	角度的计算
F	长、宽、厚及深度检验	10	根据测量结果确定零件精度	对工件的尺寸精度、表面质量及形位公差进行综合评定	0.5	超差0.02 mm扣0.5分	机械零件精度检验
			根据测量结果分析产生误差的原因	对加工后的零件进行质量分析	0.5	超差0.02 mm扣0.5分	刨插加工产生误差的种类及原因
				对产生误差提出解决方案	0.5	超差0.02 mm扣0.5分	预防或减小误差的方法
	角度、齿形及弧面检验		用样板检查凸轮曲线	使用样板用光隙法检验	0.5	超差0.02 mm扣0.5分	光隙法的检验方法
				了解凸轮工作原理	0.5	超差0.02 mm扣0.5分	凸轮曲线的画法
			用齿轮卡尺、公法线千分尺对齿轮正确测量	清除量具测量面并校正零位	0.5	超差0.02 mm扣0.5分	量具的使用方法
				测量齿厚及齿轮公法线	1	超差0.02 mm扣0.5分	量具的刻线原理
	直线度、平面度检验		用水平仪测量大型导轨的直线度	在导轨上划分段落，分段测量，测量数据记录在坐标纸上连线	1	超差0.02 mm扣0.5分	直线度误差计算
			正确取点检验平面度	采用对角线或网格布线法取点测量	1	超差0.02 mm扣0.5分	平面度检验计算
	平行度、垂直度、对称度检验		分析平行度误差超差原因	装夹不正确或工作台与滑枕不平行	1	超差0.02 mm扣0.5分	合理装夹方法，调整工作台与滑枕的平行度
				刀具不锋利，产生让刀现象	0.5	超差0.02 mm扣0.5分	保持刀具锋利
			分析垂直度误差超差原因	平口钳钳口与工件间有异物钳身及钳口	0.5	超差0.02 mm扣0.5分	去除工件锐边的毛刺
				钳身滑动面及固定钳口不垂直	1	超差0.02 mm扣0.5分	垫纸修正方法消除误差

续上表

<table>
<tr><th>鉴定项目类别</th><th>鉴定项目名称</th><th>国家职业标准规定比重(%)</th><th>《框架》中鉴定要素名称</th><th>本命题中具体鉴定要素分解</th><th>配分</th><th>评分标准</th><th>考核难点说明</th></tr>
<tr><td rowspan="9">F</td><td>平行度、垂直度、对称度检验</td><td>10</td><td>分析对称度误差超差原因</td><td>定位基准不重合</td><td>1</td><td>超差 0.02 mm 扣 0.5 分</td><td>影响刨、插削形位误差的原因解决办法</td></tr>
<tr><td rowspan="6">加工工具、设备的维护与保养</td><td rowspan="8">5</td><td rowspan="2">能排除刨、插床的一般机械故障</td><td>刨、插床的常见故障现象</td><td>0.5</td><td>不合格不得分</td><td>定期维护保养机床，并保持机床精度</td></tr>
<tr><td>一般故障的应急处理</td><td>0.5</td><td>不合格不得分</td><td>刨、插床传动及典型结构</td></tr>
<tr><td rowspan="2">根据说明书，对新刨、插床进行试车和验收</td><td>对机床的几何精度的检验</td><td>1</td><td rowspan="2">不合格不得分</td><td>检验几何精度的项目</td></tr>
<tr><td>对机床的工作精度的检验</td><td>1</td><td>检验工作精度的项目</td></tr>
<tr><td rowspan="2">能针对工作需要对机床进行调整</td><td>根据加工需要对机床各运动副间隙调整</td><td>0.5</td><td>不合格不得分</td><td>常用刨、插床机构的调整</td></tr>
<tr><td>液压刨床的压力调整</td><td>0.5</td><td>不合格不得分</td><td>刨、插床传动方式及典型结构</td></tr>
<tr><td rowspan="2">常用量具的使用及保养</td><td rowspan="2">了解常用量具、量仪的维护知识与保养方法，能够正确对常用量具、量仪进行维护和保养</td><td>常用量具、量仪的维护</td><td>0.5</td><td>不合格不得分</td><td>常用量具、量仪的定期检验</td></tr>
<tr><td>常用量具、量仪的保养</td><td>0.5</td><td>不合格不得分</td><td>常用量具、量仪的保养方法</td></tr>
<tr><td colspan="4" rowspan="5">质量、安全、工艺纪律、文明生产等综合考核项目</td><td>考核时限</td><td>不限</td><td>超时停止操作</td><td></td></tr>
<tr><td>工艺纪律</td><td>不限</td><td>依据企业有关工艺纪律管理规定执行，每违反一次扣10分</td><td></td></tr>
<tr><td>劳动保护</td><td>不限</td><td>依据企业有关劳动保护管理规定执行，每违反一次扣10分</td><td></td></tr>
<tr><td>文明生产</td><td>不限</td><td>依据企业有关文明生产管理规定执行，每违反一次扣10分</td><td></td></tr>
<tr><td>安全生产</td><td>不限</td><td>依据企业有关安全生产管理规定执行，每违反一次扣 10 分，有重大安全事故，取消成绩</td><td></td></tr>
</table>